电脑安全与攻防图解与实操
（AI超值版）

网络安全技术联盟 ◎ 编著

清华大学出版社
北京

内容简介

本书在剖析用户进行电脑安全维护中迫切需要用到或迫切想要用到的技术时，力求对其进行傻瓜式的讲解，使读者对电脑安全维护技术形成系统了解，能够更好地维护电脑安全。全书共分为11章，内容包括：你的电脑为什么不够安全；关于 Windows 11 系统，你了解多少；系统安全了，走遍天下都不怕；一学就会，保护数据出神入化的技法；信息时代，用户账户的安全不容忽视；清除病毒与木马，电脑安全不是梦；系统入侵，我的电脑我却做不了主；用好浏览器，才能保障我的上网安全；锦上添花，让 Windows 11 "飞"起来；无线网络，来一场完美的网上冲浪；智能革命，AI 可以让电脑更安全。另外，本书还赠送教学 PPT 课件、教学教案、108 个黑客工具速查手册、200 页热门 AI 工具的使用手册、100 款黑客攻防实用工具软件、网站入侵与黑客脚本编程手册、8 大经典密码破解工具手册、160 个常用黑客命令速查手册、180 页电脑常见故障维修手册和加密与解密技术快速入门手册，方便读者学习和使用。

本书内容丰富、图文并茂、深入浅出，不仅适用于没有任何电脑基础的初学者，而且适用于有一定的电脑基础，想成为电脑高手的人员。

版权所有，侵权必究。举报：010-62782989，**beiqinquan@tup.tsinghua.edu.cn**。

图书在版编目（CIP）数据

电脑安全与攻防图解与实操 ：AI超值版 / 网络安全技术联盟编著. -- 北京 ：清华大学出版社，2025.6.
ISBN 978-7-302-69413-7

Ⅰ. TP309；TP393.08

中国国家版本馆CIP数据核字第2025Q5F910号

责任编辑：张　敏
封面设计：郭二鹏
责任校对：胡伟民
责任印制：杨　艳

出版发行：清华大学出版社
网　　址：https://www.tup.com.cn，https://www.wqxuetang.com
地　　址：北京清华大学学研大厦A座　　邮　编：100084
社 总 机：010-83470000　　邮　购：010-62786544
投稿与读者服务：010-62776969，c-service@tup.tsinghua.edu.cn
质 量 反 馈：010-62772015，zhiliang@tup.tsinghua.edu.cn
课 件 下 载：https://www.tup.com.cn，010-83470236
印 装 者：北京鑫海金澳胶印有限公司
经　　销：全国新华书店
开　　本：185mm×260mm　　印　张：13　　字　数：335千字
版　　次：2025年8月第1版　　印　次：2025年8月第1次印刷
定　　价：69.80元

产品编号：110719-01

前言

在当下，我们的生活已与电脑深度绑定，工作中的方案策划、商务洽谈，生活里的线上购物、社交娱乐，甚至是智能家居的远程操控，无一能离开电脑。而随着人工智能（AI）技术的迅猛发展，电脑更是如虎添翼，具备了更强大的智能分析与处理能力。但与此同时，电脑安全问题也愈发严峻，AI 在带来便利的同时，也被不法分子利用，成为网络攻击的新手段，数据泄露、恶意软件入侵、网络诈骗等安全威胁如影随形，时刻冲击着我们的数字生活。

本书聚焦于电脑安全，并讲述安全人员如何借助 AI 技术更具针对性地防护黑客发动攻击。通过清晰的原理阐述、丰富的实际案例以及实用的应对策略，帮助读者理解 AI 时代电脑安全的底层逻辑，掌握行之有效的防护方法。

本书特色

（1）精选安全热门主题内容，知识涵盖面广。

（2）主题配插图，将理论知识通过绘图的方式直观呈现，清晰易学习。将操作过程中的问题、经验以图解的方式展示。

（3）针对学校老师教学过程中的教学教案、考试试卷、毕业面试、安全实训和科技比赛等需求，将提供资源和技术服务。

（4）解决学生在毕业和就业时的需求痛点，针对学生面试、刷题、毕业项目设计等需求提供丰富的资源，可以拿来就用，节省学生查找资源的时间，解决技术困难。

赠送资源

本书还赠送教学 PPT 课件、教学教案、108 个黑客工具速查手册、200 页热门 AI 工具的使用手册、100 款黑客攻防实用工具软件、网站入侵与黑客脚本编程手册、8 大经典密码破解工具手册、160 个常用黑客命令速查手册、180 页电脑常见故障维修手册和加密与解密技术快速入门手册，读者扫码下方二维码可下载获取。

PPT 课件　　　　　　　　　教学教案　　　　　　　　　其他资源

无论你是普通电脑用户,希望为自己的数字生活筑牢安全防线;还是企业安全管理人员,肩负着保护企业重要数据资产的重任;抑或是对网络安全领域充满探索热情的技术爱好者,这本书都将成为你的得力助手。它将带你穿越 AI 与电脑安全的迷雾,深入了解这一领域的前沿动态与发展趋势,为你在数字世界的安全航行保驾护航。

本书由长期研究电脑安全知识的网络安全技术联盟编著。在编写过程中,虽已尽所能地将最好的讲解呈现给读者,但也难免有疏漏和不妥之处,敬请不吝指正。

编者

2025 年 2 月

目录

第1章 你的电脑为什么不够安全 ... 1
1.1 因为你不懂攻击者的目的 ... 1
- 1.1.1 80% 的攻击者是获取数据 ... 1
- 1.1.2 部分攻击者的目的是"取乐" ... 1
- 1.1.3 更恶意的目的是"偷抢钱财" ... 2

1.2 因为你欠缺电脑安全的必备常识 ... 2
- 1.2.1 个人信息的管理运用 ... 2
- 1.2.2 网站安全资质的审核 ... 3
- 1.2.3 无线局域网的加密 ... 3
- 1.2.4 防火墙的数据过滤 ... 4
- 1.2.5 巧用杀毒软件保安全 ... 4
- 1.2.6 系统漏洞补丁要常打 ... 4

1.3 因为你不懂机密信息保护技术 ... 5
- 1.3.1 加密与解密技术 ... 5
- 1.3.2 防止数据被篡改 ... 5
- 1.3.3 数字签名与数字证书 ... 6

1.4 电脑安全中不可缺少的认知 ... 6
- 1.4.1 IP 地址与 MAC 地址 ... 6
- 1.4.2 认识电脑端口 ... 7
- 1.4.3 什么是系统进程 ... 7
- 1.4.4 Windows 注册表 ... 8
- 1.4.5 常见的 DOS 命令 ... 9

1.5 实战演练 ... 12
- 1.5.1 实战 1：启用系统防火墙 ... 12
- 1.5.2 实战 2：显示文件的扩展名 ... 13

第2章 关于 Windows 11 系统，你了解多少 ... 15
2.1 体验全新的 Windows 11 系统 ... 15
- 2.1.1 全新的界面 ... 15
- 2.1.2 全新的任务处理 ... 15
- 2.1.3 全新的输入改进 ... 16

		2.1.4 全新的"开始"菜单	17
		2.1.5 多任务互不干扰的虚拟桌面	19
2.2	拥有自己的 Windows 11 系统		20
		2.2.1 Windows 11 系统的版本和安装要求	20
		2.2.2 安装全新的 Windows 11 系统	21
		2.2.3 启动与关闭 Windows 11 系统	23
2.3	打造个性化 Windows 11 系统		25
		2.3.1 我的外观我做主	25
		2.3.2 系统声音的个性化	27
		2.3.3 设置系统日期和时间	28
		2.3.4 将应用图标固定到任务栏	29
		2.3.5 给我的电脑起个别样的名称	30
2.4	Windows 11 的手机连接功能		31
2.5	实战演练		33
		2.5.1 实战 1：一个小神器，让我的电脑通人性	33
		2.5.2 实战 2：开启 Windows 11 系统的夜间模式	34

第 3 章 系统安全了，走遍天下都不怕 35

3.1	系统漏洞的修补		35
		3.1.1 什么是系统漏洞	35
		3.1.2 系统漏洞产生的原因	35
		3.1.3 使用 Windows 更新修补漏洞	36
		3.1.4 使用电脑管家修补漏洞	37
		3.1.5 修补漏洞后手动重启系统	38
3.2	重装 Windows 11 系统		40
		3.2.1 什么情况下重装系统	40
		3.2.2 重装前应注意的事项	41
3.3	系统安全提前准备之备份		41
		3.3.1 使用系统工具备份系统	41
		3.3.2 使用系统映像备份系统	43
3.4	系统崩溃后的修复之还原		44
		3.4.1 使用系统工具还原系统	45
		3.4.2 使用系统映像还原系统	46
3.5	将电脑恢复到初始状态		47
		3.5.1 在可开机情况下重置电脑	47
		3.5.2 在不可开机情况下重置电脑	48
3.6	实战演练		49
		3.6.1 实战 1：一个命令就能修复系统	49
		3.6.2 实战 2：修补蓝牙协议中的漏洞	50

第 4 章 一学就会，保护数据出神入化的技法 52

4.1	数据丢失的原因		52
		4.1.1 数据丢失的原因	52
		4.1.2 发现数据丢失后的操作	52
4.2	备份磁盘各类数据		53

		4.2.1	分区表数据的备份	53
		4.2.2	驱动程序的修复与备份	54
		4.2.3	磁盘文件数据的备份	56
	4.3	还原磁盘各类数据		59
		4.3.1	还原分区表数据	59
		4.3.2	还原驱动程序数据	59
		4.3.3	还原磁盘文件数据	61
	4.4	恢复丢失的磁盘数据		63
		4.4.1	从回收站中还原	63
		4.4.2	恢复丢失的磁盘簇	64
	4.5	Windows 11 中的虚拟硬盘		65
		4.5.1	创建虚拟硬盘	65
		4.5.2	转换虚拟硬盘的格式	68
	4.6	这样做，给你的电脑多加一个硬盘		69
	4.7	实战演练		72

第 5 章　信息时代，用户账户的安全不容忽视　76

	5.1	了解 Windows 11 的账户类型		76
		5.1.1	认识本地账户	76
		5.1.2	认识微软账户	76
	5.2	破解管理员账户的方法		76
		5.2.1	强制清除管理员账户密码	77
		5.2.2	绕过密码自动登录操作系统	77
	5.3	本地系统账户的安全防护		78
		5.3.1	添加本地账户	78
		5.3.2	更改账户类型	80
		5.3.3	设置账户密码	80
		5.3.4	删除用户账户	82
	5.4	微软账户的安全防护		84
		5.4.1	注册并登录微软账户	84
		5.4.2	设置账户登录密码	86
		5.4.3	设置 PIN 密码	87
	5.5	提升系统账户密码的安全性		90
		5.5.1	设置账户密码的复杂性	90
		5.5.2	开启账户锁定功能	91
		5.5.3	利用组策略设置用户权限	93
	5.6	实战演练		94
		5.6.1	实战 1：创建密码恢复盘	94
		5.6.2	实战 2：电脑的锁屏界面	95

第 6 章　清除病毒与木马，电脑安全不是梦　97

	6.1	认识病毒与木马		97
		6.1.1	病毒与木马的种类	97
		6.1.2	利用假冒网站发起攻击	98
		6.1.3	利用商务邮件进行欺诈	99

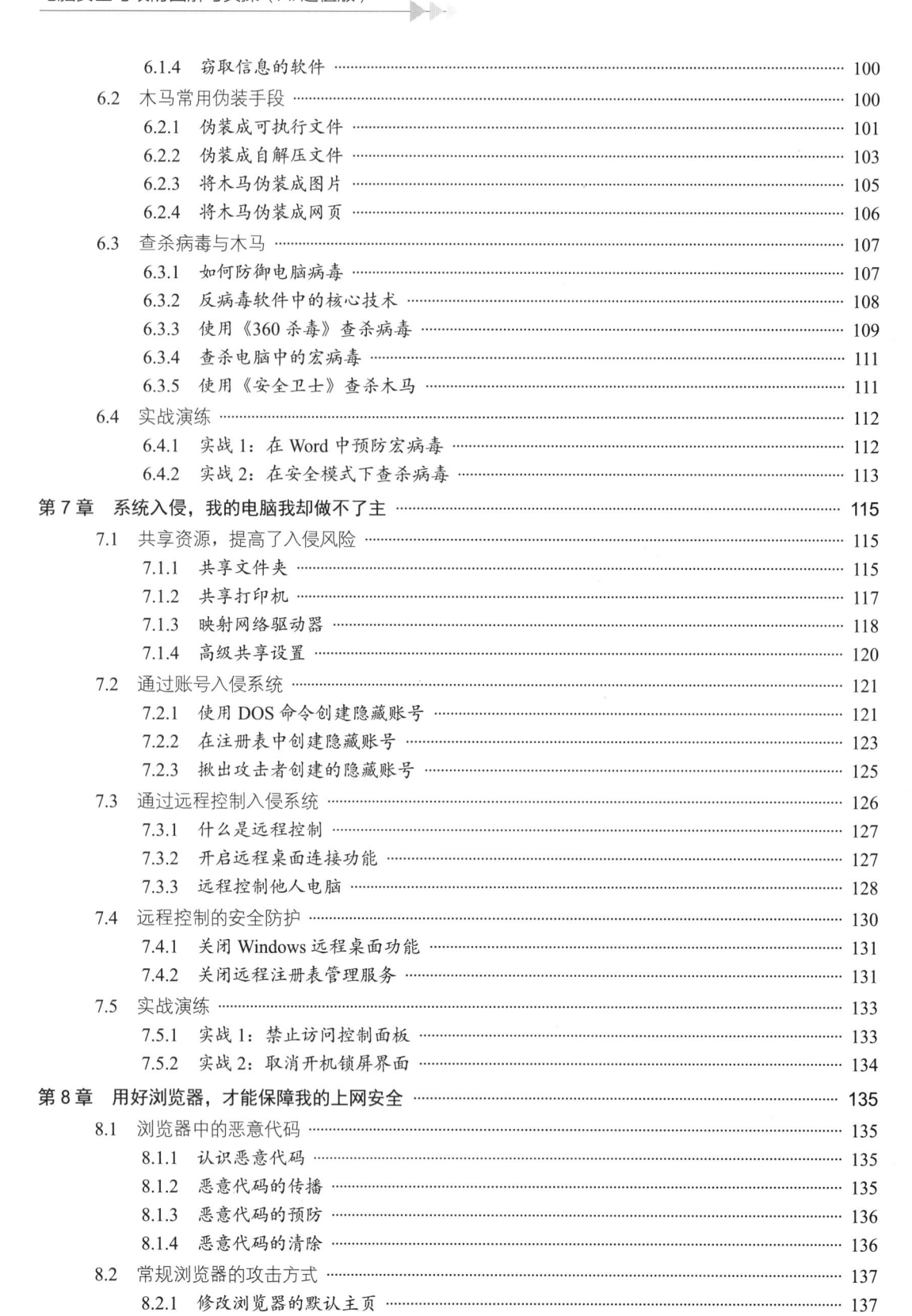

6.1.4 窃取信息的软件 …… 100
6.2 木马常用伪装手段 …… 100
　6.2.1 伪装成可执行文件 …… 101
　6.2.2 伪装成自解压文件 …… 103
　6.2.3 将木马伪装成图片 …… 105
　6.2.4 将木马伪装成网页 …… 106
6.3 查杀病毒与木马 …… 107
　6.3.1 如何防御电脑病毒 …… 107
　6.3.2 反病毒软件中的核心技术 …… 108
　6.3.3 使用《360杀毒》查杀病毒 …… 109
　6.3.4 查杀电脑中的宏病毒 …… 111
　6.3.5 使用《安全卫士》查杀木马 …… 111
6.4 实战演练 …… 112
　6.4.1 实战1：在Word中预防宏病毒 …… 112
　6.4.2 实战2：在安全模式下查杀病毒 …… 113

第7章 系统入侵，我的电脑我却做不了主 …… 115

7.1 共享资源，提高了入侵风险 …… 115
　7.1.1 共享文件夹 …… 115
　7.1.2 共享打印机 …… 117
　7.1.3 映射网络驱动器 …… 118
　7.1.4 高级共享设置 …… 120
7.2 通过账号入侵系统 …… 121
　7.2.1 使用DOS命令创建隐藏账号 …… 121
　7.2.2 在注册表中创建隐藏账号 …… 123
　7.2.3 揪出攻击者创建的隐藏账号 …… 125
7.3 通过远程控制入侵系统 …… 126
　7.3.1 什么是远程控制 …… 127
　7.3.2 开启远程桌面连接功能 …… 127
　7.3.3 远程控制他人电脑 …… 128
7.4 远程控制的安全防护 …… 130
　7.4.1 关闭Windows远程桌面功能 …… 131
　7.4.2 关闭远程注册表管理服务 …… 131
7.5 实战演练 …… 133
　7.5.1 实战1：禁止访问控制面板 …… 133
　7.5.2 实战2：取消开机锁屏界面 …… 134

第8章 用好浏览器，才能保障我的上网安全 …… 135

8.1 浏览器中的恶意代码 …… 135
　8.1.1 认识恶意代码 …… 135
　8.1.2 恶意代码的传播 …… 135
　8.1.3 恶意代码的预防 …… 136
　8.1.4 恶意代码的清除 …… 136
8.2 常规浏览器的攻击方式 …… 137
　8.2.1 修改浏览器的默认主页 …… 137

		8.2.2 恶意更改浏览器标题栏	138
		8.2.3 强行修改浏览器的右键菜单	140
		8.2.4 强行修改浏览器的首页按钮	141
		8.2.5 启动时自动弹出对话框和网页	142
	8.3	浏览器的自我防护	143
		8.3.1 提高安全防护等级	143
		8.3.2 清除浏览器中的表单	144
		8.3.3 清除上网历史记录	145
		8.3.4 删除 Cookie 信息	146
	8.4	实战演练	147
		8.4.1 实战 1：一招解决弹窗广告	147
		8.4.2 实战 2：浏览器的隐私保护模式	148
第 9 章	锦上添花，让 Windows 11 "飞" 起来		150
	9.1	电脑磁盘的优化	150
		9.1.1 清理系统盘	150
		9.1.2 整理磁盘碎片	151
		9.1.3 使用存储感知功能	153
	9.2	监视电脑运行状态	154
		9.2.1 使用任务管理器监视	154
		9.2.2 使用资源监视器监视	156
		9.2.3 使用 Process Explorer 监视	157
	9.3	Windows 11 自带的优化设置	161
		9.3.1 优化开机速度	161
		9.3.2 优化视觉效果	162
		9.3.3 优化系统服务	163
	9.4	使用注册表优化系统	165
		9.4.1 禁止访问注册表	165
		9.4.2 清理注册表	166
		9.4.3 优化注册表	168
	9.5	实战演练	170
		9.5.1 实战 1：开启电脑 CPU 最强性能	170
		9.5.2 实战 2：全面清理电脑垃圾文件	171
第 10 章	无线网络，来一场完美的网上冲浪		174
	10.1	电脑连接上网的方式	174
		10.1.1 有线上网	174
		10.1.2 无线上网	175
	10.2	搭建无线局域网	175
		10.2.1 选择适合的无线路由器	175
		10.2.2 组建与配置无线局域网	177
		10.2.3 电脑接入无线网	178
	10.3	无线局域网的安全管理	179
		10.3.1 测试无线网络的速度	179
		10.3.2 修改无线网络的名称和密码	181

	10.3.3	设置无线网络的管理员密码	182
	10.3.4	将路由器恢复为出厂设置	182
	10.3.5	诊断和修复网络不通的问题	183
	10.3.6	无线路由器的安全管理	184
10.4	实战演练		187
	10.4.1	实战 1：将电脑转变为无线热点	187
	10.4.2	实战 2：查看电脑已连接的 WiFi 密码	188

第 11 章　智能革命，AI 可以让电脑更安全　190

11.1	快速了解 AI		190
	11.1.1	AI 改变了我们的工作方式	190
	11.1.2	好用的 AI 助手——ChatGPT	191
11.2	常见的 AI 大模型		192
	11.2.1	文心一言	192
	11.2.2	讯飞星火认知大模型	192
	11.2.3	腾讯混元助手	193
	11.2.4	DeepSeek	193
11.3	AI 在电脑安全中的应用		194
	11.3.1	恶意代码检测	194
	11.3.2	系统入侵检测	194
	11.3.3	用户行为分析	195
	11.3.4	检测伪造图片	195
	11.3.5	检测未知威胁	195
11.4	实战演练		195
	11.4.1	实战 1：使用 AI 进行数据分析	195
	11.4.2	实战 2：谨防 AI 音频视频欺诈	197

第1章

你的电脑为什么不够安全

在这个追求体验、视觉化的时代，仅有思想和成果已远远不够，还要学会表达、学会展示。电脑作为制作与展示的主要工具，存储有大量数据，要想使电脑设备不受或少受黑客的攻击，电脑用户就需要了解安全方面的知识以及电脑为什么不够安全的原因。

1.1 因为你不懂攻击者的目的

在保障信息安全时，如果没有明确界定需要防范的对象和需要保护的对象，就无法充分发挥防御措施的效果，因此，电脑用户接下来将对攻击者的目标和目的进行思考。如图 1-1 所示为大部分攻击者的攻击目的的变化与手段。

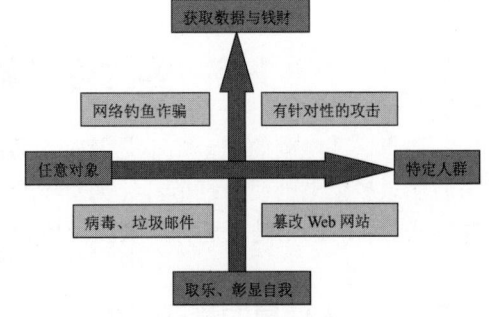

图 1-1　攻击目的的变化

1.1.1　80% 的攻击者是获取数据

80% 的攻击者在对电脑进行攻击时，他们的目的就是获取数据。一些攻击者通过攻击电脑来获取系统或用户的口令文件，进而获取访问权限，盗窃系统保密信息，甚至破坏目标系统数据。比如一个公司、组织的网络，他们的系统是不允许其他用户访问的，因此，必须以一种"非常"的行为来得到访问的权利。

还有一些攻击者利用网络入侵企业、机构或个人的电脑，进而获取企业、机构或个人的敏感信息，例如信用卡号码、身份证号、银行账号等。最典型的攻击方法就是利用 URL 地址进行欺骗，即攻击者利用一定的攻击技术，构造虚假的 URL 地址，当用户访问该地址的网页时，以为自己访问的是真实的网站，从而把自己的财务信息泄漏出去，造成严重的经济损失。

1.1.2　部分攻击者的目的是"取乐"

具有超级用户的权限，意味着可以做任何事情，这对攻击者无疑是一个莫大的诱惑，这也是部分攻击者进行电脑攻击的乐趣来源。比如，发生在我们身边的受到攻击的例子，大家马上想到的就是病毒，如果电脑因感染病毒而无法正常使用，就会给使用者带来麻烦。但是由于攻击者不仅有给使用者带来困扰的目的，还带有炫耀自身技术的目的，通常他们会针对多个随机的对象进行攻击。

例如，篡改特定 Web 网站的内容等这类攻击，攻击者的目的大多是为了"取乐"。像这类以享受篡改网站所带来的麻烦为目的，为了彰显自我，发布个人观点信息而进行的攻击入侵，也被称为"黑客主义"。

1.1.3　更恶意的目的是"偷抢钱财"

进入 21 世纪后，攻击者的目的逐渐地转变成了"钱财"，例如，窃取特定企业或组织所持有的个人信息，并出售这些信息的行为，已经使"个人信息可以变成金钱"这一观点变得众所周知。

此外，攻击者还会在受害者不知情的情况下，尽可能地在暗中进行攻击。也就是说，使电脑感染病毒和篡改数据这一行为本身并不是"目的"，而只是用于盗窃信息并将之转换为钱财的一种"手段"而已。

1.2　因为你欠缺电脑安全的必备常识

要想保证电脑的安全，不是及时给系统打补丁或者安装一个杀毒软件就能完成的，用户需要注意多个电脑使用细节，比如对于个人信息的管理，不要随意在网页中输入个人信息，要确认访问的网站是否进行了安全资质的审核等。

1.2.1　个人信息的管理运用

个人信息包括很多不同的内容，如姓名、出生日期、住址、性别、身份证号、手机号等都属于个人信息。近年来，人们对于个人信息非常重视，不希望被其他人知道自己的信息。但是，随着社交平台、电商平台的盛行，就算个人不想泄露隐私，也是不可能的。

那么是谁在"收集"我们的信息？有电商、社交软件等平台"越界"，过度收集消费者个人信息，甚至非法窃用用户信息，有黑客窃取信息，有"内鬼"售卖信息，也有网络服务系统漏洞等导致个人信息泄露。

信息过度泄露带来了什么？根据中消协的调查结果，当消费者个人信息泄露后，约 86.5% 的受访者曾收到推销电话或短信的骚扰，约 75% 的受访者接到诈骗电话，约 63.4% 的受访者收到垃圾邮件，排名位居前三位。

个人信息泄露带来的电信诈骗案件五花八门：从中奖、房租汇款，到网银升级、邮包藏毒，再到冒充公检法等公职人员、伪造网上通缉令、助学金领取等，有媒体分析称，通信信息诈骗特点从最初的"撒网式"变成如今的"精准化"。

信息缘何泄露？个人信息安全保护意识淡薄是信息泄露的原因之一，意识淡薄包括随意填写个人信息、随意下载和安装软件、随意连接不明 WiFi 和随意扫描不明二维码、为寻求方便快捷上传敏感个人信息、为炫耀将大量个人信息暴露在网上；还有就是运营主体缺乏规范和约束。

总之，不管是个人或者平台对于个人信息一定要妥善处理，在使用时尽可能地明确使用目的，禁止处理超出使用范围的个人信息。

1.2.2 网站安全资质的审核

网络上存在一些违反公序良俗的网站，以及只要用户浏览就会下载恶意软件的网站，因此必须阻止用户访问这类网站。URL 过滤就是一种防止用户访问恶意网站的技术，具体的措施就是通过监视网站显示的内容来判断是否包含有害信息。

对于网站建设者，网站安全资质需要向国家有关部门进行报备，网站所提供的产品或服务要符合国家的法律与法规，对于一些可信网站，一般在网站首页的底部有可信网站的标志，单击这个标志，可以查看相关证书，如图 1-2 所示。

图 1-2 可信网站证书

1.2.3 无线局域网的加密

无线网络，特别是无线局域网给我们的生活带来了极大的方便，为我们提供了无处不在的、高带宽的网络服务，但是，由于无线信道特有的性质，使得无线网络连接具有不稳定性，且容易受到攻击者的攻击，从而大大影响了服务质量。

在无线网络中，能够发送与接收信号的重要设备就是无线路由器了，因此，对无线路由器的安全防护，就等于看紧了无线局域网的大门。无线路由器的初始密码比较简单，为了保证局域网的安全，一般需要修改或设置管理员密码，具体的操作步骤如下。

步骤01 打开路由器的后台设置界面，选择"系统工具"选项下的"修改登录密码"选项，打开"修改管理员密码"工作界面，如图 1-3 所示。

步骤02 在"原密码"文本框中输入原来的密码，在"新密码"和"确认新密码"文本框中输入新设置的密码，最后单击"保存"按钮即可，如图 1-4 所示。

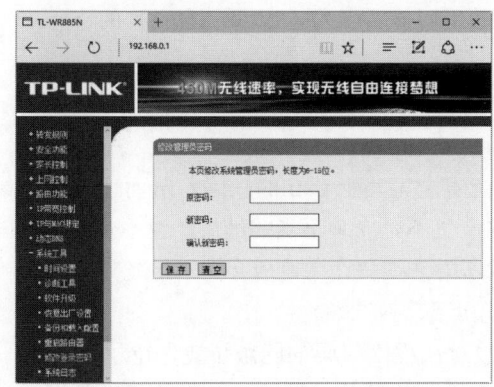

图 1-3 "修改管理员密码"工作界面

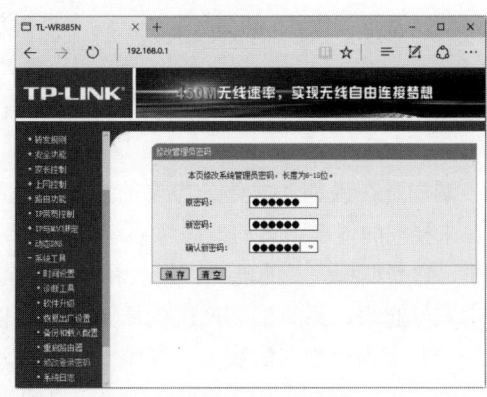

图 1-4 输入密码

1.2.4 防火墙的数据过滤

防火墙技术是建立在现代通信网络技术和信息安全技术基础上的应用型安全技术，越来越多地应用于专用网络与公用网络的互联环境之中，尤其以接入 Internet 网络为最甚。

防火墙可以被安全放置在一个单独的路由器中，用来过滤不想要的信息包，也可以被安装在路由器和主机中，发挥更大的网络安全保护作用。简单说防火墙是位于可信网络与不可信网络之间并对二者之间流动的数据包进行检查的一台、多台电脑或路由器，如图 1-5 所示为简单的防火墙示意图。通常，可信网络指内部网，不可信网络指外部网，如 Internet。

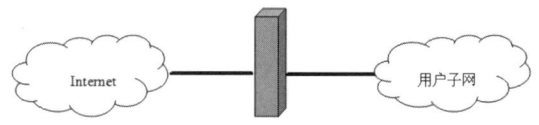

图 1-5　简单的防火墙示意图

内部网络与外部网络所有通信的数据包都必须经过防火墙，而防火墙只放行合法的数据包，所以它在内部网络与外部网络之间建立了一个屏障。只要安装一个简单的防火墙，就可以屏蔽大多数外部的探测与攻击。

1.2.5 巧用杀毒软件保安全

随着网络的普及，病毒也更加泛滥，它对电脑有着强大的控制和破坏能力，能够盗取目标主机的登录账户和密码、删除目标主机的重要文件、重新启动目标主机、使目标主机系统瘫痪等。因此，巧用杀毒软件可以在一定程度上保护电脑的安全，首先要做的就是在电脑系统中安装杀毒软件，进而定期对系统进行查杀。

目前流行的杀毒软件很多，《360 杀毒》是当前使用比较广泛的杀毒软件之一，该软件引用双引擎的机制，拥有完善的病毒防护体系，不但杀毒能力出色，而且对于新产生病毒木马能够第一时间进行防御。如图 1-6 所示为《360 杀毒软件》的首页。

图 1-6　360 杀毒软件首页

1.2.6 系统漏洞补丁要常打

漏洞是在硬件、软件、协议的具体实现或系统安全策略上存在的缺陷，从而使攻击者能够在未授权的情况下访问或破坏系统。系统漏洞的产生不是安装不当的结果，也不是使用后的结果，它受编程人员的能力、经验和当时安全技术所限，在程序中难免会有不足之处。

归结起来，系统漏洞产生的原因主要有以下几点：

（1）人为因素：编程人员在编写程序过程中故意在程序代码的隐蔽位置保留了后门。

（2）硬件因素：因为硬件的原因，编程人员无法弥补硬件的漏洞，从而使硬件问题通过软件表现出来。

（3）客观因素：受编程人员的能力、经验和当时的安全技术及加密方法所限，在程序中不免存在不足之处，而这些不足恰恰会导致系统漏洞的产生。

要想防范系统的漏洞，首选就是及时为系统打补丁。

1.3　因为你不懂机密信息保护技术

随着电脑和网络的普及与发展，越来越多的人习惯于把隐私数据保存在个人电脑中。于是，很多攻击者开始通过攻击技术来获取个人电脑中的隐私数据。针对这一问题，一些电脑安全防护专家开始对隐私数据进行加密。

1.3.1　加密与解密技术

加密就是让句子变得令旁人难以看懂。在我们进行文字交流时，希望只有自己人能够知道真实的信息，这时就需要按照一定的规则对信息进行变换。为了不让其他人知道原始信息，而对原始信息进行变换的做法就是"加密"。

而收到密文的人要想知道原文，就需要对信息进行还原处理，这种处理被称为"解密"。如果旁人可以轻易猜到其中的变换规则，那么就能轻松破译密文，因此我们需要尽可能地将交换规则制定得复杂一些。此外，变换后的信息被称为"密文"，原始信息被称为"明文"。

总之，加密解密技术是一门古老而深奥的课题，让许多科学家与密码学家为之奋斗终身。加密技术在网络上的应用非常必要，主要就是防止机密文件或有用的内容在网络传输时，被非法截获或破坏。

1.3.2　防止数据被篡改

对数据进行加密处理是防止数据被篡改的主要方法。有一定加密解密知识的用户都知道，一个密码系统的安全性在于密钥的保密性。对于数据的加密也是这样的，即对于那些不愿意让其他人看到的数据（也可称为"明文"），使用可靠的加密算法对数据进行加密后，只要破解人员不知道被加密数据的密码，就不可能看到明文数据。

不过，在实际应用的过程中，数据在发送和接收时，即便是正常地完成加密处理，但如果在通信线路中数据遭到篡改，也会产生非常大的影响，这就需要确认发送和接收的数据是否为相同的数据。在这种情况下，就可以使用哈希，计算哈希时使用的方式称为哈希函数，计算出的值被称为哈希值。哈希值具有以下特征。

- 从哈希函数的处理结果是无法猜测出原始信息的。
- 无论信息的长度是多少，最终计算得到的哈希值的长度都是固定的。
- 创建能够计算出相同哈希值的不同信息是非常困难的。

由此可见，只要发送的数据和内容稍有变化，哈希值就会发生显著变化。因此，只需要对接收数据的哈希值进行比较就可以确定接收和发送的数据是否相同。

1.3.3 数字签名与数字证书

数字签名基于加密技术，其作用是用来确定用户是否真实存在，一般应用在收发电子邮件上。当用户接收到一封电子邮件，邮件上标有发信人的姓名和邮箱地址，有些人简单地认为邮件标示的发信人的姓名就是真实的，实际上并不完全是这样，这时，就可以用到加密技术基础上的数字签名，来确认发信人的真实身份了。

数字证书是指在网络通信中标志通信各方身份信息的一个数字认证，人们可以在网上用它来识别对方的身份。数字证书对网络用户在网络交流中的信息和数据等以加密或解密的形式保证了信息和数据的完整性和安全性。

数字证书具有安全性、唯一性、便利性3个特点，用户不需要掌握加密技术或原理，就能够直接通过数字证书来进行安全防护，十分便捷高效。

1.4 电脑安全中不可缺少的认知

一台电脑的基本信息包括IP地址、物理地址、端口信息、系统进程信息、注册表信息等各种系统信息，用户要想提高电脑的安全系数，必须要学会查看电脑基本信息的方法，这也是电脑安全中不可缺少的认知。

1.4.1 IP地址与MAC地址

IP地址用于在TCP/IP通信协议中标记每台电脑的地址，通常使用十进制来表示，如192.168.1.100。电脑的IP地址一旦被分配，可以说是固定不变的，因此，查询出电脑的IP地址，在一定程度上就实现了攻击者入侵的前提工作。

使用ipconfig命令可以获取电脑的IP地址和物理地址，具体的操作步骤如下。

步骤01 右击"开始"按钮，在弹出的快捷菜单中执行"运行"命令，如图1-7所示。

步骤02 打开"运行"对话框，在"打开"后面的文本框中输入cmd命令，如图1-8所示。

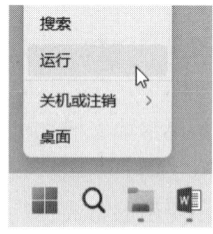

图1-7 "运行"菜单

图1-8 输入cmd命令

步骤03 单击"确定"按钮，打开"命令提示符"窗口，在其中输入ipconfig，按Enter键，即可显示出本机的IP配置相关信息，如图1-9所示。

提示：在"命令提示符"窗口中，192.168.2.125表示本机在局域网中的IP地址。

MAC地址与网络无关，也即无论将带有这个地址的硬件（如网卡、集线器、路由器等）接入到网络的何处，都是相同的 MAC 地址，它由厂商写在网卡的 BIOS 里。

在"命令提示符"窗口中输入 ipconfig /all 命令，然后按 Enter 键，可以在显示的结果中看到一个物理地址：00-23-24-D9-B6-E5，这就是本台电脑的网卡地址，它是唯一的，如图 1-10 所示。

图 1-9　查看 IP 地址　　　　　　　　图 1-10　查看 MAC 地址

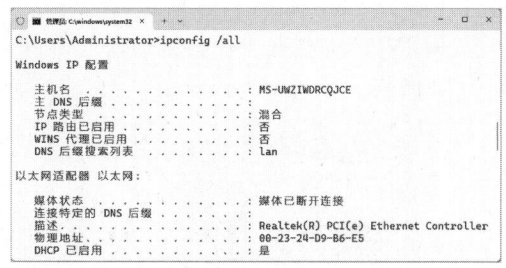

提示：IP 地址与 MAC 地址的区别在于 IP 地址基于逻辑，比较灵活，不受硬件限制，也容易记忆。MAC 地址在一定程度上与硬件一致，基于物理，能够具体标识。这两种地址均有各自的长处，使用时也因条件不同而采取不同的地址。

1.4.2　认识电脑端口

"端口"可以认为是电脑与外界通信交流的出口。一个 IP 地址的端口可以有 65536（即 256×256）个，端口是通过端口号来标记的，端口号只有整数，范围是 0 ～ 65535（256×256-1）。经常查看系统开放端口的状态变化，可以帮助用户及时提高电脑系统安全，防止攻击者通过端口入侵电脑。

用户可以使用 netstat 命令查看自己系统的端口状态，具体操作步骤如下。

步骤01　打开"命令提示符"窗口，在其中输入 netstat –a –n 命令，如图 1-11 所示。

步骤02　按 Enter 键，即可看到以数字显示的 TCP 和 UCP 连接的端口号及其状态，如图 1-12 所示。

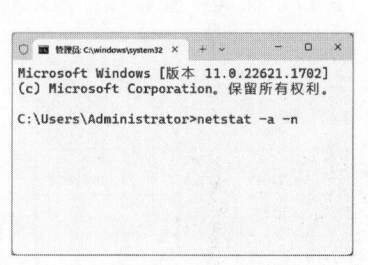
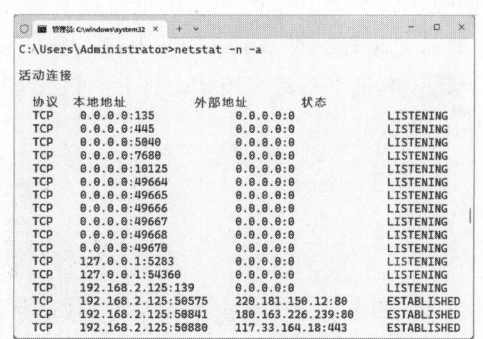

图 1-11　输入 netstat –a –n 命令　　　　图 1-12　TCP 和 UCP 连接的端口号

1.4.3　什么是系统进程

系统进程是指正在运行的程序实体，并且包括这个运行的程序中占据的所有系统资源。

在 Windows 11 系统中，可以在"Windows 任务管理器"窗口中获取系统进程。

具体的操作步骤如下。

步骤01 在 Windows 11 系统桌面中，右击"开始"按钮，在弹出的菜单列表中选择"任务管理器"命令，如图 1-13 所示。

步骤02 随即打开"任务管理器"窗口，在其中即可看到当前系统正在运行的进程，如图 1-14 所示。

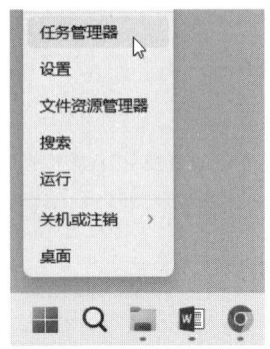

图 1-13 "任务管理器"命令

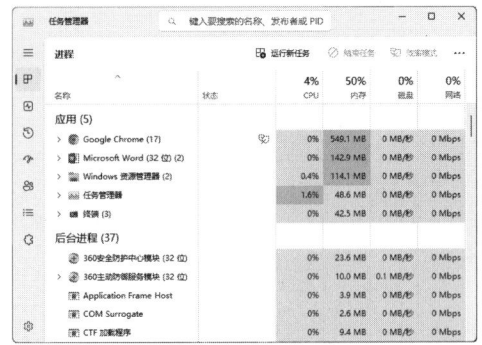

图 1-14 "任务管理器"窗口

提示：通过在 Windows 11 系统桌面上，按下 Ctrl+Alt+Del 组合键，在打开的工作界面中单击"任务管理器"链接，也可以打开"任务管理器"窗口，在其中查看系统进程。

1.4.4 Windows 注册表

注册表是 Microsoft Windows 中的一个重要的数据库，用于存储系统和应用程序的设置信息，在系统中起着非常重要的作用。通过注册表，用户可以添加、删除、修改系统内的软件配置信息或硬件驱动程序。

查看 Windows 系统中注册表信息的操作步骤如下。

步骤01 在 Windows 操作系统中右击"开始"按钮，在弹出的快捷菜单中选择"运行"命令，打开"运行"对话框，在其中输入命令 regedit，如图 1-15 所示。

步骤02 单击"确定"按钮，打开"注册表编辑器"窗口，在其中查看该注册表信息，如图 1-16 所示。

图 1-15 "运行"对话框

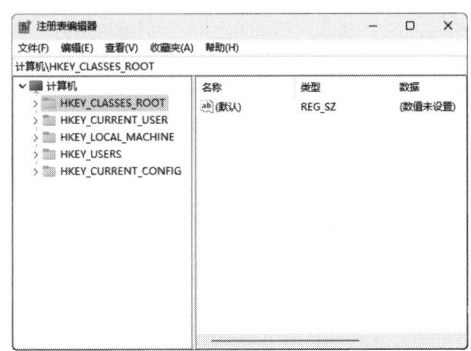

图 1-16 "注册表编辑器"窗口

1.4.5 常见的 DOS 命令

熟练掌握一些 DOS 命令是一名电脑用户的基本功，了解 DOS 命令可以帮助电脑用户追踪攻击者的踪迹，从而提高个人电脑的安全性。

1. ping 命令

ping 命令是协议 TCP/IP 中最为常用的命令之一，主要用来检查网络是否通畅或者网络连接的速度。对于一名电脑用户来说，ping 命令是第一个必须掌握的 DOS 命令。在"命令提示符"窗口中输入 ping /?，可以得到这条命令的帮助信息，如图 1-17 所示。

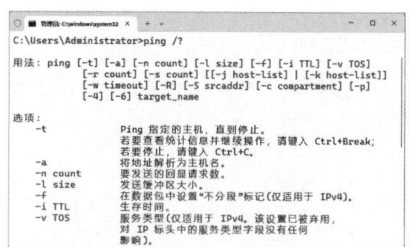

图 1-17　ping 命令帮助信息

使用 ping 命令对电脑的连接状态进行测试的具体操作步骤如下。

步骤01 使用 ping 命令来判断电脑的操作系统类型。在"命令提示符"窗口中输入 ping 192.168.2.125 命令，运行结果如图 1-18 所示。

步骤02 在"命令提示符"窗口中输入 ping 192.168.2.125 -t -l 128 命令，可以不断向某台主机发出大量的数据包，如图 1-19 所示。

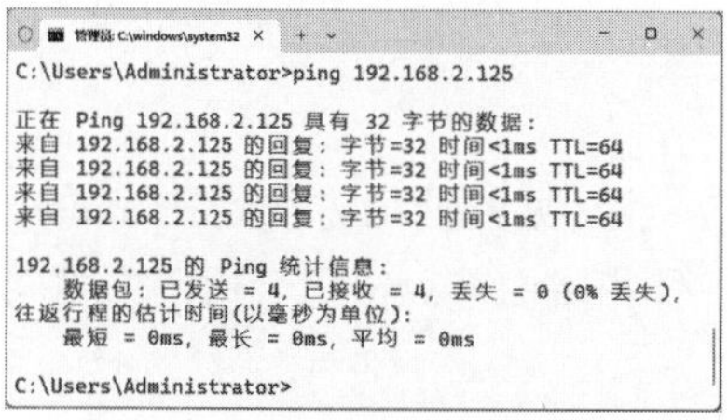

图 1-18　判断电脑的操作系统类型 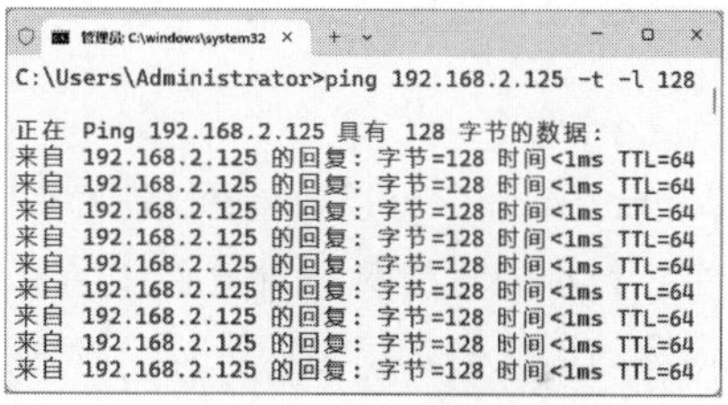　　　　图 1-19　发出大量数据包

步骤03 判断本台电脑是否与外界网络连通。在"命令提示符"窗口中输入 ping www.baidu.com 命令，其运行结果如图 1-20 所示，图 1-20 说明本台电脑与外界网络连通。

步骤04 解析某 IP 地址的电脑名。在"命令提示符"窗口中输入 ping -a 192.168.2.125 命令，其运行结果如图 1-21 所示，可知这台主机的名称为 MS-UWZIWDRCQJCE。

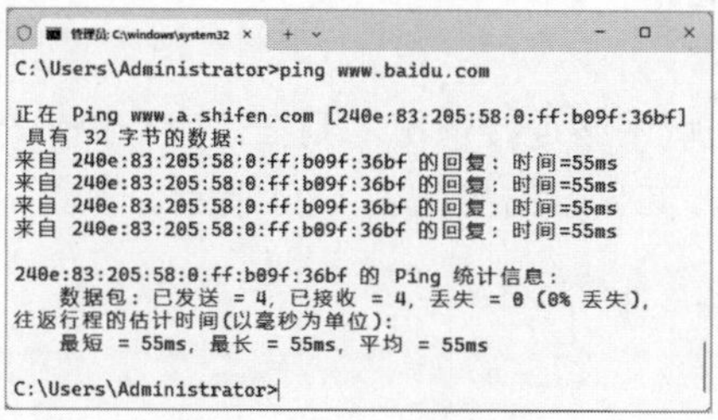

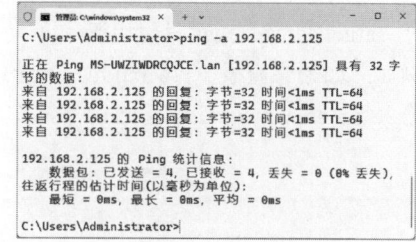

图 1-20　网络连通信息　　　　图 1-21　解析某 IP 地址的电脑名

2. net 命令

使用 net 命令可以查询网络状态、共享资源及电脑所开启的服务等，该命令的语法格式信息如下。

```
       NET [ ACCOUNTS | COMPUTER | CONFIG | CONTINUE | FILE | GROUP | HELP | HELPMSG
       | LOCALGROUP | NAME | PAUSE | PRINT | SEND | SESSION | SHARE | START | STATISTICS
       | STOP | TIME | USE | USER | VIEW ]
```

查询本台电脑开启哪些 Windows 服务的具体操作步骤如下。

步骤01 使用 net 命令查看网络状态。打开"命令提示符"窗口，输入 net start 命令，如图 1-22 所示。

步骤02 按 Enter 键，则在打开的"命令提示符"窗口中可以显示电脑所启动的 Windows 服务，如图 1-23 所示。

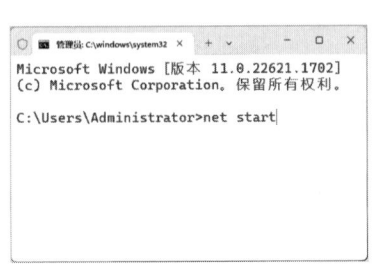

图 1-22　输入 net start 命令

图 1-23　启动的 Windows 服务

3. tracert 命令

使用 tracert 命令可以查看网络中路由节点信息，最常见的使用方法是在 tracert 命令后追加一个参数，表示检测和查看连接当前主机经历了哪些路由节点，适合用于大型网络的测试，该命令的语法格式信息如下。

```
tracert [-d] [-h MaximumHops] [-j Hostlist] [-w Timeout] [TargetName]
```

其中各个参数的含义如下。

- -d：防止解析目标主机的名字，可以加速显示 tracert 命令结果。
- -h MaximumHops：指定搜索到目标地址的最大跳跃数，默认为 30 个跳跃点。
- -j Hostlist：按照主机列表中的地址释放源路由。
- -w Timeout：指定超时时间间隔，默认单位为毫秒。
- TargetName：指定目标电脑。

例如：如果想查看 www.baidu.com 的路由与局域网络连接情况，则在"命令提示符"窗口中输入 tracert www.baidu.com 命令，按 Enter 键，其显示结果如图 1-24 所示。

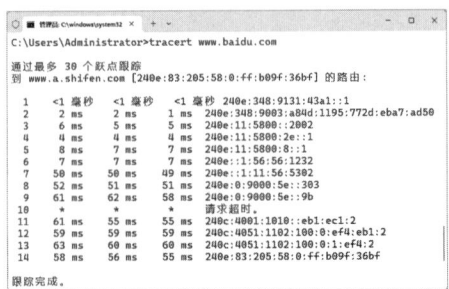

图 1-24　查看网络中路由节点信息

4. Tasklist 命令

Tasklist 命令用来显示运行在本地或远程电脑上的所有进程，带有多个执行参数。Tasklist 命令的格式如下。

```
Tasklist [/S system [/U username [/P [password]]]] [/M [module] | /SVC | /V]
[/FI filter] [/FO format] [/NH]
```

其中各个参数的作用如下：
- /S system：指定连接到的远程系统。
- /U [domain\]user：指定使用哪个用户执行这个命令。
- /P [password]：为指定的用户指定密码。
- /M [module]：列出调用指定的 DLL 模块的所有进程。如果没有指定模块名，显示每个进程加载的所有模块。
- /SVC：显示每个进程中的服务。
- /V：显示详细信息。
- /FI filter：显示一系列符合筛选器指定的进程。
- /FO format：指定输出格式，有效值：TABLE、LIST、CSV。
- /NH：指定输出中不显示栏目标题。只对 TABLE 和 CSV 格式有效。

利用 Tasklist 命令可以查看本机中的进程，还可以查看每个进程提供的服务。下面将介绍使用 Tasklist 命令的具体操作步骤。

步骤01 在"命令提示符"中输入 Tasklist 命令，按 Enter 键即可显示本机的所有进程，如图 1-25 所示。在显示结果中可以看到映像名称、PID、会话名、会话#和内存使用等 5 部分。

步骤02 Tasklist 命令不但可以查看系统进程，而且还可以查看每个进程提供的服务。例如查看本机进程 svchost.exe 提供的服务，在"命令提示符"下输入 Tasklist /svc 命令即可，如图 1-26 所示。

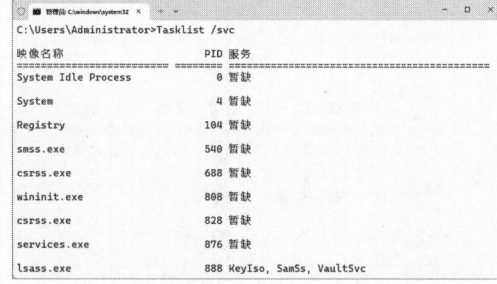

图 1-25　查看本机进程　　　　图 1-26　查看本机进程 svchost.exe 提供的服务

步骤03 要查看本地系统中哪些进程调用了 shell32.dll 模块文件，只需在"命令提示符"下输入 Tasklist /m shell32.dll 命令即可显示这些进程的列表，如图 1-27 所示。

步骤04 使用筛选器可以查找指定的进程，在"命令提示符"下输入 TASKLIST /FI "USERNAME ne NT AUTHORITY\SYSTEM" /FI "STATUS eq running 命令，按 Enter 键即可列出系统中正在运行的非 SYSTEM 状态的所有进程，如图 1-28 所示。其中"/FI"为筛选器参数，"ne"和"eq"为关系运算符"不相等"和"相等"。

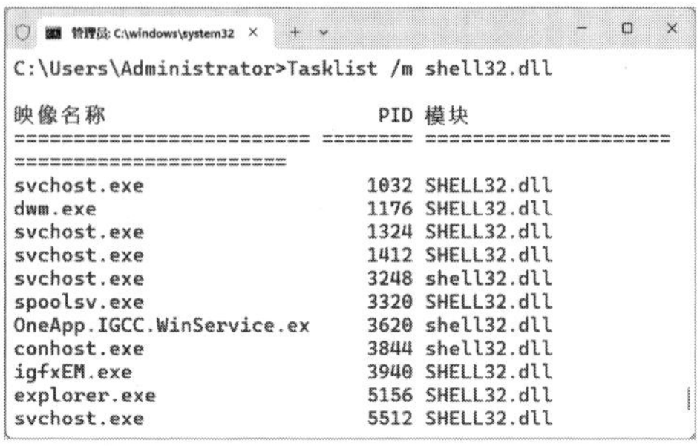

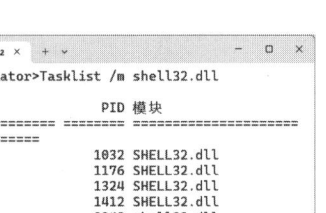

图 1-27　显示调用 shell32.dll 模块的进程 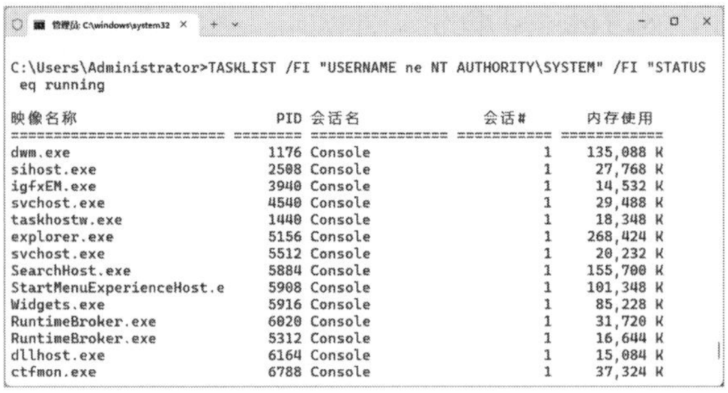　　图 1-28　列出系统中正在运行的非 SYSTEM 状态的所有进程

1.5　实战演练

1.5.1　实战 1：启用系统防火墙

Windows 操作系统自带的防火墙做了进一步的调整，更改了高级设置的访问方式，增加了更多的网络选项，支持多种防火墙策略，让防火墙更加便于用户使用。

启用防火墙的操作步骤如下。

步骤01 双击桌面上的"控制面板"图标，打开"控制面板"窗口，如图 1-29 所示。

步骤02 单击"Windows Defender 防火墙"选项，即可打开"Windows Defender 防火墙"窗口，在左侧窗格中可以看到"允许程序或功能通过 Windows Defender 防火墙""更改通知设置""启用或关闭 Windows Defender 防火墙""还原默认值"和"高级设置"等链接，如图 1-30 所示。

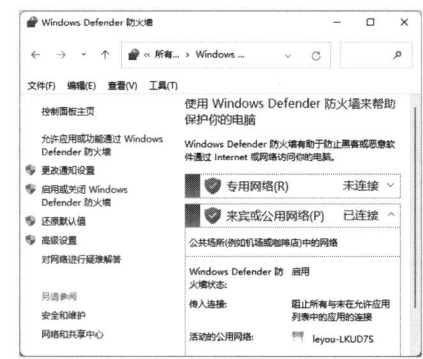

图 1-29　"所有控制面板项"窗口　　　　图 1-30　"Windows Defender 防火墙"窗口

步骤03 单击"启用或关闭 Windows Defender 防火墙"链接，打开"自定义各类网络的设置"窗口，其中可以看到"专用网络设置"和"公用网络设置"两个设置区域，用户可以根据需要设置 Windows Defender 防火墙的打开、关闭以及 Windows Defender 防火墙阻止新应用时是否通知我等，如图 1-31 所示。

步骤04 一般情况下，系统默认选中"Windows Defender 防火墙阻止新应用时通知我"复选框，这样防火墙发现可信任列表以外的程序访问用户电脑时，就会弹出"Windows 防火墙已经阻止此应用的部分功能"对话框，如图 1-32 所示。

图 1-31　开启防火墙

图 1-32　信息提示框

步骤 05 如果用户知道该程序是一个可信任的程序，则可根据使用情况选择"专用网络"和"公用网络"选项，然后单击"允许访问"按钮，就可以把这个程序添加到防火墙的可信任程序列表中了，如图 1-33 所示。

步骤 06 如果电脑用户希望防火墙阻止所有的程序，则可以选中"阻止所有传入连接，包括位于允许应用列表中的应用"复选框，此时 Windows Defender 防火墙会阻止包括可信任应用在内的大多数应用，如图 1-34 所示。

图 1-33　"允许的应用"窗口

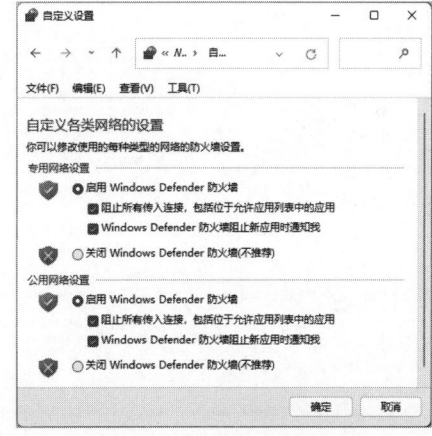

图 1-34　"自定义防火墙"窗口

1.5.2　实战 2：显示文件的扩展名

Windows 11 系统默认情况下并不显示文件的扩展名，用户可以通过设置显示文件的扩展名，具体操作步骤如下。

步骤 01 打开"此电脑"窗口，然后单击" "按钮，在弹出的下拉列表中选择"选项"菜单命令，如图 1-35 所示。

步骤 02 打开"文件夹选项"对话框，选择"查看"选项卡，在"高级设置"列表中取消选择"隐藏已知文件类型的扩展名"选项，如图 1-36 所示。

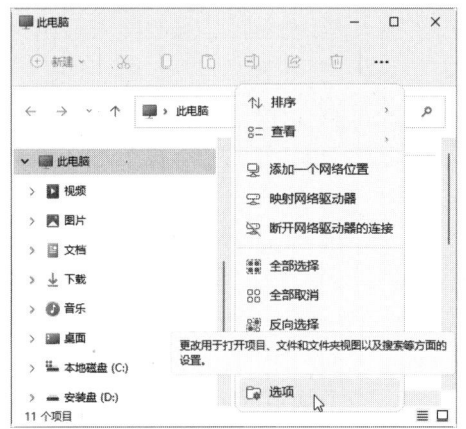
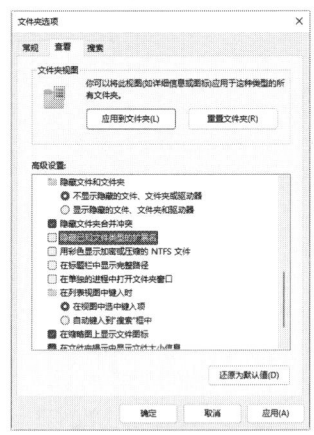

图1-35 "选项"菜单命令　　　　　　　图1-36 "文件夹选项"对话框

步骤03 此时打开一个文件夹，用户便可以查看到文件的扩展名，如图1-37所示。

提示：在"此电脑"窗口中单击"查看"按钮，在弹出的下拉列表中选择"显示"→"文件扩展名"菜单命令，可以快速显示文件的扩展名，如图1-38所示。

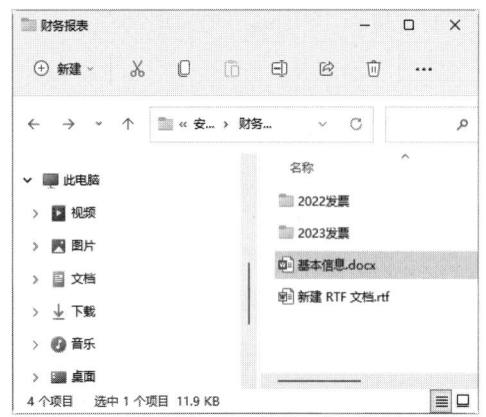
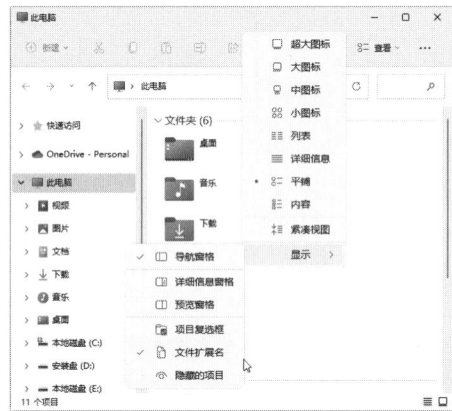

图1-37 查看文件的扩展名　　　　　　　图1-38 快速显示文件的扩展名

第 2 章
关于Windows 11系统，你了解多少

Windows 11 是由微软公司开发的新一代操作系统，该系统旨在让人们的日常电脑操作更加简单和快捷，为人们提供高效易行的工作环境。

2.1 体验全新的 Windows 11 系统

与以往的操作系统不同，Windows 11 是一款跨平台的操作系统，它能够同时运行在台式机、平板电脑、智能手机等平台中，为用户带来统一的体验。

2.1.1 全新的界面

进入 Windows 11 操作系统后，用户首先看到的就是桌面，桌面的组成元素主要包括桌面背景、图标、"开始"按钮、任务栏等，如图 2-1 所示为 Windows 11 的桌面。

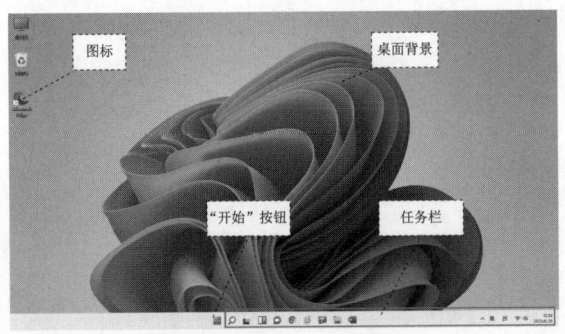

图 2-1　Windows 11 的桌面

2.1.2 全新的任务处理

"任务栏"是位于桌面最底部的长条，主要由"程序区域""通知区域"和"显示桌面"按钮组成，和以前的系统相比，Windows 11 中的任务栏设计更加人性化，使用更加方便、功能和灵活性更强大，如图 2-2 所示。

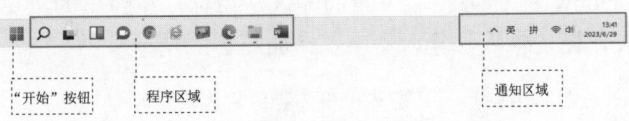

图 2-2　任务栏

2.1.3 全新的输入改进

输入法是我们日常使用电脑和手机时必不可少的工具，它可以帮助我们快速、准确地输入文字。Window 11系统自带微软拼音输入法，可以满足基本的中文输入需求。但是，与第三方输入法相比，它还存在一些局限性，如输入速度较慢、词库不够丰富、缺乏个性化设置等，这就需要在Window 11系统中添加第三方输入法，这里以"搜狗拼音输入法"为例，介绍在Window 11系统中添加输入法的方法。

具体操作步骤如下。

步骤01 下载并安装第三方输入法，如"搜狗拼音输入法"，如图2-3所示。

步骤02 右击"开始"按钮，在弹出的快捷菜单中选择"设置"命令，如图2-4所示。

图2-3 搜狗拼音输入法　　　　　　　　　图2-4 "设置"命令

步骤03 打开"设置"窗口，在左侧列表中选择"时间和语言"选项，在右侧窗格中选择"语言和区域"选项，如图2-5所示。

步骤04 打开"语言和区域"窗口，在"首选语言"列表中单击"中文（简体，中国）"右侧的三个点，在弹出的列表中选择"语言选项"，如图2-6所示。

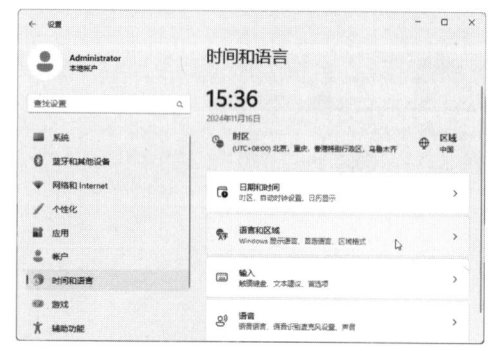
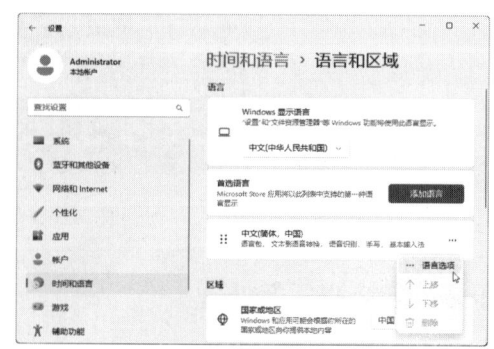

图2-5 "语言和区域"选项　　　　　　　　图2-6 "语言和区域"窗口

步骤05 打开"选项"窗口，在"键盘"部分，单击"添加键盘"按钮，在弹出的列表中选择刚安装的第三方输入法，这里选择"搜狗拼音输入法"，如图2-7所示。

步骤06 单击Window 11任务栏右下角的输入法图标，在弹出的菜单中选择新添加的输入法，这样就可以使用新的输入法输入文字了，如图2-8所示。

提示：在不同输入法之间切换时，只需单击任务栏的输入法图标即可。

第 2 章　关于 Windows 11 系统，你了解多少

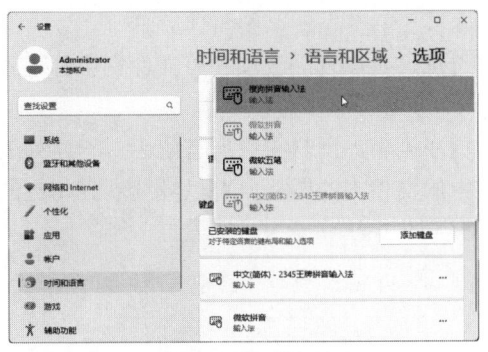

图 2-7　选择输入法

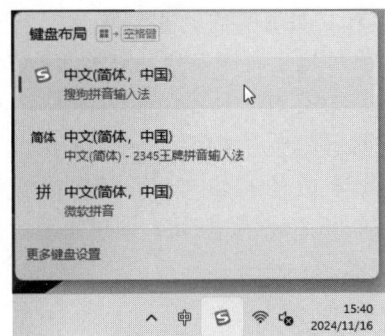

图 2-8　输入法列表

2.1.4　全新的"开始"菜单

在 Windows 11 操作系统中，"开始"菜单以屏幕的方式显示，这种方式具有很大的优势，因为照顾到了桌面和平板电脑用户。

单击桌面左下角的"开始"按钮，即可弹出"开始菜单"工作界面。它主要由用户名、"推荐的项目"列表、"固定程序"列表、"电源"选项等组成，如图 2-9 所示。

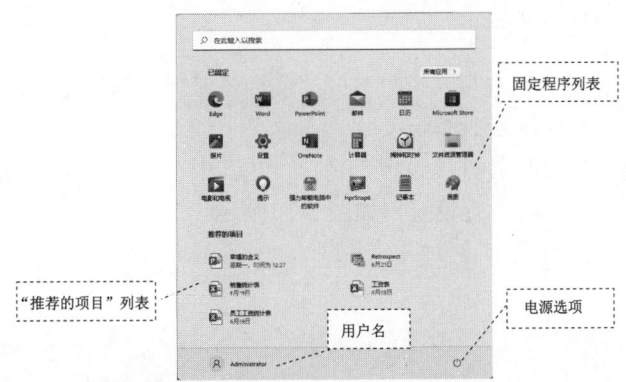

图 2-9　"开始菜单"工作界面

1. 用户名

在"用户名"区域显示了当前登录系统的用户，一般情况下用户名为"Administrator"，该用户为系统的管理员用户，如图 2-10 所示。

2. "推荐的项目"列表

"推荐的项目"列表中显示了"开始"菜单中的常用应用程序，通过选择不同的选项，可以快速打开常用应用程序，如图 2-11 所示。

图 2-10　用户名

图 2-11　"推荐的项目"列表

17

3．"固定程序"列表

在"固定程序"列表中包含了"所有应用"选项、"设置"选项和"文件资源管理器"选项，如图 2-12 所示。

选择"所有应用"选项，打开"所有应用"程序列表，用户在"所有应用"程序列表中可以查看所有系统中安装的软件程序，单击列表中的文件夹的图标，可以继续展开相应的程序。单击"返回"按钮，即可隐藏所有程序列表，如图 2-13 所示。

图 2-12 "固定程序"列表

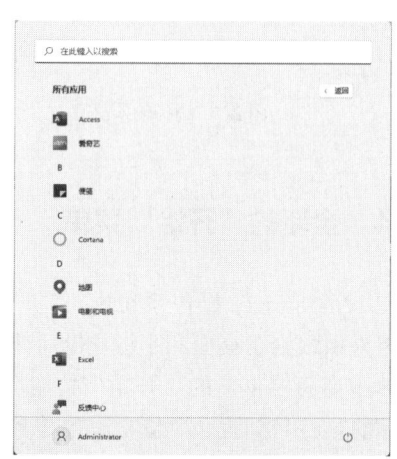

图 2-13 程序列表

选择"文件资源管理器"选项，可以打开"文件资源管理器"窗口，在其中可以查看本台电脑的所有文件资源，如图 2-14 所示。

选择"设置"选项，可以打开"设置"窗口，在其中可以选择相关的功能，对系统的设置、账户、时间和语言等内容进行设置，如图 2-15 所示。

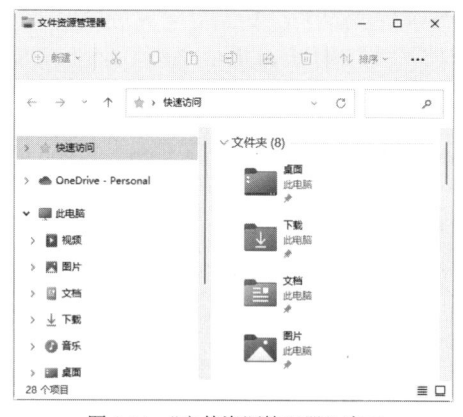

图 2-14 "文件资源管理器"窗口

图 2-15 "设置"窗口

4．"电源"选项

"电源"选项主要是用来对操作系统进行关闭操作，包括"关机"和"重启"选项，如图 2-16 所示。

图 2-16 "电源"选项

2.1.5 多任务互不干扰的虚拟桌面

Windows 11 系统的新特性有很多，比较典型的新特性就是虚拟桌面功能，通过这个功能可以为一台电脑创建多个桌面。下面以创建一个办公桌面和一个娱乐桌面为例，来介绍多桌面的使用方法与技巧，具体操作步骤如下。

步骤01 单击系统桌面上的"任务视图"按钮，进入虚拟桌面操作界面，如图 2-17 所示。

步骤02 单击"新建桌面"按钮，即可新建一个桌面，系统会自动为其命名为"桌面 2"，如图 2-18 所示。

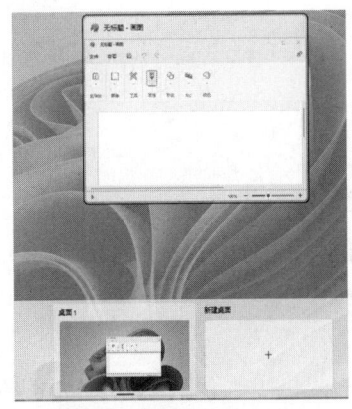
图 2-17 虚拟桌面操作界面

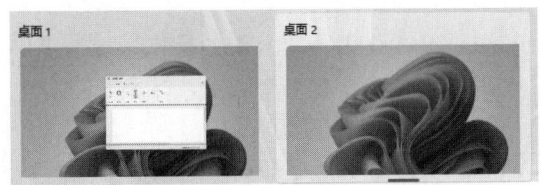
图 2-18 新建桌面 2

步骤03 进入桌面 1 操作界面，在其中右击任意一个窗口图标，在弹出的快捷菜单中选择"移动到"→"桌面 2"选项，即可将桌面 1 的内容移动到桌面 2 之中，如图 2-19 所示。

步骤04 使用相同的方法，将其他的文件夹窗口图标移至桌面 2 之中，此时桌面 1 中只剩下一个文件窗口，如图 2-20 所示。

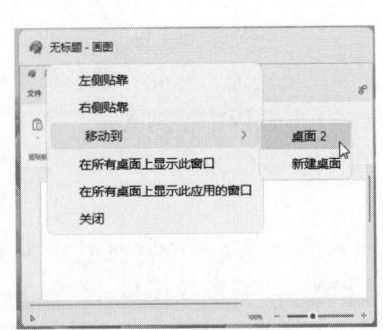
图 2-19 移动图标到桌面 2

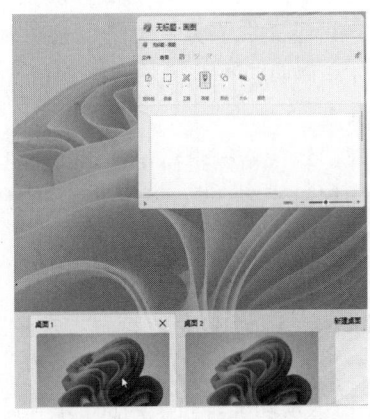
图 2-20 移动程序窗口到桌面 2

步骤05 选择桌面 2，进入桌面 2 操作系统当中，可以看到移动之后的文件窗口，这样即可将办公与娱乐分在两个桌面之中，如图 2-21 所示。

步骤06 如果想要删除桌面，则可以单击桌面右上角的"删除"按钮，将选中的桌面删除，如图 2-22 所示。

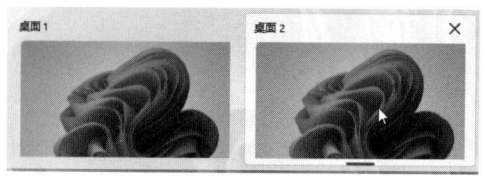
图 2-21　分类显示不同的桌面
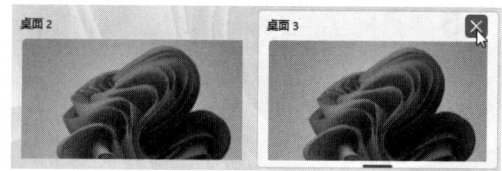
图 2-22　删除桌面

2.2　拥有自己的 Windows 11 系统

Windows 11 操作系统的安装比较简单，下载 Windows 11 安装程序后，按照安装提示进行安装，就可以轻松拥有自己的 Windows 11 系统了。

2.2.1　Windows 11 系统的版本和安装要求

Windows 11 作为一款全新的操作系统，提供了多个版本以满足不同用户群体的需求。下面介绍 Windows 11 的 6 个版本，以及它们之间的区别和特点。

1. Windows 11 家庭版

Windows 11 家庭版是面向普通家庭用户的基本版本。它提供了所有 Windows 11 的核心功能，包括美观的界面、改进的开始菜单、任务栏、桌面管理等。在这个版本中，用户可以享受到全新的用户界面体验、更快的启动速度、更好的性能、安全性和兼容性等功能。

此外，Windows 11 家庭版还引入了一些便利功能，如 Snap Layouts 和 Snap Groups，使用户能够更轻松地组织和管理多个应用程序窗口。

2. Windows 11 专业版

Windows 11 专业版适用于专业用户和商业环境。除了包括 Windows 11 家庭版中的所有功能外，它还提供了更多面向企业和专业人士的特性和工具。该版本支持 BitLocker 加密，可对文件和磁盘进行强大的数据保护。它还提供远程桌面功能，允许用户从远程位置访问其他计算机。

此外，组策略编辑器是 Windows 11 专业版的另一个重要功能，它允许管理员集中管理和配置计算机设备。Hyper-V 虚拟化技术也在 Windows 11 专业版中得到支持，可用于创建和运行虚拟机。

3. Windows 11 企业版

Windows 11 企业版是专为大型企业和组织设计的版本。它在 Windows 11 专业版的基础上进一步扩展了企业功能和安全性。该版本提供了更强大的安全性控制，例如 Windows Hello 生物识别功能，可使用面部、指纹或 PIN 码进行身份验证。设备管理工具使管理员能够轻松管理和控制组织中的多台电脑。

此外，企业应用程序兼容性也是 Windows 11 企业版的重要特点，它确保现有的企业应用程序可以平稳地迁移到新的操作系统中。

4. Windows 11 教育版

Windows 11 教育版是专为教育机构设计的版本。它基于 Windows 11 专业版，增加了一些特定于教育环境的功能和工具。该版本提供了更好的教学工具和资源，包括 Microsoft Whiteboard、3D 编辑器和文档摄影机等。它还支持教育机构的设备管理和安全性控制。

此外，Windows 11 教育版还提供专门针对教师和学生的功能，如 Windows Ink 和触控优化，以促进创造性和互动式学习。

5. Windows 11 专业工作站版

Windows 11 专业工作站版是针对高性能工作站用户设计的版本。它提供了更强大的硬件和系统资源管理，以满足高负载和专业应用的需求。该版本支持更多的物理内存（RAM），提供更高的处理器和存储性能，可扩展文件系统使数据更加安全，并提供快速和可靠的文件访问。

此外，Windows 11 专业工作站版还支持非易失性内存（NVDIMM-N）和远程直接内存访问（RDMA）等专业级功能，以提供卓越的性能体验。

6. Windows 11 物联网版

Windows 11 物联网版是为物联网设备和解决方案而设计的版本。它提供了安全可靠的操作系统框架，适用于各种物联网应用场景。该版本支持各种设备类型，包括智能设备、工业自动化、零售和医疗设备等。它具有高级的安全性、远程管理和部署功能，确保物联网设备的稳定性和可靠性。

此外，Windows 11 物联网版还支持多种连接方式和协议，如 WiFi、蓝牙、以太网等，以满足不同物联网应用的需求。

总之，Windows 11 提供了多个版本供用户选择，每个版本都针对不同的用户群体和使用场景，具备一系列特定的功能和工具，选择适合的版本取决于用户的需求和使用目的。在电脑中安装 Windows 11 操作系统的最低配置要求如表 2-1 所示。

表 2-1　Windows 11 操作系统的最低配置要求

硬件名称	硬件要求
处理器	Windows 11 要求处理器为 1GHz 或更快的 64 位处理器（双核或多核）或系统单芯片
内存	系统需要至少 4GB 的 RAM。如果内存低于 4GB，可能会导致系统运行缓慢或卡顿
存储空间	Windows 11 需要至少 64GB 的存储空间。随着系统的更新和使用，可能需要更多的存储空间
系统固件	系统固件必须支持 UEFI 安全启动。如果电脑使用的是传统的 BIOS 启动方式，可能需要更新固件以支持 UEFI 安全启动
显卡	显卡需要支持 DirectX 12 或更高版本，并且支持 WDDM 2.0 驱动程序，这确保了系统能够正常运行图形密集型应用程序和游戏
显示器	显示器需要对角线长大于 9 英寸的高清（720p）显示屏，每个颜色通道为 8 位
受信任的平台模块（TPM）	需要 TPM 2.0 版本。如果电脑没有 TPM 或 TPM 版本过低，可能无法安装 Windows 11

2.2.2　安装全新的 Windows 11 系统

当前，Windows 11 作为主流操作系统，备受关注，本节将介绍 Windows 11 专业版操作系统的安装方法，具体步骤如下。

步骤01 将 Windows 11 操作系统的安装光盘放入光驱中，重新启动计算机，这时会进入 Windows 11 操作系统安装程序的运行窗口，提示用户安装程序正在加载文件，如图 2-23 所示。

步骤02 当文件加载完成后，进入 Windows 11 操作系统安装程序启动界面，如图 2-24 所示。

图 2-23　安装程序运行窗口

图 2-24　安装程序启动界面

步骤03 进入安装程序运行界面，开始运行程序，运行程序完成，就会弹出安装程序正在启动页面，如图 2-25 所示。

步骤04 安装程序启动完成后，还需要选择需要安装系统的磁盘，如图 2-26 所示。

图 2-25　安装程序运行界面

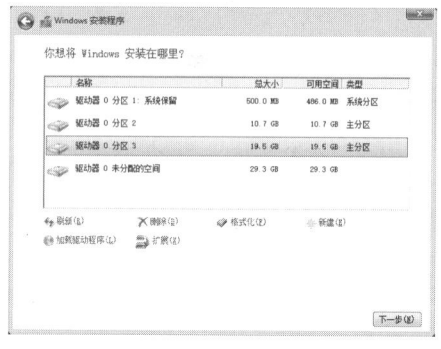

图 2-26　选择系统安装盘

步骤05 单击"下一步"按钮，开始安装 Window 11 系统并进入系统引导页面，如图 2-27 所示。

步骤06 安装完成后，进入 Windows 11 操作系统主页面，系统安装完成，如图 2-28 所示。

图 2-27　系统引导页面

图 2-28　系统安装完成

2.2.3 启动与关闭 Windows 11 系统

当在电脑中安装好 Window11 操作系统之后,通过启动和关闭电脑,就可以启动和关闭 Window11 操作系统了。

1. 启动 Windows 11

启动 Windows 11 操作系统也就是启动安装有 Windows 11 操作系统的电脑,电脑的正常启动是指在尚未开启电脑的情况下进行启动,也就是第一次启动电脑。启动电脑的正确顺序是:先打开显示器的电源,然后打开主机的电源。

与以往的操作系统不同,Windows 11 是一款跨平台的操作系统,它能够同时运行在台式机、平板电脑、智能手机等平台中,为用户带来统一的体验。如图 2-29 所示为 Window11 专业版的桌面显示效果。

图 2-29 Window11 系统桌面

2. 重启 Windows 11

在使用 Windows 11 的过程中,如果安装了某些应用软件或对系统进行了新的配置,经常会被要求重新启动系统。

重新启动 Windows 11 操作系统的具体操作步骤如下。

步骤01 单击所有打开的应用程序窗口右上角的"关闭"按钮,退出正在运行的程序。如图 2-30 所示。

步骤02 右击 Windows 11 桌面中间的"开始"按钮,在弹出的"开始"菜单中选择"关机或注销"菜单命令,在弹出的子菜单中选择"重启"命令,如图 2-31 所示。

提示:单击 Windows 11 桌面中间的"开始"按钮,在弹出的"开始"菜单中单击"电源"按钮,在弹出的子菜单中选择"重启"命令,也可以重新启动 Windows 11 操作系统,如图 2-32 所示。

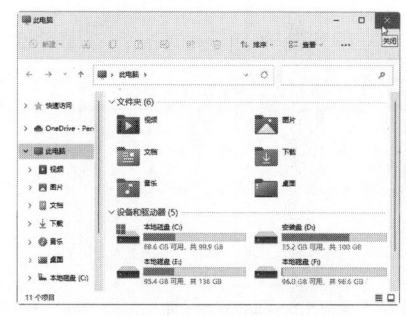

图 2-30 "关闭"按钮

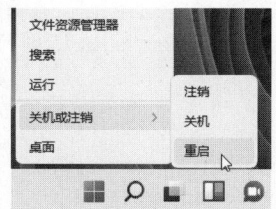

图 2-31 "重启"命令

图 2-32 "开始"菜单

3. 关闭 Windows 11

关闭 Windows 11 操作系统就是关闭电脑,正常关闭电脑的正确顺序为:先确保关闭电脑中的所有应用程序,然后通过"开始"菜单退出 Windows 11 操作系统,最后关闭显示器电源。

常见的关机方法有以下几种：
方法 1：通过"开始"按钮关机
步骤 01 单击所有打开的应用程序窗口右上角的"关闭"按钮，退出正在运行的程序。如图 2-33 所示为 edge 浏览器运行窗口。

步骤 02 单击 Windows 11 桌面中间的"开始"按钮，在弹出的"开始"菜单中单击"电源"按钮，在弹出的子菜单中选择"关机"命令，如图 2-34 所示。

图 2-33　edge 浏览器运行窗口　　　　　　图 2-34　"关机"命令

步骤 03 系统将停止运行，屏幕上会出现"正在关机"的文字提示信息，稍等片刻，将自动关闭主机电源，待主机电源关闭后，按下显示器上的电源按钮，完成关闭电脑的操作。

注意：如果使用了外部电脑，还需要关闭电源插座上的开关或拔掉电源插座的插头使其断电。

方法 2：通过右击"开始"按钮关机
右击"开始"按钮，在弹出的菜单中选择"关机或注销"菜单命令，在弹出的子菜单中选择"关机"命令，也可以关闭 Windows 11 操作系统，如图 2-35 所示。

方法 3：通过 Alt+F4 组合键关机
在关机前关闭所有的程序，然后使用 Alt+F4 组合键快速调出"关闭 Windows"对话框，单击"确定"按钮，即可进行关机，如图 2-36 所示。

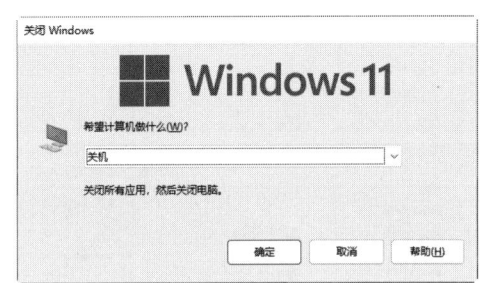

图 2-35　"关机"命令　　　　　　图 2-36　"关闭 Windows"界面

方法 4：死机时关闭系统
注意：当电脑在使用的过程中出现了蓝屏、花屏、死机等非正常现象时，就不能按照正常关闭电脑的方法来关闭系统了。这时应该先用前面介绍的方法重新启动电脑，若不行再进行复位启动，如果复位启动还是不行，则只能进行手动关机，方法是：先按下主机机箱上的电源按钮 3 到 5 秒，待主机电源关闭后，再关闭显示器的电源开关，以完成手动关机操作。

2.3 打造个性化 Windows 11 系统

作为新一代的操作系统，Windows 11 进行了重大的变革，不仅延续了 Windows 家族的传统，而且带来了更多新的体验，同时用户还可以根据需要个性化操作系统。

2.3.1 我的外观我做主

主题是桌面背景图片、窗口颜色和声音的组合，用户可对主题进行设置，具体操作步骤如下。

步骤01 在桌面的空白处右击，在弹出的快捷菜单中选择"个性化"菜单命令，打开"设置-个性化"窗口，在其中选择"主题"选项，如图 2-37 所示。

步骤02 在打开的"个性化-主题"窗口中可以查看 Windows 默认主题样式，并在下方显示该主题的桌面背景、颜色、声音和鼠标光标等信息，如图 2-38 所示。

图 2-37 "个性化"窗口

图 2-38 默认 Windows 主题样式

步骤03 单击主题下方的"背景"超链接，可以在打开的"个性化-背景"窗口中设置主题的桌面背景，如图 2-39 所示。

步骤04 单击"颜色"超链接，可以在打开的"个性化-颜色"窗口中设置主题的颜色，如图 2-40 所示。

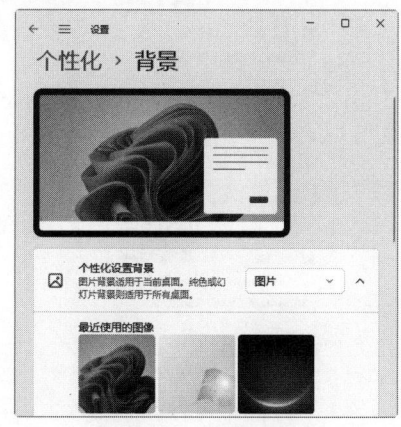

图 2-39 "背景"选项

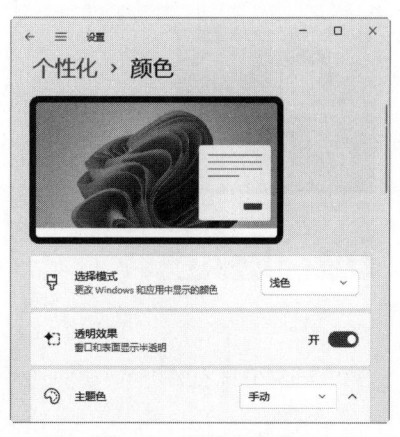

图 2-40 "颜色"选项

步骤05 单击"声音"超链接,打开"声音"对话框,在其中可以设置主题的声音效果,如图2-41所示。

步骤06 单击"鼠标光标"超链接,打开"鼠标属性"对话框,在其中可以设置鼠标相关选项,如图2-42所示。

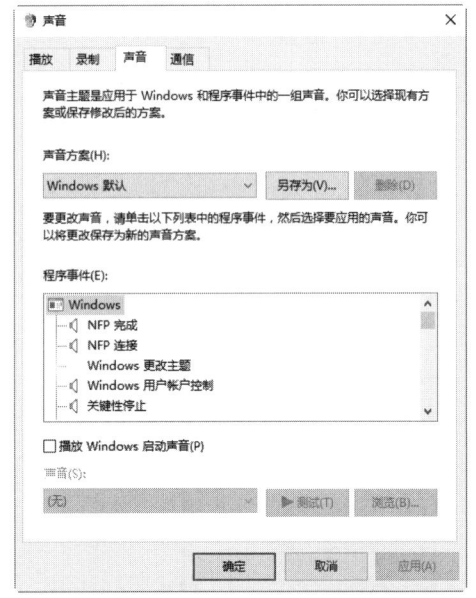

图2-41 "声音"对话框

图2-42 "鼠标属性"对话框

步骤07 除了系统默认主题外,用户还可以自定义主题样式,在当前主题设置区域中可以选择自定义主题样式,如图2-43所示。

步骤08 还可以从Microsoft Store获取更多主题,单击"浏览主题"按钮,在打开的Microsoft Store商城中可以搜索并下载需要的主题样式,如图2-44所示。

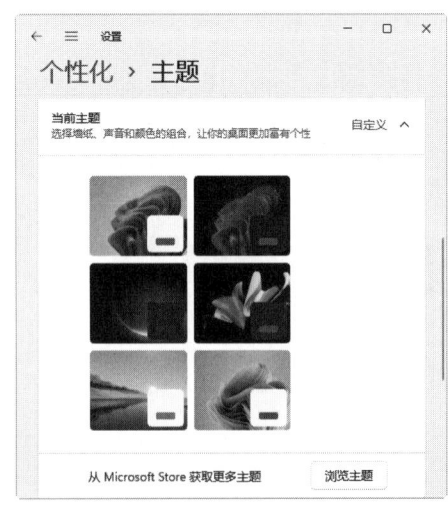

图2-43 自定义主题样式

图2-44 搜索并下载主题

2.3.2 系统声音的个性化

Windows 11 的系统声音可以进行个性化设置，具体操作步骤如下。

步骤01 右击任务栏通知区域中的声音图标，在弹出的快捷菜单中选择"声音设置"选项，如图 2-45 所示。

步骤02 打开"声音"窗口，单击"更多声音设置"右侧的" "按钮，如图 2-46 所示。

图 2-45 "声音设置"选项

图 2-46 "声音"窗口

步骤03 打开"声音"对话框，在"声音"选项卡的"程序事件"列表中选择"Windows 更改主题"选项，如图 2-47 所示。

步骤04 单击"浏览"按钮，打开"浏览新的 Windows 更改主题声音"对话框，在其中选择需要的声音文件，如图 2-48 所示。

图 2-47 "声音"对话框

图 2-48 选择声音文件

步骤05 单击"打开"按钮，返回到"声音"对话框，在其中可以看到更改的声音文件，如图 2-49 所示。

步骤06 单击"声音"下方的下三角按钮，在弹出的下拉列表中也可以选择需要的声音文件，如图 2-50 所示。

图 2-49 "声音"对话框

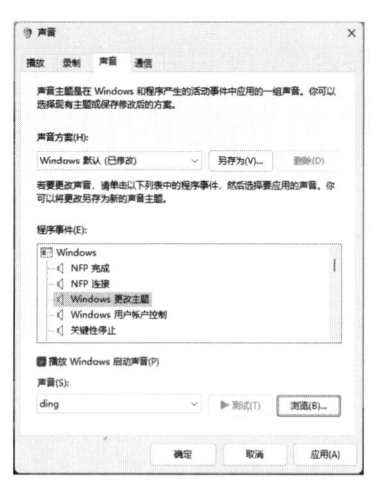

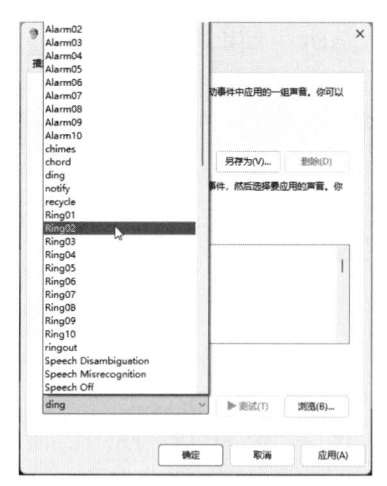

图 2-50 选择声音文件

2.3.3 设置系统日期和时间

Windows 11 系统的日期和时间可以自己定义显示方式，具体操作步骤如下。

步骤01 右击任务栏通知区域中的日期和时间，在弹出的快捷菜单中选择"调整日期和时间"选项，如图 2-51 所示。

步骤02 打开"日期和时间"窗口，在其中可以看到自动设置时间处于开启状态，这是系统自动设置的日期和时间显示方式，如图 2-52 所示。

图 2-51 "调整日期和时间"选项

图 2-52 "日期和时间"窗口

步骤03 在"日期和时间"窗口中单击附加时钟右侧的"➚"按钮，如图 2-53 所示。

步骤04 打开"日期和时间"对话框，在"附加时钟"选项卡中选中"显示此时钟"复选框，即可在系统桌面显示一个时钟，如图 2-54 所示。

步骤05 选择"日期和时间"选项卡，在打开的界面中可以查看当前日期和时间信息，如图 2-55 所示。

步骤06 单击"更改日期和时间"按钮，打开"日期和时间设置"对话框，在其中可以修改系统的日期和时间，如图 2-56 所示。

图 2-53 "附加时钟"选项 　　图 2-54 "日期和时间"对话框 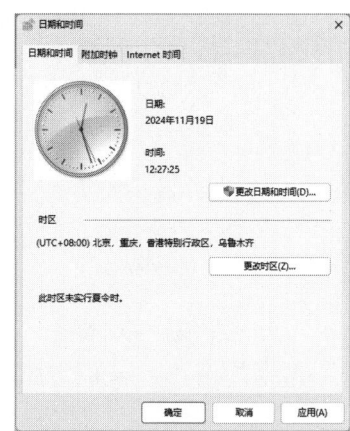　　图 2-55 "日期和时间"选项卡

步骤07 选择"Internet 时间"选项卡，在打开的界面中可以看到已将计算机设置为自动与"time.windows.com"同步，如图 2-57 所示。

步骤08 如果需要更改则可以单击"更改设置"按钮，打开"Internet 时间设置"对话框，在其中通过选中"与 Internet 时间服务器同步"复选框，来确定是否将系统时间与 Internet 时间服务器同步，如图 2-58 所示。

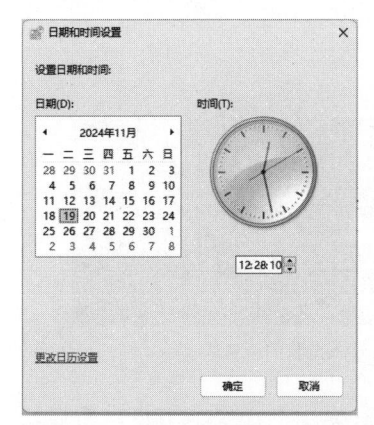

图 2-56 "日期和时间设置"对话框 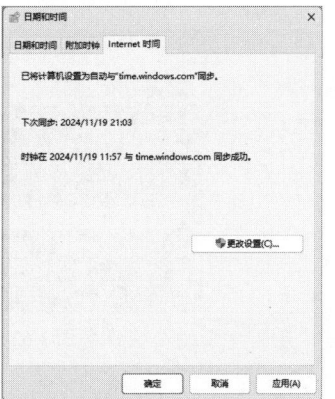　　图 2-57 "Internet 时间"选项卡 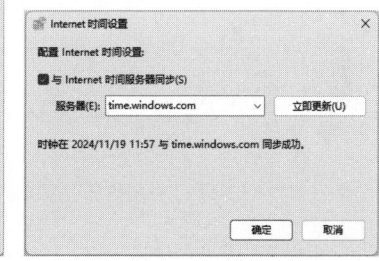　　图 2-58 "Internet 时间设置"对话框

2.3.4 将应用图标固定到任务栏

在 Windows 11 中取消了快速启动工具栏，若要快速打开程序，可以将程序锁定到任务栏。具体的方法如下。

方法 1：如果程序已经打开，在"任务栏"上选择程序并右击，从弹出的快捷菜单中选择"固定到任务栏"菜单命令，则任务栏上将会一直存在添加的应用程序，用户可以随时打开程序，如图 2-59 所示。

方法 2：如果程序没有打开，选择"开始"→"所有应用"菜单命令，在弹出的列表中选择需要添加至任务栏中的应用程序，右击并在弹出的快捷菜单中选择"固定到任务栏"菜单命令，即可将该应用程序添加到任务栏中，如图 2-60 所示。

图 2-59 "固定到任务栏"菜单命令　　　　图 2-60 添加程序到任务栏

2.3.5 给我的电脑起个别样的名称

在 Windows 11 系统中，电脑的名称可以进行自定义了，具体的操作步骤如下。

步骤01 单击桌面上的"开始"按钮，在弹出开始面板中单击"设置"按钮，打开"系统信息"窗口，如图 2-61 所示。

步骤02 单击"重命名这台电脑"按钮，打开"重命名你的电脑"界面，在文本框中输入电脑的新名称，如图 2-62 所示。

图 2-61 "系统信息"窗口　　　　图 2-62 输入电脑的新名称

步骤03 单击"下一页"按钮，打开如图 2-63 所示的信息提示框，要求用户重新启动电脑。

步骤04 电脑重启之后，再次打开"系统信息"窗口，就可以看到电脑的名称已经是更新的名称了，如图 2-64 所示。

图 2-63 信息提示框　　　　图 2-64 "系统信息"窗口

2.4　Windows 11 的手机连接功能

Windows 11 的"添加手机"功能为用户提供了极大的便利，使得手机与电脑之间的操作更加无缝。通过简单的设置，用户可以实现信息同步、文件共享、通话功能等多种操作，这大大提高了工作效率和生活便利性。

在 Windows 11 系统中，添加手机连接功能的操作步骤如下。

步骤01 单击桌面上的"开始"按钮，在弹出开始面板中单击"设置"按钮，打开"系统"窗口，如图 2-65 所示。

步骤02 选择"蓝牙和其他设备"选项，进入"蓝牙和其他设备"窗口，如图 2-66 所示。

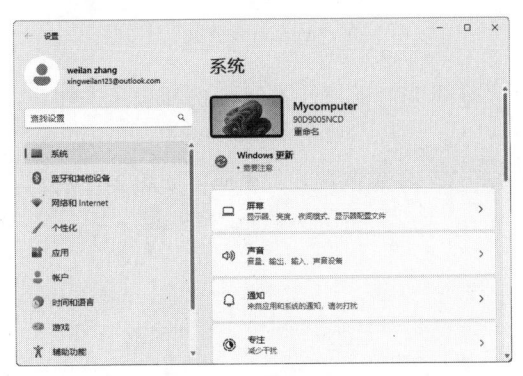

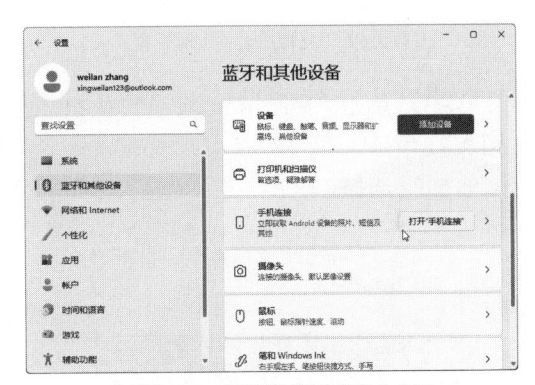

图 2-65　"系统"窗口　　　　　图 2-66　"蓝牙和其他设备"窗口

步骤03 单击"打开手机连接"按钮，打开"手机连接"对话框，提示用户正在下载更新，如图 2-67 所示。

步骤04 更新完毕后，在打开的对话框中提示用户选择手机设备，这里选择"Android"选项，如图 2-68 所示。

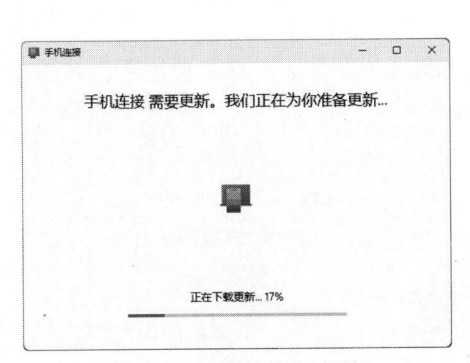

图 2-67　"手机连接"对话框　　　　　图 2-68　选择"Android"选项

步骤05 打开"支持的设备"对话框，提示用户手机连接仅支持区域中的所选 Android 设备，如图 2-69 所示。

步骤06 单击"继续"按钮，进入"Microsoft 登录"对话框，如图 2-70 所示。

图 2-69 "支持的设备"对话框　　　　　　图 2-70 "Microsoft 登录"对话框

步骤 07 单击"Microsoft 登录"按钮，打开"登录"对话框，在其中选择登录的账户，如图 2-71 所示。

步骤 08 选择完毕后，进入"输入密码"对话框，在其中输入账户的密码，如图 2-72 所示。

图 2-71 "登录"对话框　　　　　　图 2-72 输入密码

步骤 09 单击"登录"按钮，打开"让我们来保护你的账户"对话框，在其中输入备用电子邮件地址，也可以暂时跳过此项，如图 2-73 所示。

步骤 10 单击"下一步"按钮，进入"链接账户和设备"界面，这里使用手机扫描二维码即可开启手机连接功能，如图 2-74 所示。

图 2-73 跳过此项　　　　　　图 2-74 "链接账户和设备"界面

2.5 实战演练

2.5.1 实战1：一个小神器，让我的电脑通人性

相信大部分人每天上班启动电脑后的第一件事就是打开浏览器进入单位的网站以及办公系统，如果电脑启动后能自动打开单位网站就好了，其实想要实现这个也不难。使用 zTasker 这个小工具就可以。

zTasker 是一款完全免费、功能强大的自动化任务工具，能够帮用户自动执行各种任务，从而提高工作效率。zTasker 支持 100+ 种任务类型，包括提醒、关机、重启、报时、文件备份、音量调节、静音、窗口、显示器控制、多媒体、程序、进程、服务等操作，可以说是应有尽有。

使用 zTasker 制定自动化任务的操作步骤如下。

步骤 01 下载并安装 zTasker 工具，双击桌面上的 zTasker 快捷图标，即可打开 zTasker 首页，首页内置了一些常用任务，如搜索执行指定程序、弹窗提醒等，如图 2-75 所示。

图 2-75　zTasker 首页

步骤 02 单击"新建"按钮，打开"新建任务"对话框，选择"任务设定"选项卡，在其中可以设置任务类型，如图 2-76 所示。

步骤 03 选择"计划设定"选项卡，在其中可以启动计划，并在右侧设置计划启动的时间，包括秒、分钟、小时、天、周、月、年或指定日期等，如图 2-77 所示。

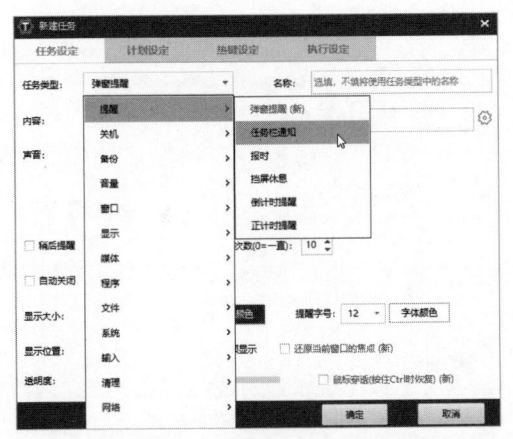

图 2-76　"新建任务"对话框

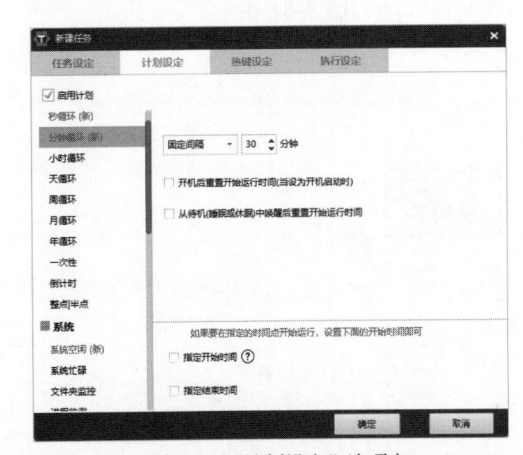

图 2-77　"计划设定"选项卡

步骤 04 选择"热键设定"选项卡，在其中可以启动热键，并在下方设置任务的快捷

键，如图 2-78 所示。

步骤 05 选择"执行设定"选项卡，在其中可以设置执行的条件，如计划执行前是否显示提示窗口等，如图 2-79 所示。

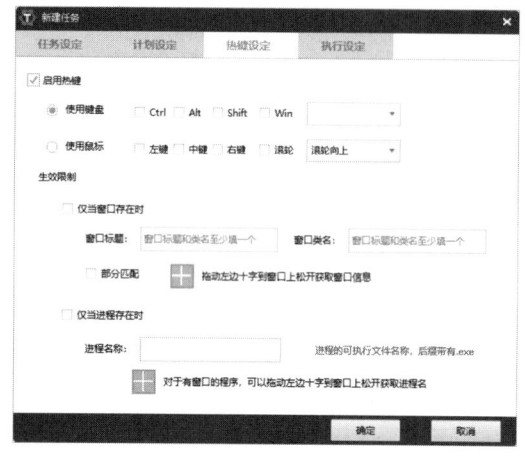

图 2-78 "热键设定"选项卡

图 2-79 "执行设定"选项卡

2.5.2 实战 2：开启 Windows 11 系统的夜间模式

Windows 11 系统的夜间模式是一种通过减少屏幕发出的蓝光，从而减少对眼睛的刺激，帮助用户更好地休息和保护视力的功能。夜间模式通过将屏幕色调调整为偏暖的橘红色，减少蓝光对褪黑激素分泌的抑制，进而改善用户的生物钟和睡眠质量。

开启 Windows 11 系统夜间模式的操作步骤如下。

步骤 01 在系统桌面上，右击"开始"按钮，在弹出的快捷菜单中选择"设置"选项，打开"设置"窗口，在其中可以看到"屏幕"设置区域，如图 2-80 所示。

步骤 02 单击"屏幕"设置区域，打开"屏幕"窗口，在其中即可开启 Windows 11 系统的夜间模式，如图 2-81 所示。

图 2-80 "设置"窗口

图 2-81 开启夜间模式

第 3 章
系统安全了，走遍天下都不怕

随着电脑大范围的普及和应用，电脑安全问题已经是电脑使用者面临的最大问题，而且电脑病毒也不断出现，且迅速蔓延，这就要求用户要做好系统安全的防护，从而提高电脑的性能。

3.1 系统漏洞的修补

计算机系统漏洞也被称为系统安全缺陷，这些安全缺陷会被技术高低不等的入侵者所利用，从而达到其控制目标主机或造成一些更具破坏性的影响的目的。

3.1.1 什么是系统漏洞

系统漏洞是指应用软件或操作系统软件在逻辑设计上的缺陷或在编写时产生的错误。某个程序（包括操作系统）在设计时未被考虑周全，则这个缺陷或错误将可能被不法分子或黑客利用，通过植入木马病毒等方式来攻击或控制整个计算机，从而窃取计算机中的重要资料和信息，甚至破坏系统。

系统漏洞又称安全缺陷，可对用户造成不良后果。若漏洞被恶意用户利用，会造成信息泄露；黑客攻击网站即是利用网络服务器操作系统的漏洞，对用户操作造成不便，如不明原因的死机和丢失文件等。

3.1.2 系统漏洞产生的原因

系统漏洞的产生不是安装不当的结果，也不是使用后的结果。归结起来，其产生的原因主要有以下 3 点。

（1）人为因素：编程人员在编写程序过程中故意在程序代码的隐蔽位置保留了后门。

（2）硬件因素：由于硬件的原因，编程人员无法弥补硬件的漏洞，从而使硬件问题通过软件表现出来。

（3）客观因素：受编程人员的能力、经验和当时的安全技术及加密方法发展水平所限，在程序中难免存在不足之处，而这些不足恰恰会导致系统漏洞的产生。

3.1.3 使用 Windows 更新修补漏洞

Windows 更新是系统自带的用于检测系统最新的工具，使用 Windows 更新可以下载并安装系统更新，具体的操作步骤如下。

步骤01 右击"开始"按钮，在弹出的快捷菜单中选择"设置"选项，如图 3-1 所示。

步骤02 打开"设置"窗口，在其中可以看到有关系统设置的相关功能，如图 3-2 所示。

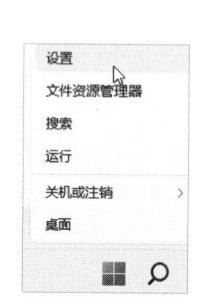

图 3-1 选择"设置"选项

图 3-2 "设置"窗口

步骤03 选择"Windows 更新"选项，进入"Windows 更新"窗口，如图 3-3 所示。

步骤04 单击"检查更新"按钮，即可开始检查网上是否存在有更新文件，如图 3-4 所示。

图 3-3 "Windows 更新"窗口

图 3-4 检查更新

步骤05 检查完毕后，如果存在有更新文件，则会弹出如图 3-5 所示的信息提示，提示用户有可用更新，并自动开始下载更新文件。

步骤06 下载完毕后，系统会自动安装更新文件，安装完毕后，会弹出如图 3-6 所示的信息提示，单击"立即重新启动"按钮，立即重新启动电脑，重新启动完毕后，即可完成 Windows 更新。

步骤07 单击"计划重新启动"超链接，在打开的界面中可以安排更新时间，如图 3-7 所示。

步骤08 单击"更多选项"区域中的"高级选项"超链接，打开"高级选项"设置工作界面，在其中可以设置更新的其他高级选项，如图 3-8 所示。

图 3-5　下载更新

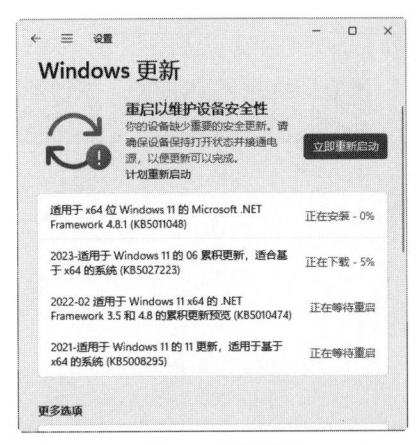

图 3-6　安装更新

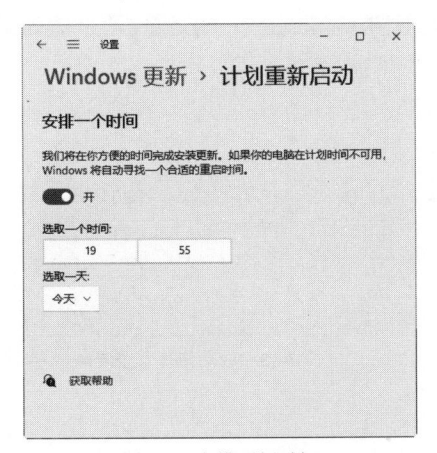

图 3-7　安排更新时间

图 3-8　"高级选项"设置

3.1.4　使用电脑管家修补漏洞

除使用 Windows 系统自带的 Windows Update 下载并及时为系统修复漏洞外，还可以使用第三方软件及时为系统下载并安装漏洞补丁，常用的有"360 安全卫士""优化大师"。

使用电脑管家修复系统漏洞的具体操作步骤如下。

步骤01 双击桌面上的电脑管家图标，打开"电脑管家"窗口，如图 3-9 所示。

步骤02 选择"工具箱"选项，进入如图 3-10 所示的页面。

图 3-9　"电脑管家"窗口

步骤03 单击"修复漏洞"图标，电脑管家开始自动扫描系统中存在的漏洞，并在下面的界面中显示出来，用户在其中可以自主选择需要修复的漏洞，如图 3-11 所示。

图 3-10 "工具箱"窗口 　　　　　　　　　图 3-11 "系统修复"窗口

步骤 04 单击"一键修复"按钮，开始修复系统存在的漏洞，如图 3-12 所示。

步骤 05 修复完成后，则系统漏洞的状态变为"修复成功"，如图 3-13 所示。

图 3-12 修复系统漏洞 　　　　　　　　　图 3-13 成功修复系统漏洞

3.1.5 修补漏洞后手动重启系统

一般情况下，在 Windows 11 每次自动下载并安装好补丁后，就会每隔 11 分钟弹出窗口要求重启。如果不小心单击了"立即重新启动"按钮，则有可能会影响当前电脑操作的资料。那么如何才能不让 Windows 11 安装完补丁后不自动弹出"重新启动"的信息提示框呢？具体的操作步骤如下。

步骤 01 单击"开始"按钮，在弹出的快捷菜单中选择"所有程序"→"附件"→"运行"菜单命令，弹出"运行"对话框，在"打开"文本框中输入 gpedit.msc，如图 3-14 所示。

步骤 02 单击"确定"按钮，即可打开"本地组策略编辑器"窗口，如图 3-15 所示。

步骤 03 在窗口的左侧依次单击"计算机配置"→"管理模板"→"Windows 组件"选项，如图 3-16 所示。

步骤 04 展开"Windows 组件"选项，在其子菜单中选择"Windows 更新"选项。此时，在右侧的窗格中将显示 Windows 更新的所有设置，选择"旧策略"选项，打开旧策略列表，如图 3-17 所示。

步骤 05 在右侧的窗格中选中"对于有已登录用户的计算机，计划的自动更新安装不执行重新启动"选项并右击，从弹出的快捷菜单中选择"编辑"菜单项，如图 3-18 所示。

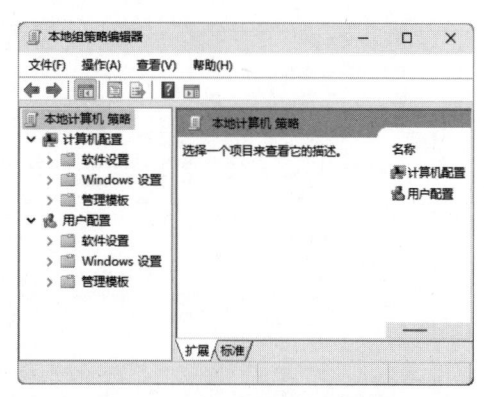

第 3 章　系统安全了，走遍天下都不怕

图 3-14　"运行"对话框

图 3-15　"本地组策略编辑器"窗口

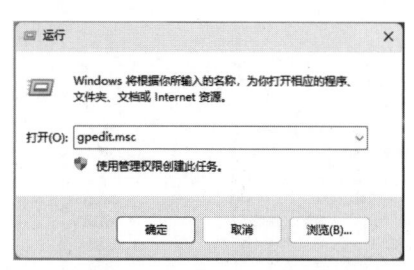

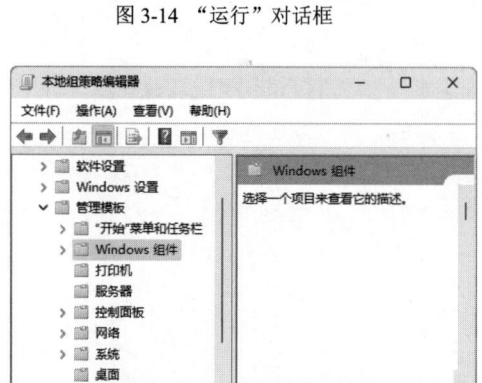

图 3-16　"Windows 组件"选项

图 3-17　"Windows 更新"选项

步骤06 随即打开"对于有已登录用户的计算机，计划的自动更新安装不执行重新启动"对话框，在其中点选"已启用"单选按钮，如图 3-19 所示。

图 3-18　"编辑"选项

图 3-19　点选"已启用"单选按钮

步骤07 单击"确定"按钮，返回到"组策略编辑器"窗口中，此时用户即可看到"对于有已登录用户的计算机，计划的自动更新安装不执行重新启动"选择的状态是"已启用"。这样，在自动更新完补丁后，将不会再弹出重新启动计算机的信息提示框，如图 3-20 所示。

39

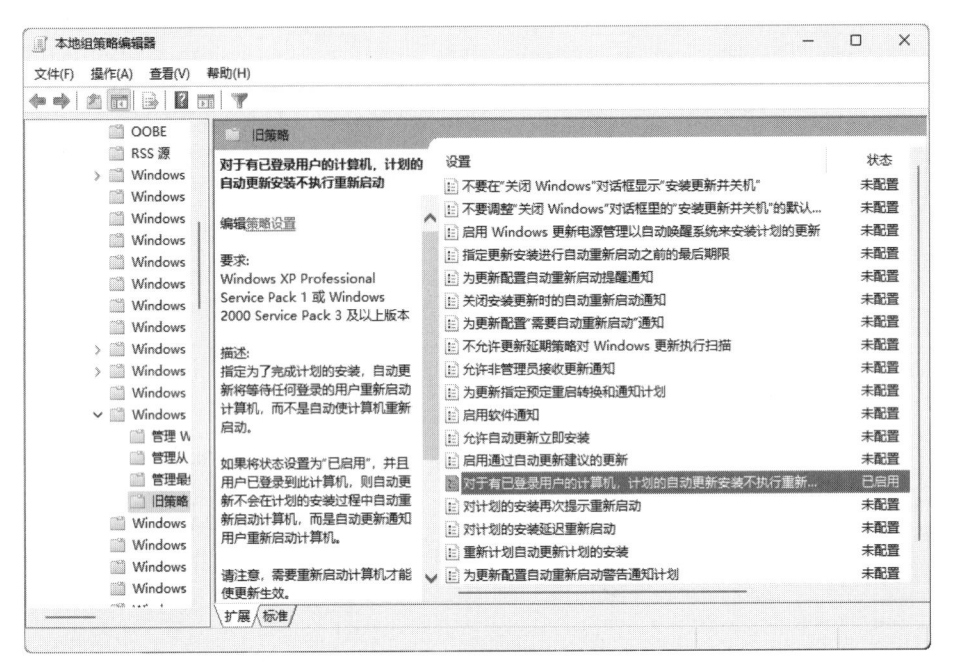

图 3-20 "已启用"状态

3.2 重装 Windows 11 系统

在安装有一个操作系统的计算机中，用户可以利用安装光盘重装系统，而无须考虑多系统的版本问题，只需将系统安装盘插入光驱，并设置从光驱启动，然后格式化系统盘后，就可以按照安装操作系统一样重装系统。

3.2.1 什么情况下重装系统

具体来讲，当系统出现以下 3 种情况之一时，就必须考虑重装系统了。

1. 系统运行变慢

系统运行变慢的原因有很多，如垃圾文件分布于整个硬盘而又不便于集中清理和自动清理，或者是计算机感染了病毒或其他恶意程序而无法被杀毒软件清理等，这就需要对磁盘进行格式化处理并重装系统了。

2. 系统频繁出错

众所周知，操作系统是由很多代码组成的，在操作过程中可能因为误删除某个文件或者是被恶意代码改写等原因，致使系统出现错误，此时，如果该故障不便于准确定位或轻易解决，就需要考虑重装系统了。

3. 系统无法启动

导致系统无法启动的原因有多种，如 DOS 引导出现错误、目录表被损坏或系统文件 ntfs.sys 文件丢失等。如果无法查找出系统不能启动的原因或无法修复系统以解决这一问题时，就需要重装系统了。

3.2.2 重装前应注意的事项

在重装系统之前，用户需要做好充分的准备，以避免重装之后造成数据的丢失等严重后果。那么在重装系统之前应该注意哪些事项呢？

1. 备份数据

在因系统崩溃或出现故障而准备重装系统之前，首先应该想到的是备份好自己的数据。这时，一定要静下心来，仔细罗列一下硬盘中需要备份的资料，把它们一项一项地写在一张纸上，然后逐一对照进行备份。如果硬盘不能启动，这时需要考虑用其他启动盘启动系统，然后复制自己的数据，或将硬盘挂接到其他电脑上进行备份。但是，最好的办法是在平时就养成每天备份重要数据的习惯，这样就可以有效避免硬盘数据不能恢复造成的损失。

2. 格式化磁盘

重装系统时，格式化磁盘是解决系统问题最有效的办法，尤其是在系统感染病毒后，最好不要只格式化 C 盘，如果有条件将硬盘中的数据都备份或转移，尽量备份后将整个硬盘都格式化，以保证新系统的安全。

3. 牢记安装序列号

安装序列号相当于一个人的身份证号，标识着安装程序的身份，如果不小心丢掉自己的安装序列号，那么在重装系统时，如果采用的是全新安装，安装过程将无法进行下去。正规的安装光盘的序列号会标注在软件说明书或光盘封套的某个位置上。但是，如果用的是某些软件合集光盘中提供的测试版系统，那么，这些序列号可能是存在于安装目录中的某个说明文本中，如 SN.txt 等文件。因此，在重装系统之前，首先将序列号找出并记录下来以备稍后使用。

3.3　系统安全提前准备之备份

常见备份系统的方法为使用系统自带的工具备份和 Ghost 工具备份。

3.3.1　使用系统工具备份系统

Windows 11 操作系统自带的备份还原功能更加强大，为用户提供了高速度、高压缩的一键备份还原功能。

1. 开启系统还原功能

要想使用 Windows 系统工具备份和还原系统，首先需要开启系统还原功能，具体的操作步骤如下。

步骤01 右击电脑桌面上的"此电脑"图标，在打开快捷菜单命令中选择"属性"菜单命令，如图 3-21 所示。

步骤02 在打开的窗口中，单击"系统保护"超链接，如图 3-22 所示。

步骤03 弹出"系统属性"对话框，在"保护设置"列表框中选择系统所在的分区，并单击"配置"按钮,如图3-23所示。

步骤04 弹出"系统保护本地磁盘"对话框,单击点选"启用系统保护"单选按钮,单击调整"最大使用量"滑块到合适的位置,然后单击"确定"按钮,如图3-24所示。

图3-21 "属性"选项

图3-22 "系统"窗口

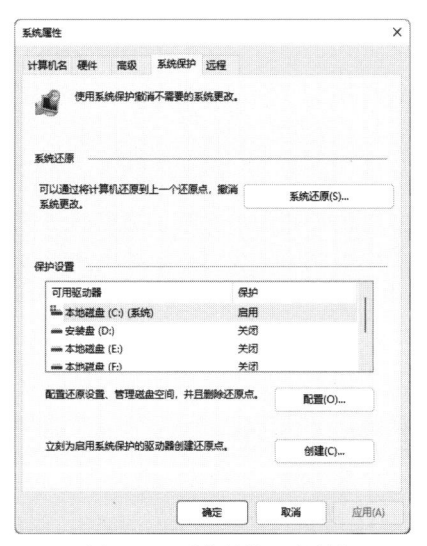

图3-23 "系统属性"对话框

图3-24 "系统保护本地磁盘"对话框

2. 创建系统还原点

用户开启系统还原功能后,默认打开保护系统文件和设置的相关信息,保护系统。用户也可以创建系统还原点,当系统出现问题时,就可以方便地恢复到创建还原点时的状态。

步骤01 在上面打开的"系统属性"对话框中,选择"系统保护"选项卡,然后选择系统所在的分区,单击"创建"按钮,如图3-25所示。

步骤02 弹出"创建还原点"对话框,在文本框中输入还原点的描述性信息,如图3-26所示。

步骤03 单击"创建"按钮,即可开始创建还原点,如图3-27所示。

步骤04 创建还原点的时间比较短,稍等片刻就可以了。创建完毕后,将打开"已成功创建还原点"提示信息,单击"关闭"按钮即可,如图3-28所示。

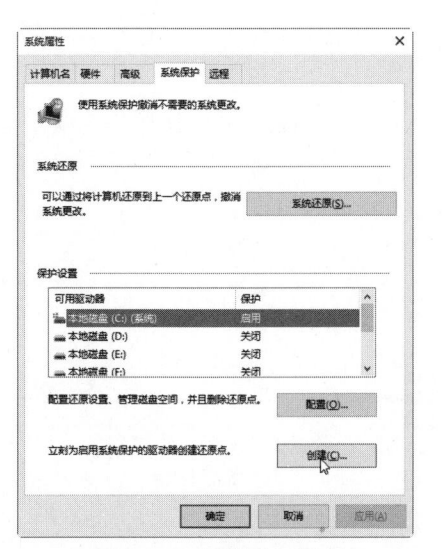

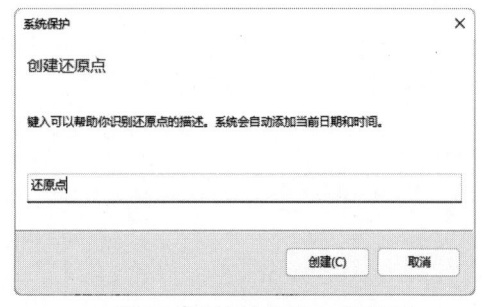

图 3-25 "系统保护"选项卡　　　　图 3-26 "创建还原点"对话框

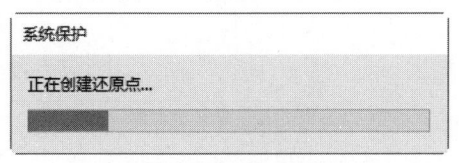

图 3-27 开始创建还原点　　　　图 3-28 成功创建还原点

3.3.2 使用系统映像备份系统

Windows 11 操作系统为用户提供了系统映像的备份功能，使用该功能，用户可以备份整个操作系统，具体操作步骤如下。

步骤01 在"控制面板"窗口中，单击"备份和还原"链接，如图 3-29 所示。

步骤02 弹出"备份和还原"窗口，单击"创建系统映像"链接，如图 3-30 所示。

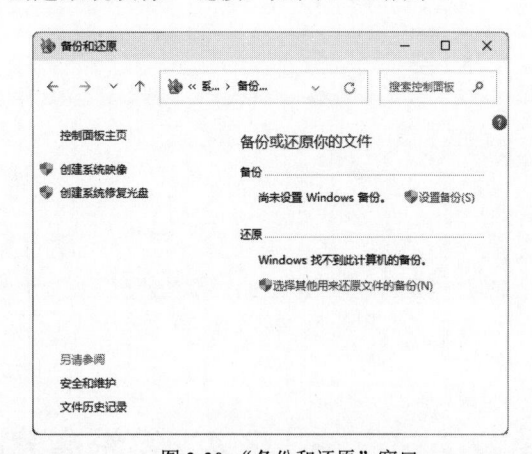

图 3-29 "控制面板"窗口　　　　图 3-30 "备份和还原"窗口

步骤03 弹出"你想在何处保存备份？"对话框，这里有 3 种类型的保存位置，包括在

43

硬盘上,在一张或多张 DVD 上和在网络位置上,本实例点选"在硬盘上"单选按钮,单击"下一页"按钮,如图 3-31 所示。

步骤 04 弹出"你要在备份中包括哪些驱动器?"对话框,这里采用默认的选项,单击"下一页"按钮,如图 3-32 所示。

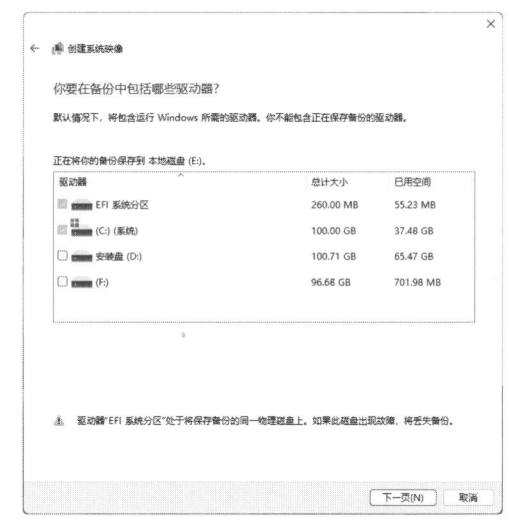

图 3-31 选择备份保存位置　　　　　　　　图 3-32 选择驱动器

步骤 05 弹出"确认你的备份设置"对话框,单击"开始备份"按钮,如图 3-33 所示。
步骤 06 系统开始备份,完成后单击"关闭"按钮即可,如图 3-34 所示。

图 3-33 确认备份设置　　　　　　　　图 3-34 备份完成

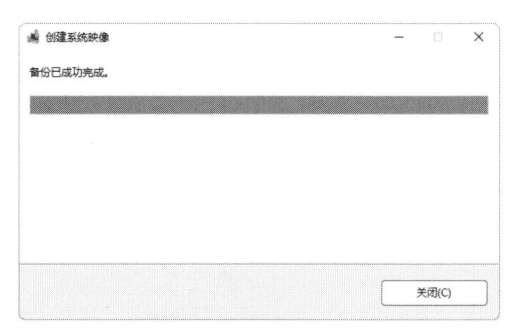

3.4 系统崩溃后的修复之还原

系统备份完成后,一旦系统出现严重的故障,即可还原系统到未出故障前的状态。

3.4.1 使用系统工具还原系统

在为系统创建好还原点之后,一旦系统遭到病毒或木马的攻击,致使系统不能正常运行,这时就可以将系统恢复到指定还原点。

下面介绍如何还原到创建的还原点,具体操作步骤如下。

步骤01 选择"系统属性"对话框下的"系统保护"选项卡,然后单击"系统还原"按钮,如图3-35所示。

步骤02 即可弹出"还原系统文件和设置"对话框,选择"推荐的还原"单选项,单击"下一页"按钮,如图3-36所示。

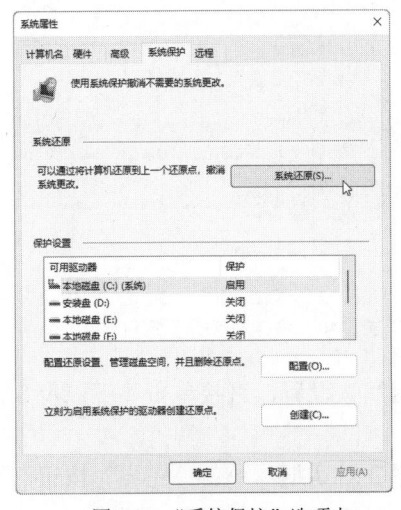

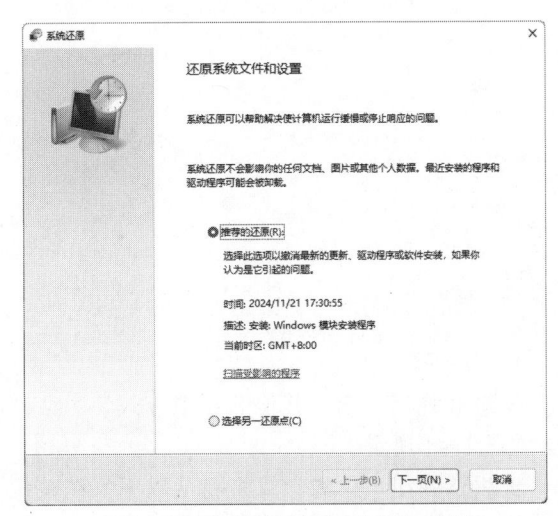

图3-35 "系统保护"选项卡　　　　　图3-36 "还原系统文件和设置"对话框

步骤03 单击"下一页"按钮,弹出"确认还原点"对话框,则单击"完成"按钮,如图3-37所示。

步骤04 单击"完成"按钮,打开提示框提示"启动后,系统还原不能中断,您希望继续吗?",单击"是"按钮,电脑自动重启后,还原操作会自动进行,如图3-38所示。

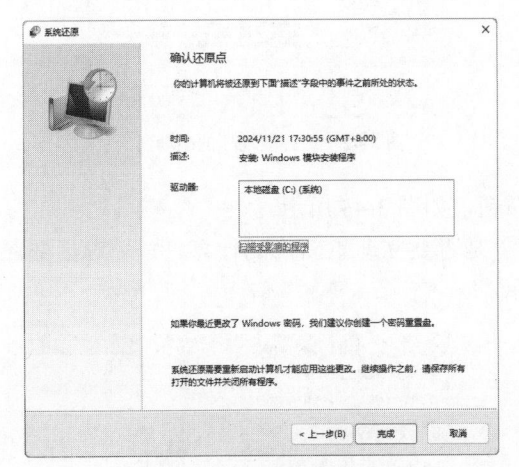

图3-37 "确认还原点"对话框　　　　　图3-38 信息提示框

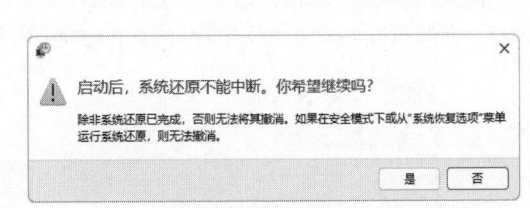

3.4.2　使用系统映像还原系统

完成系统映像的备份后，如果系统出现问题，可以利用映象文件进行还原操作，具体操作步骤如下。

步骤01 在桌面上右击"开始"按钮，在打开的快捷菜单中选择"设置"选项，弹出"设置"窗口，选择"Windows 更新"→"高级选项"选项，如图 3-39 所示。

步骤02 弹出"高级选项"窗口，在右侧列表中选择"恢复"选项，进入"系统"→"恢复"窗口，在"恢复选项"下方单击"立即重新启动"按钮，如图 3-40 所示。

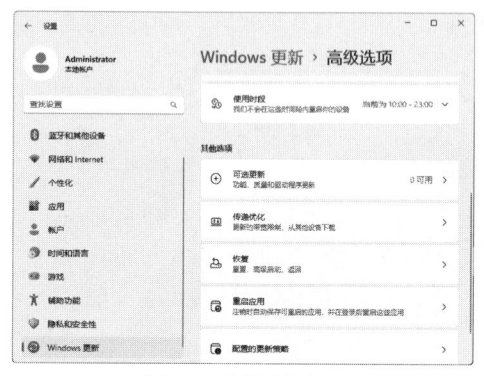

图 3-39　"设置"窗口

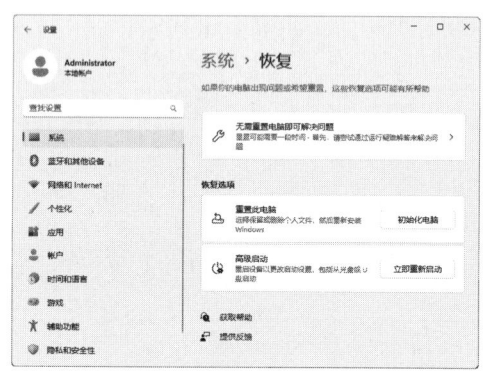

图 3-40　"更新和安全"窗口

步骤03 弹出"选择其他的还原方式"对话框，采用默认设置，直接单击"下一步"按钮，如图 3-41 所示。

步骤04 弹出"你的计算机将从以下系统映像中还原"对话框，单击"完成"按钮，如图 3-42 所示。

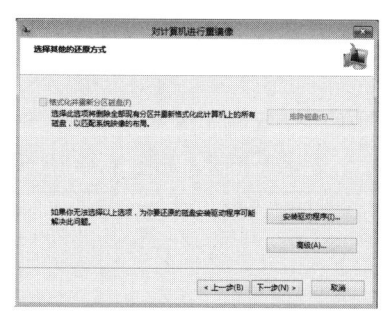

图 3-41　"选择其他的还原方式"对话框

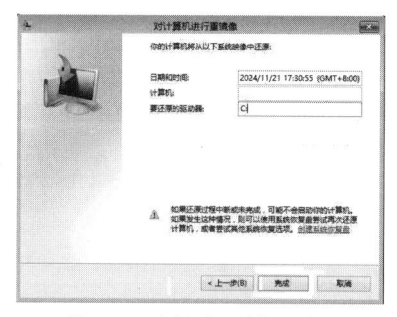

图 3-42　选择要还原的驱动器

步骤05 打开提示信息对话框，单击"是"按钮，如图 3-43 所示。

步骤06 系统映像的还原操作完成后，弹出"是否要立即重新启动计算机？"对话框，单击"立即重新启动"按钮即可，如图 3-44 所示。

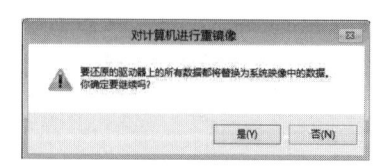

图 3-43　信息提示框

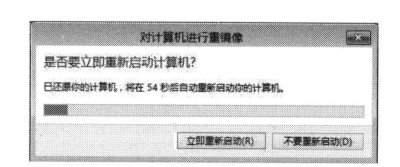

图 3-44　开始还原系统

3.5 将电脑恢复到初始状态

对于系统文件出现丢失或者文件异常的情况，可以通过重置的方法来修复系统。重置电脑可以在电脑出现问题时方便将系统恢复到初始状态，而不需要重装系统。

3.5.1 在可开机情况下重置电脑

在可以正常开机并进入 Windows 11 操作系统后重置电脑的具体操作步骤如下。

步骤01 在桌面上右击"开始"按钮，在打开的快捷菜单中选择"设置"菜单命令，弹出"设置"窗口，选择"Windows 更新"选项，如图 3-45 所示。

步骤02 进入"Windows 更新"窗口，在其中选择"高级选项"，如图 3-46 所示。

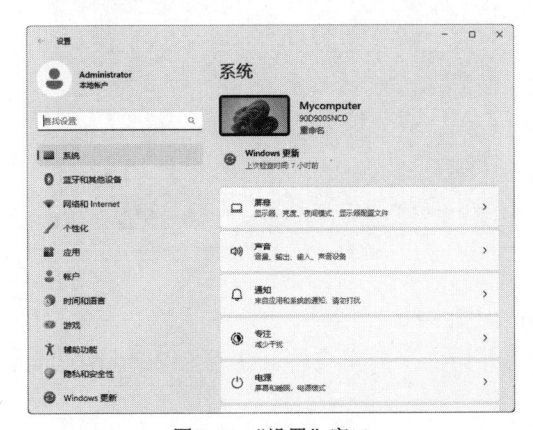

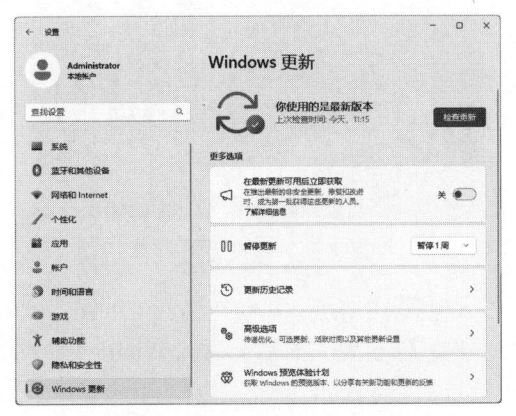

图 3-45 "设置"窗口　　　　　　　　图 3-46 "Windows 更新"窗口

步骤03 进入"高级选项"窗口，在其中单击"恢复"选项，如图 3-47 所示。
步骤04 进入"恢复"窗口，单击"初始化电脑"按钮，如图 3-48 所示。

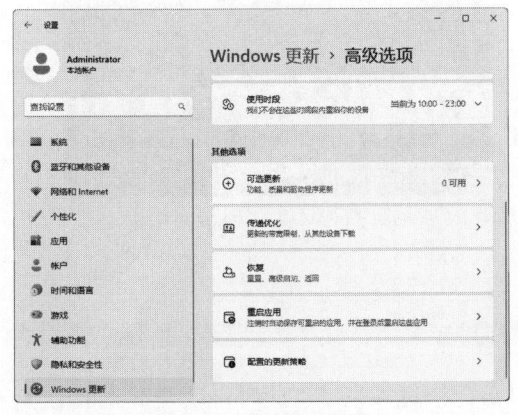

图 3-47 "高级选项"窗口　　　　　　　　图 3-48 "恢复"窗口

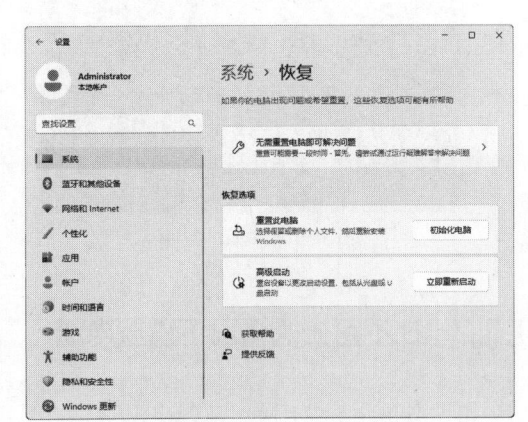

步骤05 弹出"选择一个选项"界面，单击"保留我的文件"选项，如图 3-49 所示。
步骤06 弹出"将会删除你的应用"界面，单击"下一步"按钮，如图 3-50 所示。
步骤07 弹出"警告"界面，单击"下一步"按钮，如图 3-51 所示。

步骤08 弹出"准备就绪,可以重置这台电脑"界面,单击"重置"按钮,如图 3-52 所示。

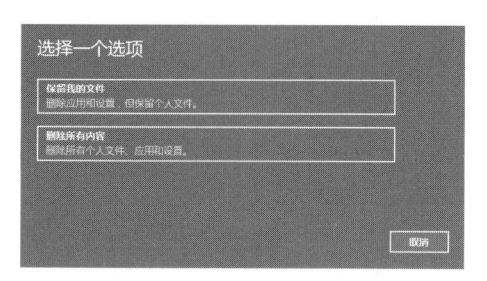

图 3-49 "保留我的文件"选项

图 3-50 "将会删除你的应用"界面

图 3-51 "警告"界面

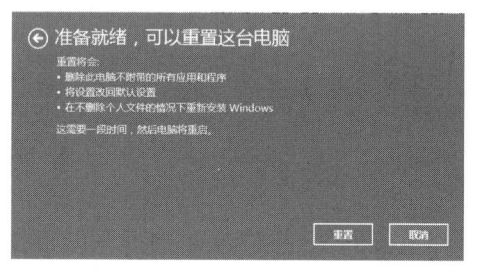

图 3-52 准备就绪界面

步骤09 电脑重新启动,进入"重置"界面,如图 3-53 所示。

步骤10 重置完成后会进入 Windows 11 安装界面,安装完成后自动进入 Windows 11 桌面,如图 3-54 所示。

图 3-53 "重置"界面

图 3-54 Windows 11 安装界面

3.5.2 在不可开机情况下重置电脑

如果 Windows 11 操作系统出现错误,开机后无法进入系统,此时可以在不开机的情况下重置电脑,具体操作步骤如下。

步骤01 在开机界面单击"更改默认值或选择其他选项"选项,如图 3-55 所示。

步骤02 进入"选项"界面,单击"选择其他选项"选项,如图 3-56 所示。

步骤03 进入"选择一个选项"界面,单击"疑难解答"选项,如图 3-57 所示。

图 3-55　开机界面

图 3-56　"选项"界面

步骤04 在打开的"疑难解答"界面单击"重置此电脑"选项即可。其后的操作与在可开机的状态下重置电脑操作相同，这里不再赘述，如图 3-58 所示。

图 3-57　"选择一个选项"界面

图 3-58　"疑难解答"界面

3.6　实战演练

3.6.1　实战 1：一个命令就能修复系统

SFC 命令是 Windows 操作系统中使用频率比较高的命令，主要作用是扫描所有受保护的系统文件并完成修复工作。下面以最常用的 sfc/scannow 为例进行讲解，具体操作步骤如下。

步骤01 右击"开始"按钮，在弹出的快捷菜单中选择"运行"菜单命令，打开"运行"对话框，在其中输入 cmd 命令，如图 3-59 所示。

步骤02 弹出命令提示符窗口，输入命令 sfc/scannow，按 Enter 键确认，如图 3-60 所示。

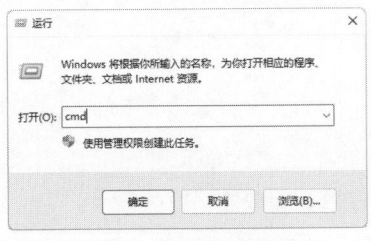

图 3-59　"运行"对话框

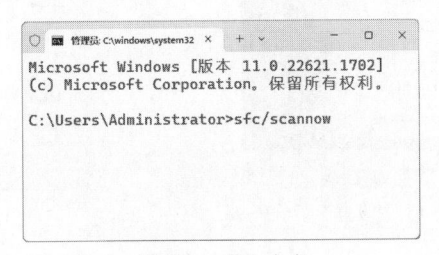

图 3-60　输入命令

步骤03 开始自动扫描系统，并显示扫描的进度，如图 3-61 所示。

步骤04 在扫描的过程中，如果发现损坏的系统文件，会自动进行修复操作，并显示修复后的信息，如图 3-62 所示。

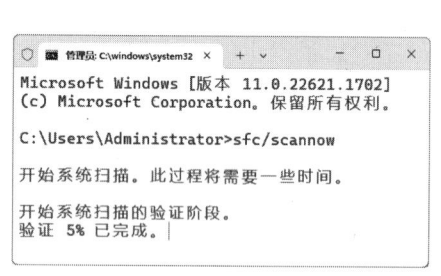

图 3-61　自动扫描系统

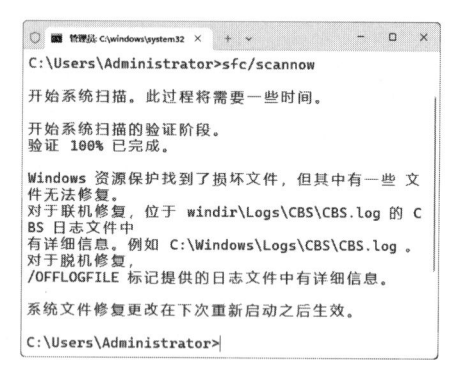

图 3-62　自动修复系统

3.6.2　实战 2：修补蓝牙协议中的漏洞

蓝牙协议中的 BlueBorne 漏洞可以使 53 亿带蓝牙设备受影响，这个影响包括安卓、iOS、Windows、Linux 在内的所有带蓝牙功能的设备，攻击者甚至不需要进行设备配对，就能发动攻击，完全控制受害者设备。

攻击者一旦触发该漏洞，电脑会在用户没有任何感知的情况下，访问攻击者构造的钓鱼网站。不过，微软已经发布了 BlueBorne 漏洞的安全更新，广大用户使用电脑管家及时打补丁，或手动关闭蓝牙适配器，可有效规避 BlueBorne 攻击。

关闭电脑中蓝牙设备的操作步骤如下。

步骤01 右击"开始"按钮，在弹出的快捷菜单中选择"设置"菜单命令，如图 3-63 所示。

步骤02 弹出"设置"窗口，在其中显示 Windows 设置的相关项目，如图 3-64 所示。

图 3-63　"设置"菜单命令

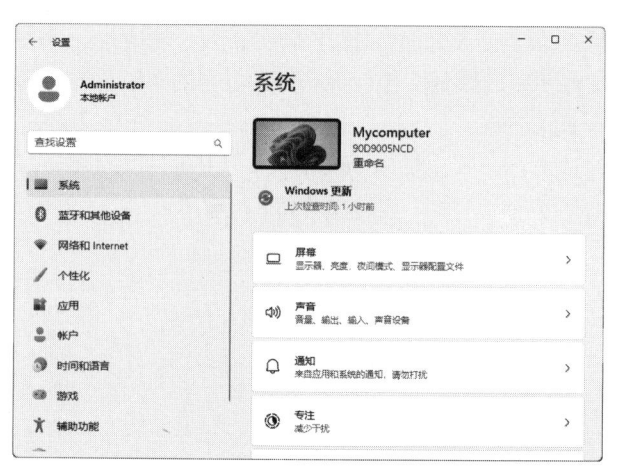

图 3-64　"设置"窗口

步骤03 选择"蓝牙和其他设备"选项，进入"蓝牙和其他设备"工作界面，在其中显示了当前电脑的蓝牙设备处于开启状态，如图 3-65 所示。

步骤04 单击"蓝牙"下方的"开"按钮，即可关闭电脑的蓝牙设备，如图 3-66 所示。

图 3-65　"蓝牙和其他设备"工作界面　　　　图 3-66　关闭蓝牙设备

第4章

一学就会，保护数据出神入化的技法

电脑系统中的大部分数据都存储在磁盘中，而磁盘又是一个极易出现问题的部件。为了能够保护计算机的系统数据，最有效的方法就是将系统数据进行备份，这样，一旦磁盘出现故障，就能把损失降到最低。

4.1 数据丢失的原因

硬件故障、软件破坏、病毒的入侵、用户自身的错误操作等，都有可能导致数据丢失，但大多数情况下，这些找不到的数据并没有真正丢失，这就需要根据数据丢失的具体原因而定。

4.1.1 数据丢失的原因

造成数据丢失的主要原因有如下五个方面。

（1）用户的误操作。由于用户错误操作而导致数据丢失的情况，在数据丢失的主要原因中所占比例很大。用户极小的疏忽都可能造成数据丢失，例如用户的错误删除或不小心切断电源等。

（2）黑客入侵与病毒感染。黑客入侵和病毒感染已越来越受关注，由此造成的数据破坏更不可低估。而且有些恶意程序具有格式硬盘的功能，这对硬盘数据可以造成毁灭性的损失。

（3）软件系统运行错误。由于软件不断更新，各种程序和运行错误也就随之增加，如程序被迫意外中止或突然死机，都会使用户当前所运行的数据因不能及时保存而丢失。如在运行 Microsoft Office Word 编辑文档时，常常会发生应用程序出现错误而不得不中止的情况，此时，当前文档中的内容就不能完整保存甚至全部丢失。

（4）硬盘损坏。硬件损坏主要表现为磁盘划伤、磁组损坏、芯片及其他元器件烧坏、突然断电等，这些损坏造成的数据丢失都是物理性质，一般通过 Windows 自身无法恢复数据。

（5）自然损坏。风、雷电、洪水及意外事故（如电磁干扰、地板振动等）也有可能导致数据丢失，但这一原因出现的可能性比上述几种原因要低很多。

4.1.2 发现数据丢失后的操作

当发现计算机中的硬盘丢失数据后，应当注意以下事项。

（1）当发现自己硬盘中的数据丢失后，应立刻停止一些不必要的操作，如误删除、误格式化之后，最好不要再往磁盘中写数据。

（2）如果发现丢失的是 C 盘数据，应立即关机，以避免数据被操作系统运行时产生的虚拟内存和临时文件破坏。

（3）如果是服务器硬盘阵列出现故障，最好不要进行初始化和重建磁盘阵列，以免增加恢复难度。

（4）如果是磁盘出现坏道读不出来时，最好不要反复读盘。

（5）如果是磁盘阵列等硬件出现故障，最好请专业的维修人员来对数据进行恢复。

4.2 备份磁盘各类数据

磁盘当中存放的数据有很多类，如分区表、引导区、驱动程序等系统数据，还有电子邮件、系统桌面数据、磁盘文件等本地数据，对这些数据进行备份可以在一定程度上保护数据的安全。

4.2.1 分区表数据的备份

如果分区表损坏会造成系统启动失败、数据丢失等严重后果。这里以使用"DiskGenius V5.4"软件为例，来讲述如何备份分区表，具体操作步骤如下。

步骤01 打开软件《DiskGenius V5.4》，选择需要保存备份分区表的分区，如图 4-1 所示。

步骤02 选择"硬盘"→"备份分区表"菜单项，用户也可以按 F9 键备份分区表，如图 4-2 所示。

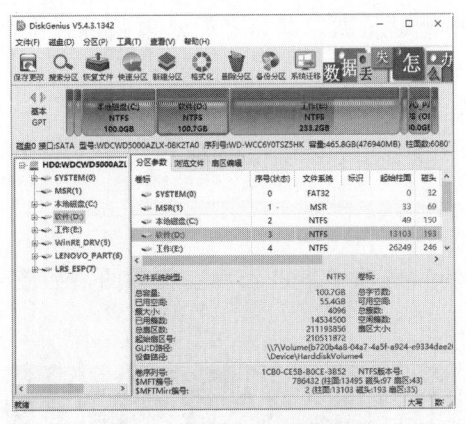

图 4-1 DiskGenius 工作界面　　　　　图 4-2 "备份分区表"菜单项

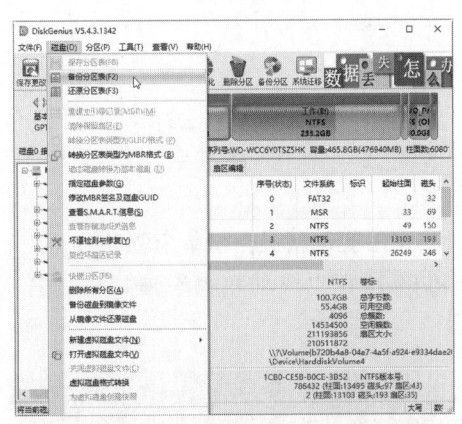

步骤03 弹出"设置分区表备份文件名及路径"对话框，在"文件名"文本框中输入备份分区表的名称，如图 4-3 所示。

步骤04 单击"保存"按钮，即可开始备份分区表，当备份完成后，弹出"DiskGenius"提示框，提示用户当前硬盘的分区表已经备份到指定的文件中，如图 4-4 所示。

提示：为了分区表备份文件的安全，建议将其保存到当前硬盘以外的硬盘或其他存储介质中，如优盘、移动硬盘、光碟等。

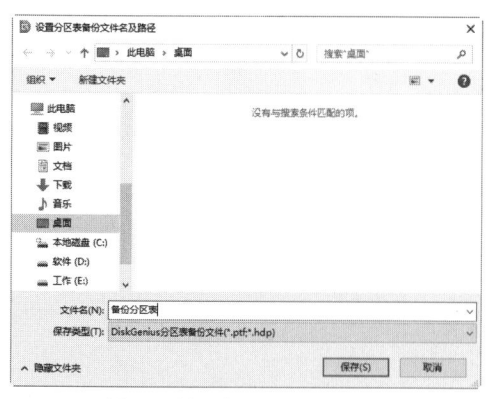

图 4-3　输入备份分区表的名称　　　　图 4-4　信息提示框

4.2.2　驱动程序的修复与备份

在 Windows 11 操作系统中，用户可以对指定的驱动程序进行备份。一般情况下，用户备份驱动程序常常借助于第三方软件，比较常用是驱动精灵。

1. 使用驱动精灵修复有异常的驱动

驱动精灵是由驱动之家研发的一款集驱动自动升级、驱动备份、驱动还原、驱动卸载、硬件检测等多功能于一身的专业驱动软件。利用驱动精灵可以在没有驱动光盘的情况下，为自己的设备下载、安装、升级、备份驱动程序。

利用驱动精灵修复异常驱动的具体操作步骤如下。

步骤01 下载并安装好驱动精灵后，直接双击计算机桌面上的驱动精灵图标，即可打开该程序，如图 4-5 所示。

步骤02 在"驱动精灵"窗口中单击"立即检测"按钮，即可开始对电脑进行全面体检，如图 4-6 所示。

步骤03 检测完成后，会在"驱动管理"界面给出检测结果，如图 4-7 所示。

步骤04 单击"一键安装"按钮，即可开始下载并安装有异常的驱动程序，如图 4-8 所示。

2. 使用驱动精灵备份单个驱动

步骤01 在"驱动精灵"窗口中选择"百宝箱"选项卡，进入百宝箱界面，如图 4-9 所示。

图 4-5　驱动精灵界面　　　　图 4-6　检测驱动信息

第 4 章 一学就会，保护数据出神入化的技法

图 4-7 驱动检测结果　　　　　　　　图 4-8 下载并安装驱动程序

步骤02 单击"驱动备份"图标，打开"驱动备份还原"工作界面，在其中显示了可以备份的驱动程序，如图 4-10 所示。

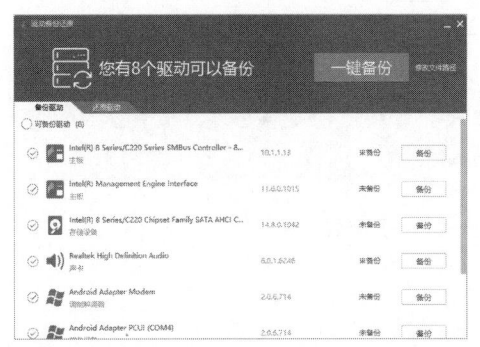

图 4-9 百宝箱界面　　　　　　　　图 4-10 "驱动备份还原"工作界面

步骤03 单击"修改文件路径"链接，即可打开"设置"对话框，在其中可以设置驱动备份文件的保存位置和备份类型，如将驱动备份的类型设置为 ZIP 压缩文件或文件夹两个类型，如图 4-11 所示。

步骤04 设置完毕后，单击"确定"按钮，返回到"驱动备份还原"工作界面，在其中单击某个驱动程序右侧的"备份"按钮，即可开始备份单个硬件的驱动程序，并显示备份的进度，如图 4-12 所示。

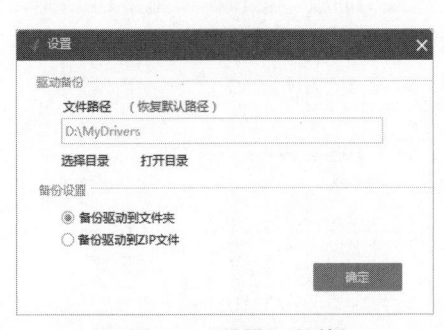

图 4-11 "设置"对话框　　　　　　　图 4-12 备份驱动程序

步骤05 备份完毕后，会在硬件驱动程序的后侧显示"备份完成"的信息提示，如图 4-13 所示。

55

3. 使用驱动精灵一键备份所有驱动

一台完整的计算机包括主板、显卡、网卡、声卡等硬件设备，要想这些设备能够正常工作，就必须在安装好操作系统后，安装相应的驱动程序。因此，在备份驱动程序时，最好将所有的驱动程序都进行备份。具体的操作步骤如下。

步骤01 在"驱动备份还原"工作界面中单击"一键备份"按钮，即可开始备份所有硬件的驱动程序，并在后面显示备份的进度，如图4-14所示。

图4-13　备份完成

步骤02 备份完成后，会在硬件驱动程序的右侧显示"备份完成"的信息提示，如图4-15所示。

图4-14　备份驱动程序　　　　　　　　图4-15　备份完成

4.2.3　磁盘文件数据的备份

Windows 11 操作系统为用户提供了备份文件的功能，用户只需通过简单的设置，就可以确保文件不会丢失。备份文件的具体操作步骤如下。

步骤01 双击桌面上的"控制面板"图标，打开"控制面板"窗口，如图4-16所示。

步骤02 在"控制面板"窗口中单击"查看方式"右侧的下拉按钮，在打开的下拉列表中选择"小图标"选项，单击"备份和还原"链接，如图4-17所示。

图4-16　"控制面板"窗口　　　　　　　　图4-17　选择"小图标"选项

步骤03 弹出"备份和还原"窗口,在"备份"下面显示"尚未设置 Windows 备份"信息,表示还没有创建备份,如图 4-18 所示。

步骤04 单击"设置备份"按钮,弹出"设置备份"对话框,系统开始启动 Windows 备份,并显示启动的进度,如图 4-19 所示。

图 4-18 "备份和还原"窗口 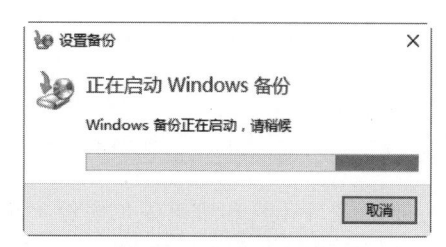　　　　　　　图 4-19 "设置备份"对话框

步骤05 启动完毕后,将弹出"选择要保存备份的位置"对话框,在"保存备份的位置"列表框中选择要保存备份的位置。如果想保存在网络上的位置,可以选择"保存在网络上"按钮。这里将保存备份的位置设置为本地磁盘(G),因此选择"本地磁盘(G)"选项,单击"下一步"按钮,如图 4-20 所示。

步骤06 弹出"您希望备份哪些内容?"对话框,点选"让我选择"单选按钮。如果点选"让 Windows 选择(推荐)"单选按钮,则系统会备份库、桌面上以及在计算机上拥有用户账户的所有人员的默认 Windows 文件夹中保存的数据文件,单击"下一步"按钮,如图 4-21 所示。

图 4-20 选择需要备份的磁盘 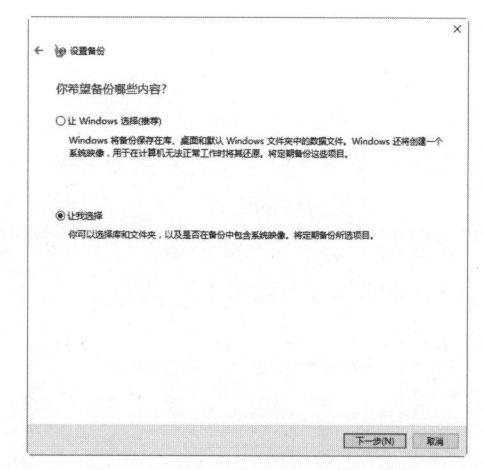　　　　　　　图 4-21 点选"让我选择"单选按钮

步骤07 在打开的对话框中选择需要备份的文件,如选中 Excel 办公文件夹左侧的复选框,单击"下一步"按钮,如图 4-22 所示。

步骤08 弹出"查看备份设置"对话框,在"计划"右侧显示自动备份的时间,单击"更改计划"按钮,如图 4-23 所示。

图 4-22　选择需要备份的文件 　　　　　图 4-23　"查看备份设置"对话框

步骤09 弹出"你希望多久备份一次"对话框，单击"哪一天"右侧的下拉按钮，在打开的下拉菜单中选择"星期二"选项，如图 4-24 所示。

步骤10 单击"确定"按钮，返回到"查看备份设置"对话框中，如图 4-25 所示。

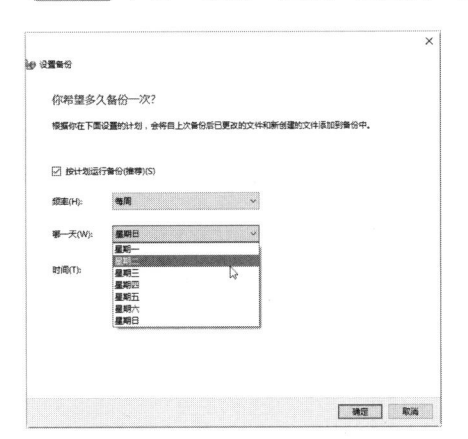

图 4-24　选择"星期二"选项 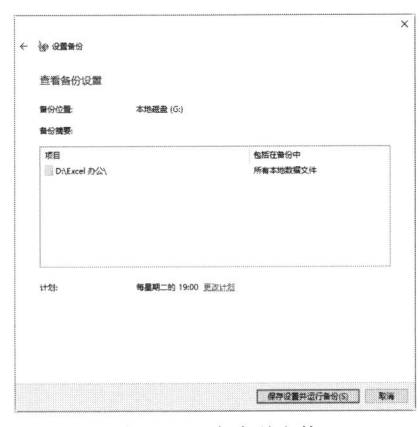　　　　　图 4-25　添加备份文件

步骤11 单击"保存设置并运行备份"按钮，弹出"备份和还原"窗口，系统开始自动备份文件并显示备份的进度，如图 4-26 所示。

步骤12 备份完成后，将弹出"Windows 备份已成功完成"对话框。单击"关闭"按钮即可完成备份操作，如图 4-27 所示。

图 4-26　开始备份文件 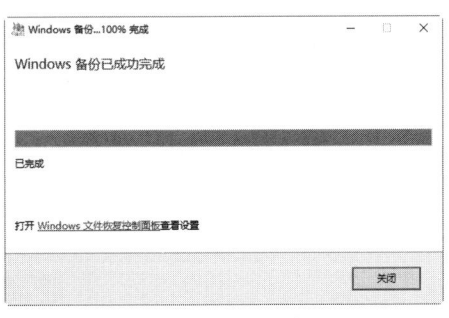　　　　　　　　图 4-27　完成文件备份

4.3 还原磁盘各类数据

在 4.2 节介绍了各类数据的备份，这样一旦发现自己的磁盘数据丢失，就可以进行恢复操作了。

4.3.1 还原分区表数据

当计算机遭到病毒破坏、加密引导区或误分区等操作导致硬盘分区丢失时，就需要还原分区表。这里以使用 DiskGenius V5.4 软件为例，来讲述如何还原分区表。

具体操作步骤如下。

步骤01 打开软件 DiskGenius V5.4，在其主界面中选择"硬盘"→"还原分区表"菜单项或按 F10 键，如图 4-28 所示。

步骤02 随即打开"选择分区表备份文件"对话框，在其中选择硬盘分区表的备份文件，如图 4-29 所示。

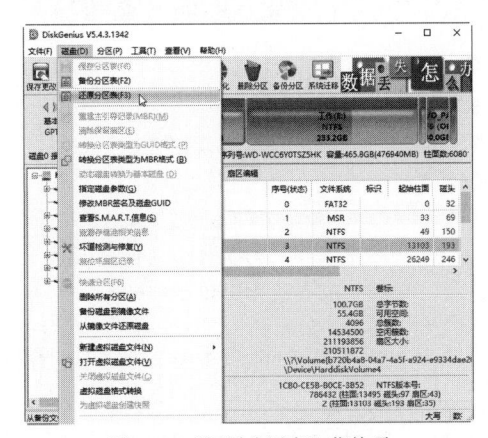

图 4-28 "还原分区表"菜单项

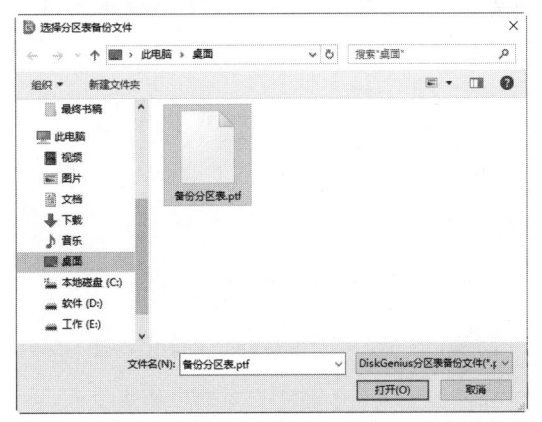

图 4-29 选择备份文件

步骤03 单击"打开"按钮，即可打开"DiskGenius"信息提示框，提示用户是否从这个分区表备份文件还原分区表，如图 4-30 所示。

步骤04 单击"是"按钮，即可还原分区表，且还原后将立即保存到磁盘并生效。

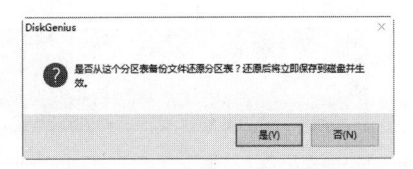

图 4-30 "DiskGenius"信息提示框

4.3.2 还原驱动程序数据

前面介绍了使用驱动精灵备份驱动程序的方法，下面介绍使用驱动精灵恢复驱动程序的方法，具体的操作步骤如下。

步骤01 在驱动精灵的主窗口中单击"百宝箱"按钮，如图 4-31 所示。

步骤02 进入百宝箱操作界面，在其中单击"驱动还原"图标，如图 4-32 所示。

步骤03 进入"驱动备份还原"选项卡，打开"驱动备份还原"操作界面，如图 4-33 所示。

图 4-31 驱动精灵的主窗口　　　　　　　　图 4-32 百宝箱操作界面

步骤04 在"还原驱动"列表中选择需要还原的驱动程序，如图 4-34 所示。

图 4-33 "驱动备份还原"选项卡　　　　　　图 4-34 选择需要还原的驱动程序

步骤05 单击"一键还原"按钮，驱动程序开始还原，这个过程相当于安装驱动程序的过程，如图 4-35 所示。

步骤06 还原完成以后，会在"还原驱动"列表的右侧显示还原完成的信息提示，如图 4-36 所示。

图 4-35 还原驱动程序　　　　　　　　　　图 4-36 驱动程序还原完成

步骤07 还原完成以后，会在"驱动备份还原"工作界面显示还原完成，重启后生效的信息提示，这时可以单击"立即重启"按钮，重新启动计算机，使还原的驱动程序生效，如图 4-37 所示。

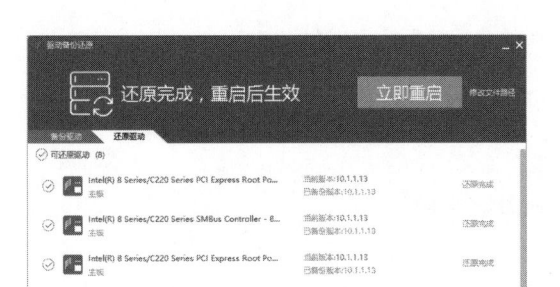

图 4-37　还原完成重启生效

4.3.3　还原磁盘文件数据

当对磁盘文件数据进行了备份，就可以通过"备份和还原"对话框对数据进行恢复，具体操作步骤如下。

步骤01 打开"备份和还原"对话框，在"备份"类别中可以看到备份文件详细信息，如图 4-38 所示。

步骤02 单击"还原我的文件"按钮，弹出"浏览或搜索要还原的文件和文件夹的备份"对话框，如图 4-39 所示。

| 图 4-38　"备份和还原"对话框 | 图 4-39　还原文件 |

步骤03 单击"选择其他日期"链接，弹出"还原文件"对话框，在"显示如下来源的备份"下拉列表中选择"上周"选项，然后选择"日期和时间"组合框中的"2023/7/7 11:02:48"选项，即可将所有的文件都还原到选中日期和时间的版本，单击"确定"按钮，如图 4-40 所示。

步骤04 返回到"浏览或搜索要还原的文件和文件夹的备份"对话框，如图 4-41 所示。

步骤05 如果用户想要查看备份的内容，可以单击"浏览文件"或"浏览文件夹"按钮，在打开的对话框中查看备份的内容。这里单击"浏览文件"按钮，弹出"浏览文件的备份"对话框，在其中选择备份文件，如图 4-42 所示。

步骤06 单击"添加文件"按钮，返回到"浏览或搜索要还原的文件和文件夹的备份"对话框，可以看到选择的备份文件已经添加到对话框中的列表框中，如图 4-43 所示。

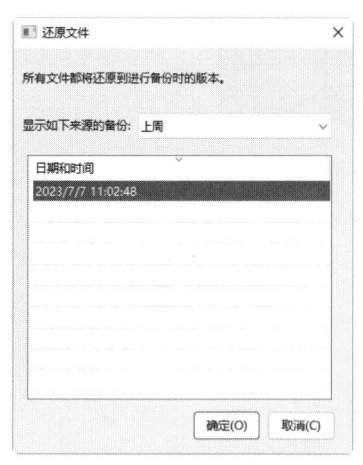

图 4-40 "还原文件"对话框　　　　　　图 4-41 还原文件

图 4-42 "还原文件"对话框　　　　　　图 4-43 还原文件

步骤07 单击"下一步"按钮，弹出"你想在何处还原文件"对话框，在其中点选"在以下位置"单选按钮，如图 4-44 所示。

步骤08 单击"浏览"按钮，弹出"浏览文件夹"对话框，选择文件还原的位置，如图 4-45 所示。

图 4-44 "你想在何处还原文件"对话框　　　　　　图 4-45 "浏览文件夹"对话框

步骤09 单击"确定"按钮，返回到"还原文件"对话框。单击"还原"按钮，弹出

"正在还原文件…"对话框，系统开始自动还原备份的文件，如图4-46所示。

步骤10 当出现"已还原文件"对话框时，单击"完成"按钮，即可完成还原操作，如图4-47所示。

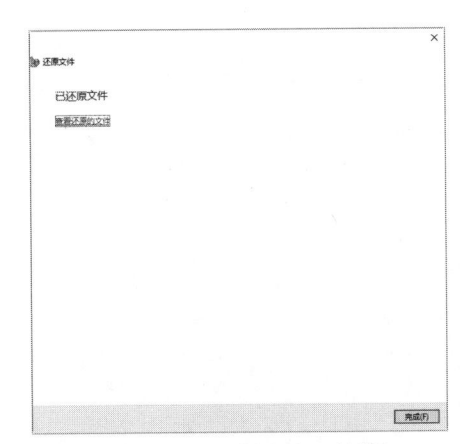

图4-46 "还原文件"对话框　　　　　　　图4-47 "已还原文件"对话框

4.4 恢复丢失的磁盘数据

当对磁盘数据没有进行备份操作，而又发现磁盘数据丢失了，这时就需要借助其他方法或使用数据恢复软件进行丢失数据的恢复。

4.4.1 从回收站中还原

当用户不小心将某一文件删除，很有可能只是将其删除到回收站之中，如果还没有来得及清除回收站中的文件，则可以将其从回收站中还原出来。这里以删除本地磁盘F中的图片文件夹为例，来具体介绍如何从回收站中还原删除的文件。

具体的操作步骤如下。

步骤01 双击桌面上的"回收站"图标，打开"回收站"窗口，在其中可以看到误删除的"图片"文件夹，右击该文件夹，从弹出的快捷菜单中选择"还原"菜单项，如图4-48所示。

步骤02 即可将回收站之中的"图片"文件夹还原到其原来的位置，如图4-49所示。

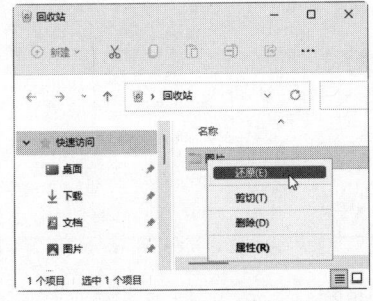

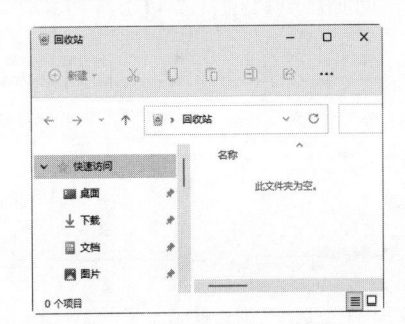

图4-48 "还原"菜单项　　　　　　　图4-49 还原"图片"文件夹

步骤03 打开本地磁盘 F，在"本地磁盘 F"窗口中看到还原的图片文件夹，如图 4-50 所示。

步骤04 双击图片文件夹，可在打开的"图片"窗口中显示出图片的缩略图，如图 4-51 所示。

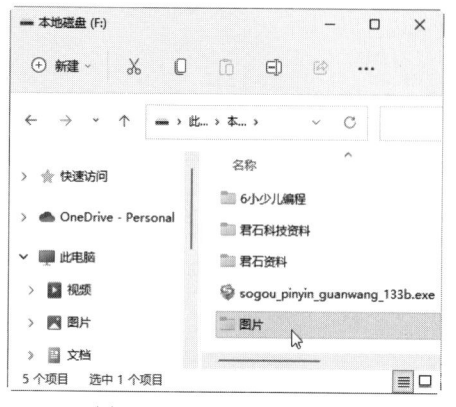

图 4-50 "本地磁盘 F"窗口

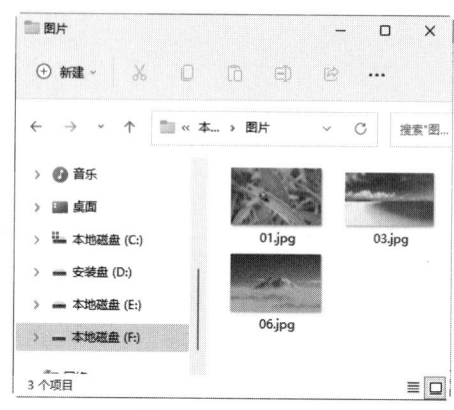

图 4-51 "图片"窗口

4.4.2 恢复丢失的磁盘簇

磁盘空间丢失的原因有多种，如误操作、程序非正常退出、非正常关机、病毒的感染、程序运行中的错误或者是对硬盘分区不当等情况都有可能使磁盘空间丢失。磁盘空间丢失的根本原因是存储文件的簇丢失了。那么如何才能恢复丢失的磁盘簇呢？在命令提示符窗口中用户可以使用 CHKDSK/F 命令找回丢失的簇。

具体的操作步骤如下。

步骤01 在桌面上右击"■"图标，在弹出的快捷菜单中选择"运行"菜单命令，如图 4-52 所示。

图 4-52 "运行"对话框

步骤02 打开"运行"对话框，在"打开"文本框中输入注册表命令"cmd"，如图 4-53 所示。

步骤03 单击"确定"按钮，打开命令提示符窗口，在其中输入"chkdsk d:/f"，如图 4-54 所示。

步骤04 按 Enter 键，此时会显示输入的 D 盘文件系统类型，并在窗口中显示 chkdsk 状态报告，同时，列出符合不同条件的文件，如图 4-55 所示。

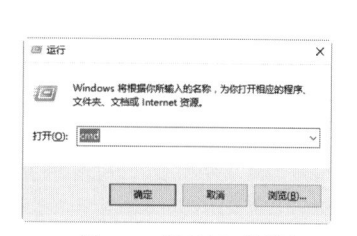

图 4-53 "运行"对话框

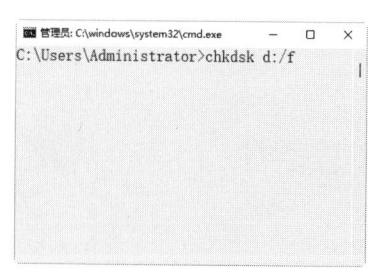

图 4-54 命令提示符窗口

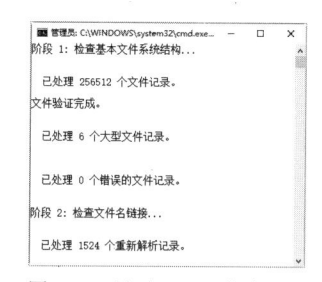

图 4-55 显示 chkdsk 状态报告

4.5 Windows 11 中的虚拟硬盘

虚拟磁盘就是用内存虚拟出一个或者多个磁盘的技术。和虚拟内存一样，内存的速度要比硬盘快得多，利用这一点，在内存中虚拟出一个或多个磁盘就可以加快磁盘的数据交换速度，从而提高电脑的运行速度。

4.5.1 创建虚拟硬盘

在 Windows 11 中可以创建虚拟硬盘，具体操作步骤如下。

步骤01 在 Windows 11 的桌面上右击"此电脑"图标，在打开的快捷菜单中选择"管理"选项，如图 4-56 所示。

步骤02 在打开的"计算机管理"窗口中选择存储下的"磁盘管理"选项，然后在顶部的工具栏中选择"操作"→"创建 VHD"选项，如图 4-57 所示。

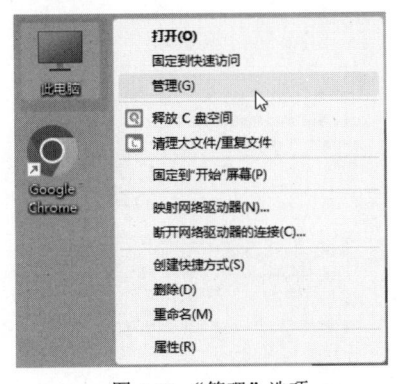

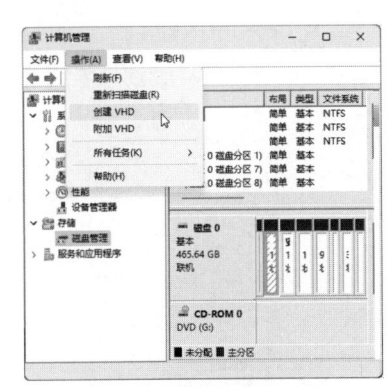

图 4-56 "管理"选项　　　　　　　　图 4-57 "创建 VHD"选项

步骤03 打开"创建和附加虚拟硬盘"对话框，在其中对虚拟硬盘的位置、大小、格式、类型等参数进行设置，如图 4-58 所示。

步骤04 单击"确定"按钮，即可完成虚拟硬盘的创建，在"计算机管理"窗口中可以看到名称为"磁盘 1"的区域就是创建的虚拟硬盘，如图 4-59 所示。

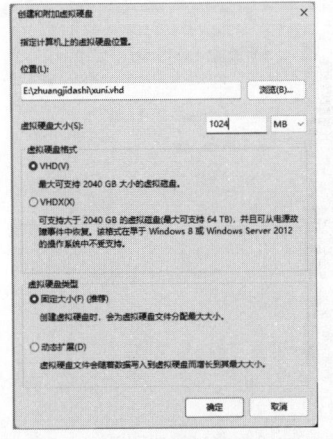

图 4-58 "创建和附加虚拟硬盘"对话框　　　图 4-59 创建的虚拟硬盘

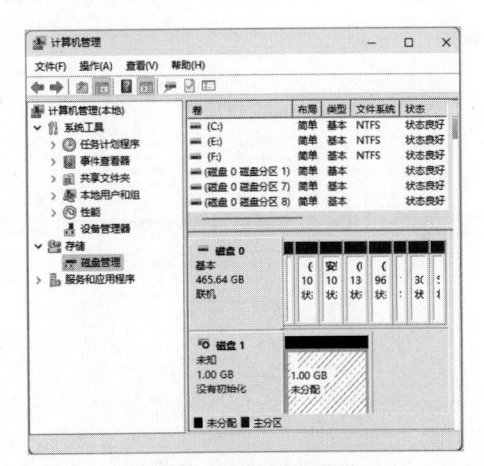

虚拟硬盘格式与类型设置项介绍如下：

（1）.vhd 格式的虚拟硬盘对 Windows 操作系统版本的兼容性更好。

（2）.vhdx 格式的虚拟硬盘的容量上限更高，具有电源故障弹性，且性能更好。

（3）如果新建的虚拟硬盘是 .vhd 格式的，建议选择固定大小选项。

（4）如果新建的虚拟硬盘是 .vhdx 格式的，建议选择动态扩展选项。

注意：如果虚拟硬盘类型选择动态扩展可以减少第一次创建虚拟硬盘时耗费的时间。虚拟硬盘格式可按自己的需求选用，两者都可以使用。另外，容量设定好后无法再扩充请按需要设定，且设定多少容量将占用多少磁盘空间，容量越大后续加密时间越长。

步骤05 创建完成后，右击创建的虚拟磁盘，在打开的快捷菜单项中选择"初始化磁盘"选项，如图 4-60 所示。

步骤06 打开"初始化磁盘"对话框，参数可以直接默认，最后单击"确定"按钮即可，如图 4-61 所示。

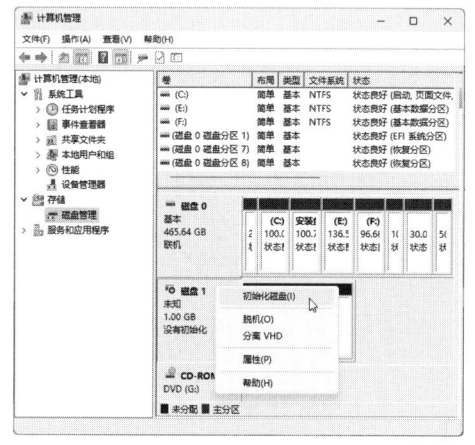

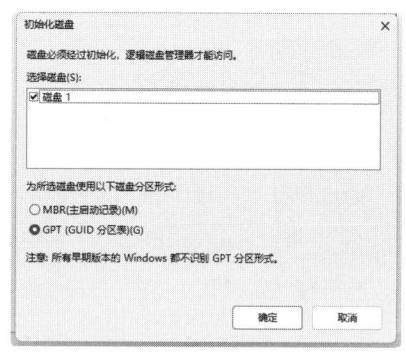

图 4-60 "初始化磁盘"选项　　　　　　　　图 4-61 "初始化磁盘"对话框

步骤07 右击未分配的虚拟磁盘，在打开的快捷菜单项中选择"新建简单卷"选项，如图 4-62 所示。

步骤08 打开"新建简单卷向导"对话框，提示用户使用新建简单卷向导，如图 4-63 所示。

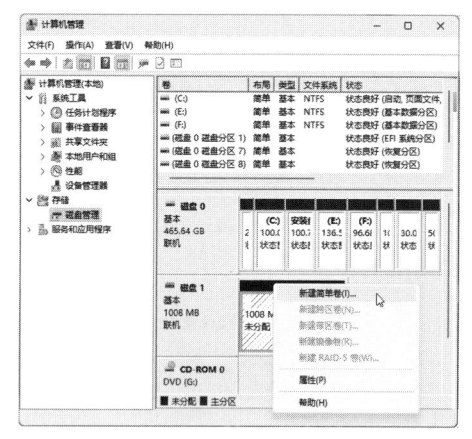

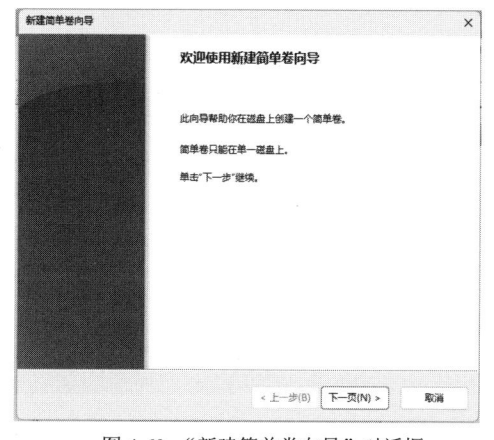

图 4-62 "新建简单卷"选项　　　　　　　　图 4-63 "新建简单卷向导"对话框

步骤09 单击"下一页"按钮,打开"指定卷大小"对话框,在其中设置简单卷的大小,如图 4-64 所示。

步骤10 单击"下一页"按钮,打开"分配驱动器号和路径"对话框,在其中设置驱动器号,这里选择"H",如图 4-65 所示。

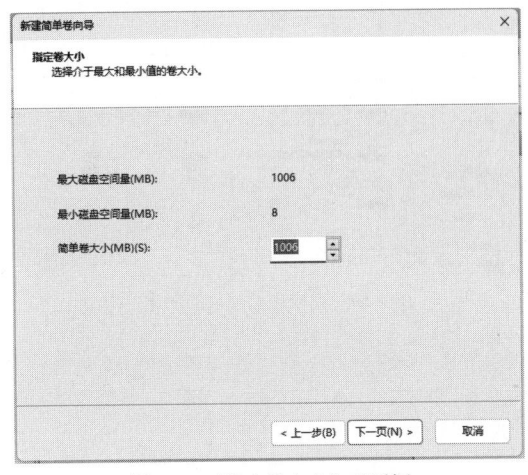

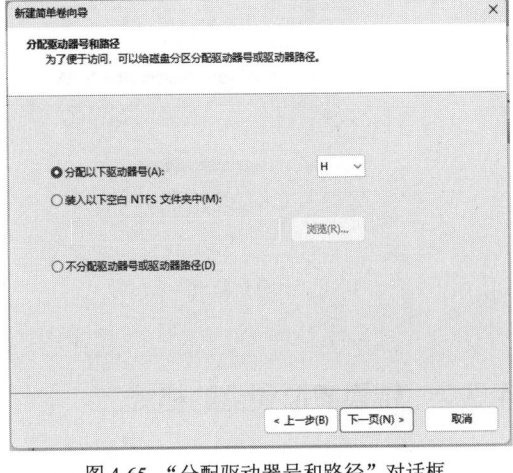

图 4-64 "指定卷大小"对话框

图 4-65 "分配驱动器号和路径"对话框

步骤11 单击"下一页"按钮,打开"格式化分区"对话框,在这里设置格式化分区的格式,如图 4-66 所示。

步骤12 单击"下一页"按钮,打开"正在完成新建简单卷向导"对话框,如图 4-67 所示。

图 4-66 "格式化分区"对话框

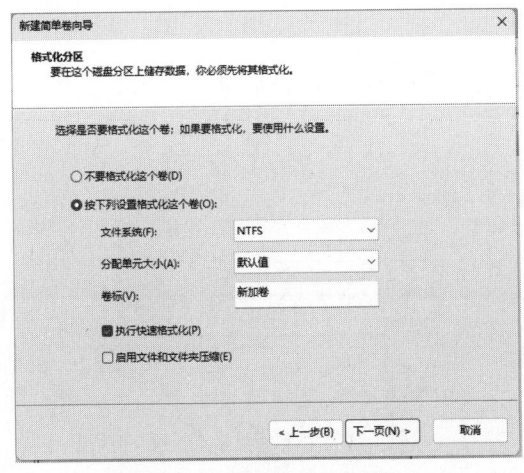

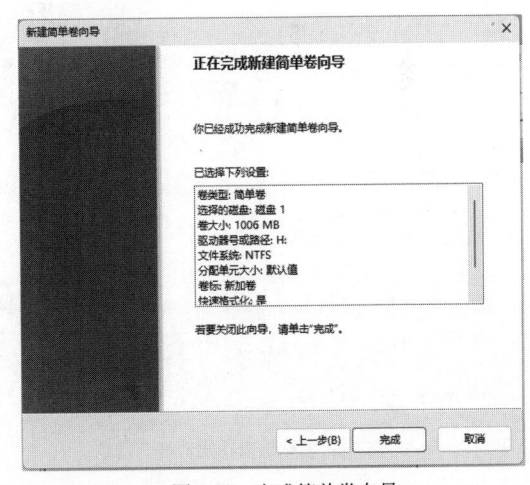

图 4-67 完成简单卷向导

步骤13 单击"完成"按钮,返回到"计算机管理"窗口,可以看到虚拟硬盘已经格式化完成,如图 4-68 所示。

步骤14 打开"此电脑"窗口,在其中可以看到创建的虚拟硬盘,这里虚拟硬盘的名称为"新加卷(H)",如图 4-69 所示。这样就可以在该虚拟硬盘上存储数据了。

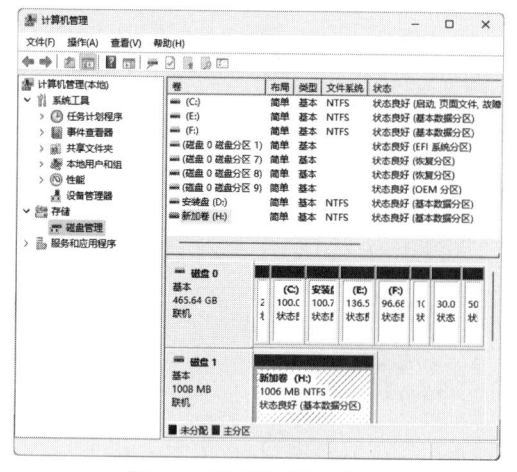

图 4-68 "计算机管理"窗口 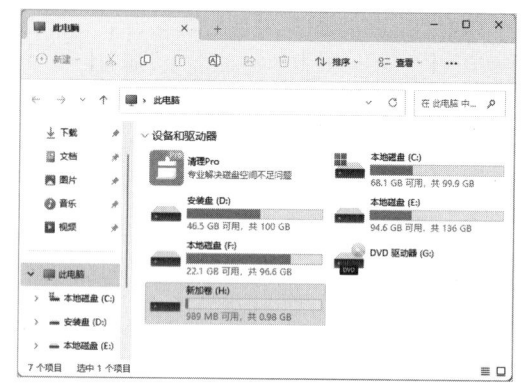　　　　　　　　图 4-69 完成虚拟硬盘的创建

4.5.2 转换虚拟硬盘的格式

使用 DiskGenius 可以轻松转换虚拟硬盘的格式，具体操作步骤如下。

步骤01 运行 DiskGenius 软件，选择"磁盘"→"虚拟磁盘格式转换"选项，如图 4-70 所示。

步骤02 打开"虚拟磁盘格式转换"对话框，如图 4-71 所示。

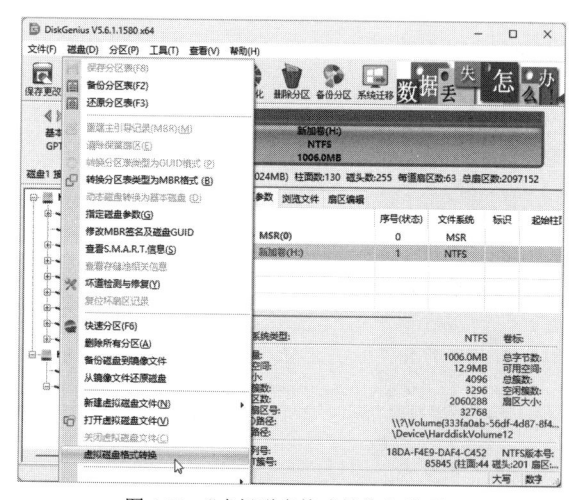

图 4-70 "虚拟磁盘格式转换"选项 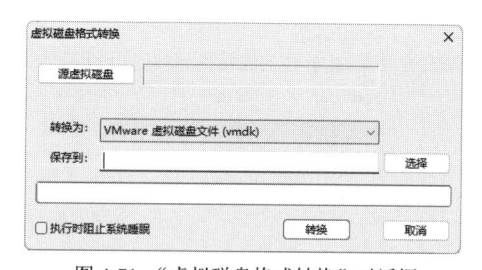　　　　　图 4-71 "虚拟磁盘格式转换"对话框

步骤03 单击"源虚拟磁盘"按钮，打开"选择虚拟磁盘文件"对话框，在其中选择想要转换格式的虚拟磁盘，单击"打开"按钮，如图 4-72 所示。

步骤04 单击"转换为"右侧的下拉按钮，在弹出的下拉列表中选择想要转换的虚拟磁盘格式，如图 4-73 所示。

步骤05 单击"选择"按钮，打开"另存为"对话框，在其中设置转换后的虚拟磁盘所保存的位置，并为转换后的虚拟磁盘命名，最后单击"保持"按钮，如图 4-74 所示。

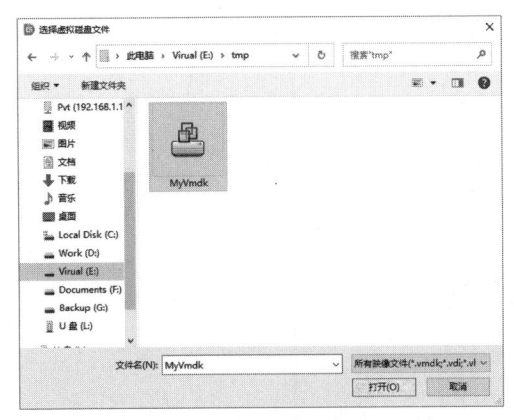

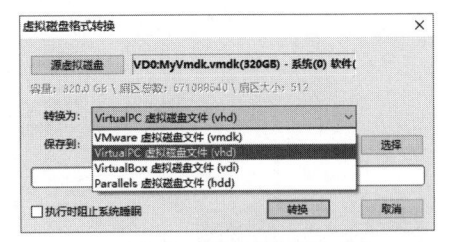

图 4-72　选择虚拟磁盘　　　　　　　图 4-73　选择转换的格式

步骤06 回到"虚拟磁盘格式转换"对话框中，单击"转换"按钮，即可开始转换虚拟磁盘格式，如图 4-75 所示。

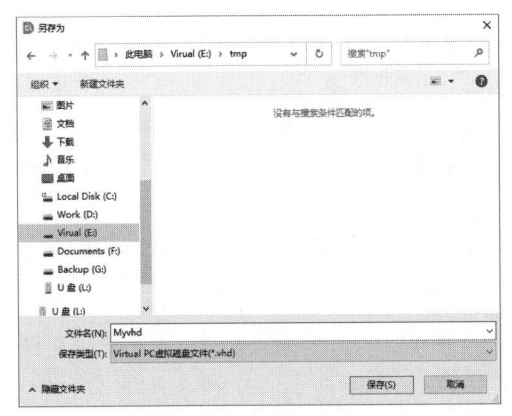

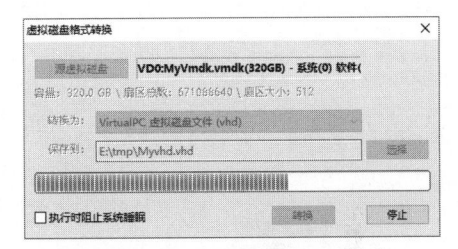

图 4-74　"另存为"对话框　　　　　　图 4-75　开始转换虚拟磁盘格式

4.6　这样做，给你的电脑多加一个硬盘

电脑存储空间不够，又舍不得删除保存的文件，怎么办？不用担心，这里介绍一款叫作"闪秒云"的网盘挂载工具，不仅可以管理多个网盘，还能把云端磁盘映射成本地磁盘，相当于给自己的电脑多加一个硬盘！

"闪秒云"工具可以直接在官网下载。目前"闪秒云"可以挂载的网盘除了自己的闪秒云存储，还有百度网盘、阿里云盘以及其他支持 WebDAV 功能的网盘。这里以阿里云盘为例，来介绍把阿里云盘挂载到本地的方法。

具体操作步骤如下。

步骤01 登录"闪秒云"后，即可进入"闪秒云"界面，如图 4-76 所示。

步骤02 单击"添加云磁盘"按钮，进入"第一步了解云硬盘"界面，这里选中"我已阅读，且已理解并同意"复选框，如图 4-77 所示。

步骤03 单击"继续"按钮，进入云盘挂载界面，如图 4-78 所示。

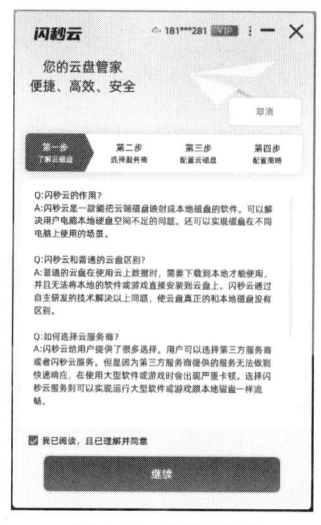

图 4-76 "闪秒云"界面　　　　图 4-77 了解云硬盘　　　　图 4-78 云盘挂载界面

步骤 04 选中阿里云盘，弹出"授权阿里云盘"信息提示框，需要登录并且授权，如图 4-79 所示。

步骤 05 授权成功之后需要配置云磁盘，配置云盘的内容包括挂载模式、空间大小、挂载的云盘路径、缓存位置等，如图 4-80 所示。

步骤 06 设置挂载的云盘模式，这里选择云硬盘模式，如图 4-81 所示。

提示：这里挂载的云盘模式有两种，云硬盘模式和网盘挂载模式。云硬盘模式是从网盘划分一定的空间到本地，但没有网盘中的文件，就是多了一个硬盘分区，可以增加本地硬盘的容量，如果电脑硬盘容量不足，建议选择这个模式。目前普通用户可以为云磁盘配置的空间最大为 128GB。网盘挂载模式是把整个云盘挂载至本地，可以管理云硬盘中的文件，电影，视频，图片也能正常打开，就是上传文件速度比较慢。

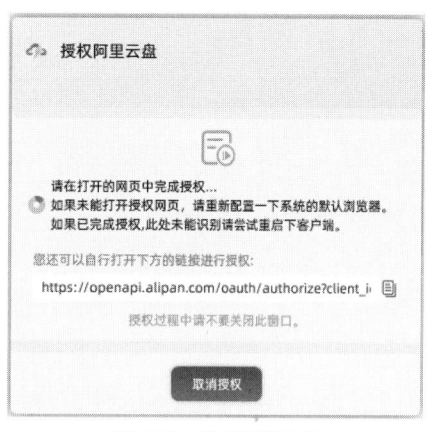

图 4-79 授权阿里云盘

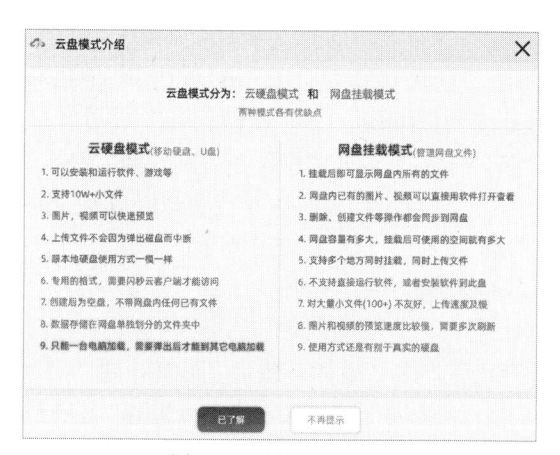

图 4-80 配置云磁盘　　　　图 4-81 选择云硬盘模式

步骤07 单击"继续"按钮，进入配置策略，这里都选择默认参数，如图 4-82 所示。

步骤08 单击"创建云磁盘"按钮，这样在电脑上就多了一个 127GB 容量的本地磁盘，这个磁盘就是云硬盘，如图 4-83 所示。

步骤09 创建的云硬盘既然可以作为本地磁盘使用，就可以在该硬盘上复制文件、安装文件，如图 4-84 所示为从别的磁盘里复制进去一个电影文件，速度达到了近 200MB/秒，使用起来和本地硬盘没有任何区别。

步骤10 创建的云硬盘还可以随时弹出，右击创建的云硬盘，在弹出的快捷菜单中选择"弹出云盘"选项，这样就会弹出云硬盘并同步数据，然后解锁云硬盘，这有点像移动硬盘，如图 4-85 所示。

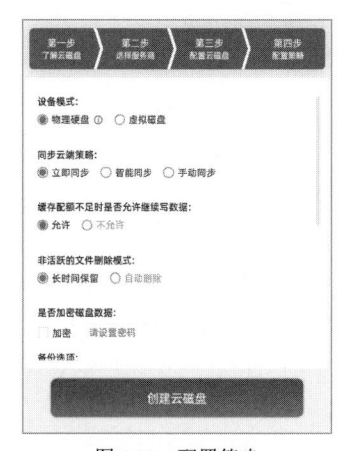

图 4-82　配置策略

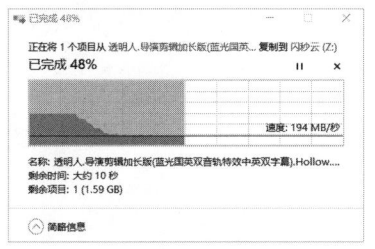

图 4-83　创建的云硬盘　　　图 4-84　复制文件　　　图 4-85　"弹出云盘"选项

步骤11 "闪秒云"还可以一键把已有网盘中的文件投影到云硬盘中，右击创建的云硬盘，在弹出的快捷菜单中选择"网盘投影"选项，这样就可以把网盘的文件下载到这个新增的云硬盘中，修改投影的文件并不会影响原网盘中的文件，如图 4-86 所示。

步骤12 如果原网盘的文件太多太大，投影速度就会比较慢，这里建议选中部分需要的文件夹投影，要么直接从原网盘下载，如图 4-87 所示。

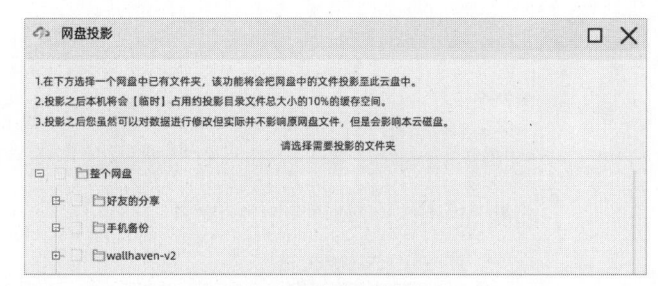

图 4-86　"网盘投影"选项　　　图 4-87　选择要投影的文件

4.7 实战演练

实战 1：对文件或文件夹进行加密

对文件或文件夹的加密，可以保护它们免受未经授权的访问，Windows 11 提供的加密文件功能，可以加密文件或文件夹，具体操作步骤如下。

步骤01 选择需要加密的文件或文件夹，右击，从弹出的快捷菜单中选择"属性"菜单命令，打开"我的幻灯片 属性"对话框，如图 4-88 所示。

步骤02 选择"常规"选项卡，单击"高级"按钮，打开"高级属性"对话框，选中"加密内容以便保护数据"复选框，如图 4-89 所示。

图 4-88 "常规"选项卡

图 4-89 "高级属性"对话框

步骤03 单击"确定"按钮，返回到"属性"对话框，单击"应用"按钮，弹出"确认属性更改"对话框，点选"将更改应用于此文件夹、子文件夹和文件"单选按钮，如图 4-90 所示。

步骤04 单击"确定"按钮，返回到"我的幻灯片 属性"对话框，如图 4-91 所示。

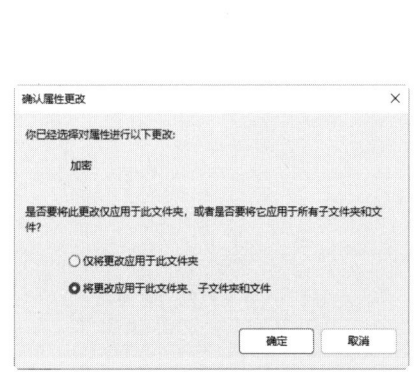

图 4-90 "确认属性更改"对话框

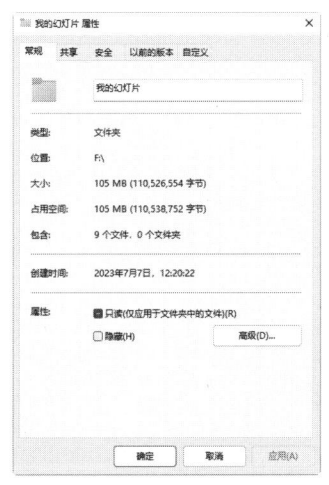

图 4-91 "我的幻灯片 属性"对话框

步骤05 单击"确定"按钮,弹出"应用属性"对话框,系统开始自动对所选的文件夹进行加密操作,如图4-92所示。

步骤06 加密完成后,可以看到被加密的文件夹上方显示一个锁形标志,表示加密成功,如图4-93所示。

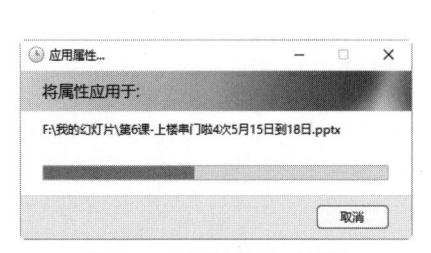

图4-92 "应用属性"对话框

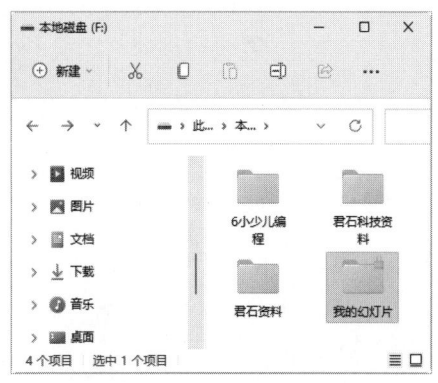

图4-93 加密文件夹

实战 2:使用 BitLocker 加密磁盘

对磁盘加密主要是使用 Window 11 操作系统中的 BitLocker 功能,它主要是用于解决用户数据的失窃、泄漏等安全性问题,具体的操作步骤如下。

步骤01 双击桌面上的"控制面板"图标,打开"控制面板"窗口,如图4-94所示。

步骤02 在"控制面板"窗口中单击"系统和安全"链接,打开"系统和安全"窗口,如图4-95所示。

图4-94 "控制面板"窗口

图4-95 "系统和安全"窗口

步骤03 在该窗口中单击"BitLocker 驱动器加密"链接,打开"BitLocker 驱动器加密"窗口,在窗口中显示了可以加密的驱动器盘符和加密状态,展开各个盘符后,单击盘符后面的"启用 BitLocker"链接,对各个驱动器进行加密,如图4-96所示。

步骤04 单击 D 盘后面的"启用 BitLocker"链接,打开"正在启动 BitLocker"对话框,如图4-97所示。

步骤05 启动 BitLocker 完成后,打开"选择希望解锁此驱动器的方式"对话框,选中"使用密码解锁驱动器"复选框,按要求输入内容,如图4-98所示。

图 4-96 "BitLocker 驱动器加密"窗口　　　　　图 4-97 "正在启动 BitLocker"对话框

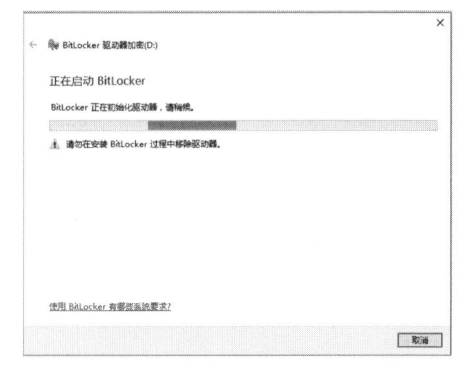

步骤06 单击"下一页"按钮，打开"你希望如何备份恢复密钥"对话框，可以选择"保存到 Microsoft 账户""保存到文件"和"打印恢复密钥"选项，这里选择"保存到文件"选项，如图 4-99 所示。

图 4-98　输入密码　　　　　　　　　　　图 4-99 "你希望如何备份恢复密钥"对话框

步骤07 打开"将 BitLocker 恢复密钥另存为"对话框，本窗口将选择恢复密钥保存的位置，在文件名文本框中更改文件的名称，如图 4-100 所示。

步骤08 单击"保存"按钮，关闭对话框，返回"您希望如何备份恢复密钥"对话框，在对话框的下侧显示"已保存恢复密钥"的提示信息，如图 4-101 所示。

图 4-100　更改文件名称　　　　　　　　　　图 4-101　信息提示框

步骤09 单击"下一步"按钮，进入"选择要加密的驱动器空间大小"，如图 4-102 所示。

步骤10 单击"下一步"按钮，选择要使用的加密模式，如图4-103所示。

图4-102　选择要加密的驱动器空间大小

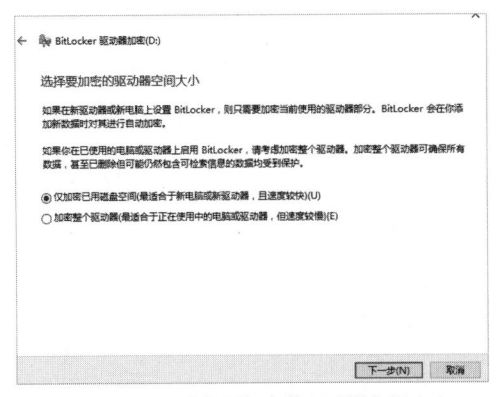

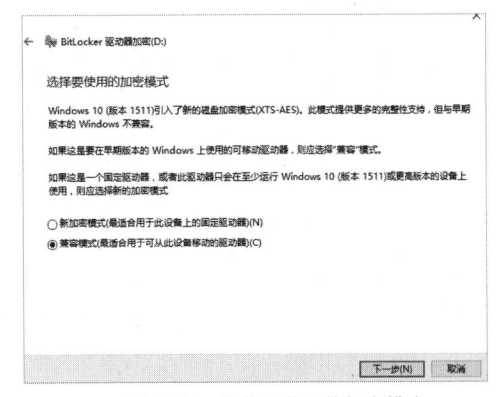

图4-103　选择要使用的加密模式

步骤11 单击"下一步"按钮，进入"是否准备加密该驱动器"，如图4-104所示。

步骤12 单击"开始加密"按钮，开始对可移动驱动器进行加密，加密的时间与驱动器的容量有关，但是加密过程不能中止，如图4-105所示。

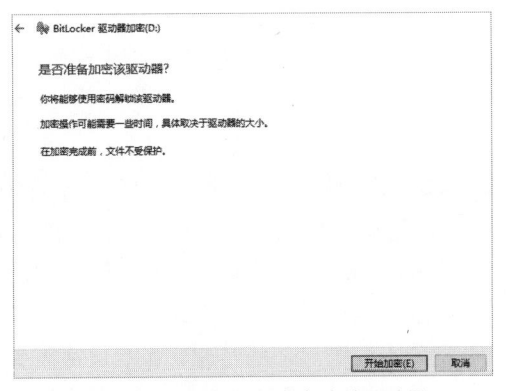

图4-104　选择是否准备加密该驱动器

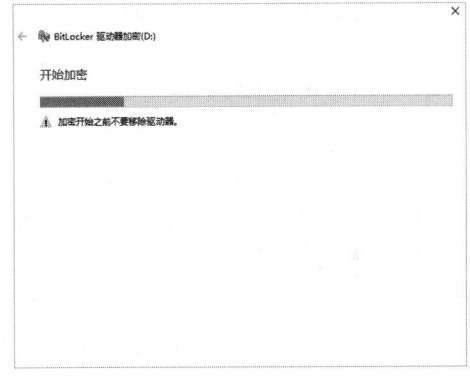

图4-105　开始加密

步骤13 开始加密启动完成后，打开"BitLocker驱动器加密"对话框，它显示加密的进度，如图4-106所示。

步骤14 加密完成后，将弹出信息提示框，提示用户已经加密完成。单击"关闭"按钮，D盘的加密完成，如图4-107所示。

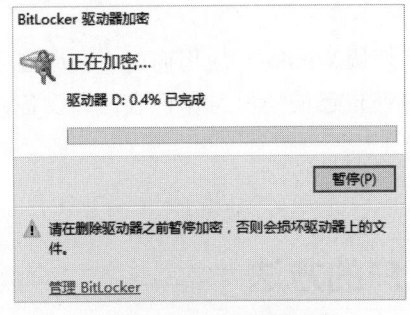

图4-106　显示加密的进度

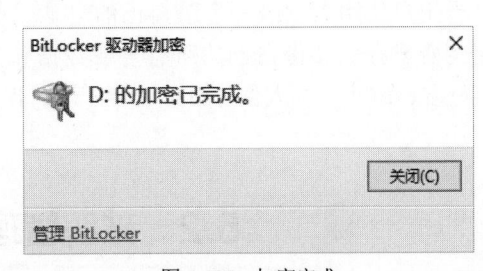

图4-107　加密完成

第 5 章
信息时代，用户账户的安全不容忽视

在信息时代，用户账户的安全是不容忽视的，要想不被攻击者轻而易举地闯进自己的操作系统，为操作系统加密是最基本的方法。电脑系统的账户与密码如同门一样，攻击者是否能够攻击用户的电脑，就要看电脑系统账户与密码是否安全。

5.1 了解 Windows 11 的账户类型

Windows 11 操作系统具有两种账户类型，一种是本地账户，一种是微软账户。使用这两种账户类型，都可以登录到操作系统当中。

5.1.1 认识本地账户

在 Windows 7 及其之前的操作系统中，Windows 的安装和登录只有一种以用户名为标识符的账户，这个账户就是 Administrator 账户，这种账户类型就是本地账户，对于不需要网络功能，而又对数据安全比较在乎的用户来说，使用本地账户登录 Windows 11 操作系统是更安全的选择。

另外，对于本地账户来说，用户可以不用设置登录密码，就能登录系统，当然，不设置密码的操作，对系统安全是没有保障的。因此，不管是本地账户，还是微软账户，都需要为账户添加密码。

5.1.2 认识微软账户

微软账户是免费的且易于设置的系统账户，用户可以使用自己所选的任何电子邮件地址完成该账户的注册与登记操作，例如，可以使用 Outlook.com、Gmail 或 Yahoo! 地址，作为微软账户。

当用户使用微软账户登录自己的电脑或设备时，可从 Windows 应用商店中获取应用，使用免费云存储备份自己的所有重要数据和文件，并使自己的所有常用内容，如设备、照片、好友、游戏、个人偏好设置、音乐等，保持更新和同步。

5.2 破解管理员账户的方法

在 Windows 操作系统中，管理员账户有着极大的控制权限，攻击者常常利用各种技术对该账户进行破解，从而获得电脑的控制权。

5.2.1 强制清除管理员账户密码

在 Windows 中提供了 net user 命令，利用该命令可以强制修改用户账户的密码，来达到进入系统的目的。

具体的操作步骤如下。

步骤01 启动电脑，在出现开机画面后按 F8 键，进入"Windows 高级选项菜单"界面，在该界面中选择"带命令行提示的安全模式"选项，如图 5-1 所示。

步骤02 运行过程结束后，系统列出了系统超级用户 Administrator 和本地用户的选择菜单，单击 Administrator，进入命令行模式，如图 5-2 所示。

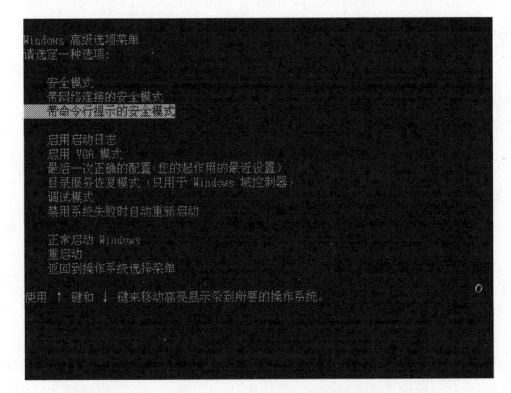

图 5-1 "Windows 高级选项菜单"界面

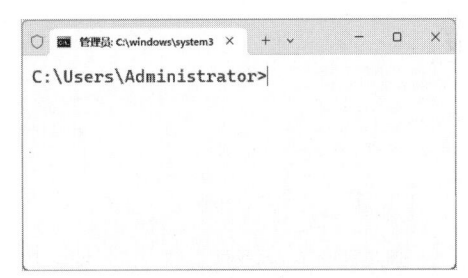

图 5-2 "切换到本地账户"对话框

步骤03 输入命令：net user Administrator 123456 /add，强制将 Administrator 用户的口令更改为"123456"，如图 5-3 所示。

步骤04 重新启动电脑，选择正常模式下运行，即可用更改后的密码"123456"登录 Administrator 用户，如图 5-4 所示。

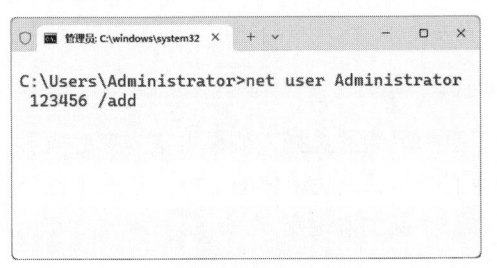

图 5-3 输入命令

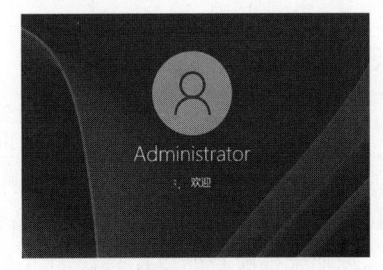

图 5-4 输入密码"123456"

5.2.2 绕过密码自动登录操作系统

虽然使用账户登录密码，可以保护电脑的隐私安全，但是每次登录时都要输入密码，对于一部分用户来讲，太过于麻烦。用户可以根据需求，选择是否使用开机密码，如果希望

Windows 可以跳过输入密码直接登录，可以参照以下步骤。

步骤01 在电脑桌面中，按 Windows+R 组合键，打开"运行"对话框，在文本框中输入 netplwiz，按 Enter 键确认，如图 5-5 所示。

步骤02 弹出"用户账户"对话框，选中本机用户，并取消选中"要使用计算机，用户必须输入用户名和密码"复选框，单击"应用"按钮，如图 5-6 所示。

步骤03 弹出"自动登录"对话框，在"密码"和"确认密码"文本框中输入当前账户密码，然后单击"确定"按钮即可取消开机登录密码，当重新登录时，无须输入用户名和密码，直接登录系统，如图 5-7 所示。

图 5-5　输入 netplwiz 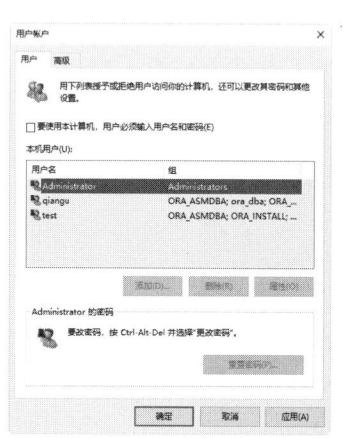　　图 5-6　"用户账户"对话框 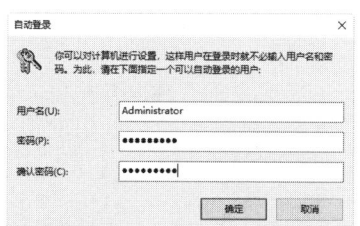　　图 5-7　输入账户密码

5.3　本地系统账户的安全防护

对本地账户的安全防护主要包括创建非管理员新用户、更改账户类型、设置账户密码等。

5.3.1　添加本地账户

Windows11 操作系统在账户管理方面提供了更加灵活的选择，如果希望为家庭成员、朋友或者工作伙伴创建一个新的本地账户，以便他们能够独立使用你的电脑，享受个性化的设置与安全保障，就可以在 Windows11 系统中添加一个新的本地账户。

添加本地账户的操作步骤如下。

步骤01 在 Windows 11 系统桌面中，选中"开始"按钮，右击，在弹出的快捷菜单中选择"计算机管理"菜单命令，如图 5-8 所示。

步骤02 打开"计算机管理"窗口，依次展开"本地用户和组"→"用户"选项，展开本地用户列表，如图 5-9 所示。

步骤03 在本地用户列表区域中的空白处，右击，在弹出的快捷菜单中选择"新用户"菜单命令，如图 5-10 所示。

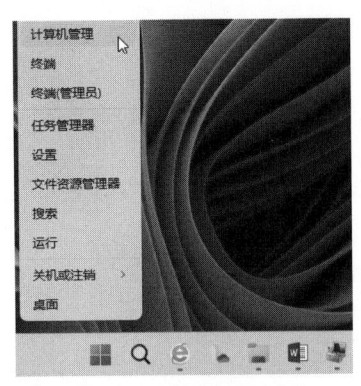

第 5 章　信息时代，用户账户的安全不容忽视

图 5-8　"计算机管理"命令

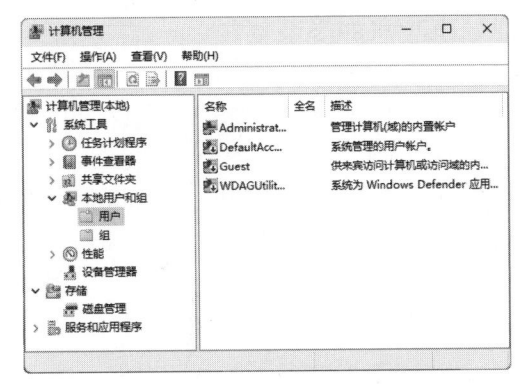

图 5-9　"计算机管理"窗口

步骤04 打开"新用户"对话框，在其中输入用户名、全名、密码等信息，如图 5-11 所示。

图 5-10　"新用户"菜单命令

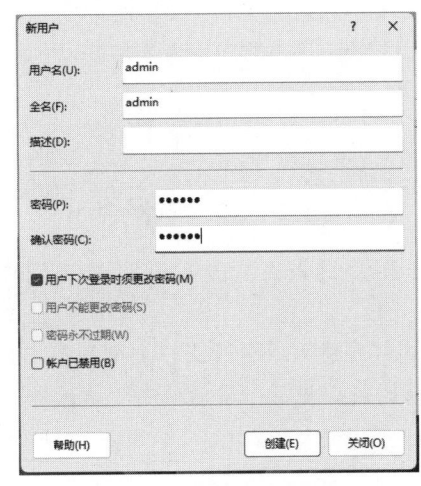

图 5-11　"新用户"对话框

步骤05 单击"创建"按钮，即可完成新用户的创建，并在用户列表中显示创建的新用户名称，如图 5-12 所示。

步骤06 单击"开始"按钮，在打开的开始面板中单击用户图标，也可以查看新添加的用户，如图 5-13 所示。

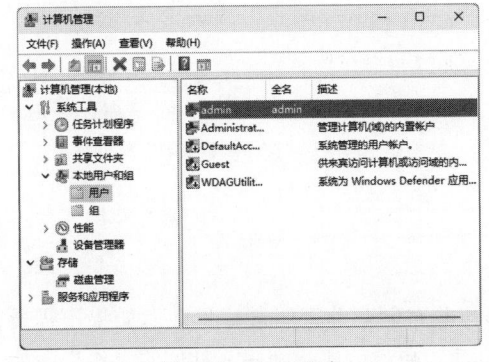

图 5-12　admin 账户

图 5-13　开始面板

79

5.3.2 更改账户类型

Windows 11 操作系统的账户类型包括标准和管理员两种类型，用户可以根据需要对账户的类型进行更改，具体的操作步骤如下。

步骤01 单击"开始"按钮，在打开的面板中选择"控制面板"选项，打开"控制面板"窗口，如图 5-14 所示。

步骤02 单击"更改账户类型"超链接，打开"管理账户"窗口，在其中选择要更改类型的账户，这里选择"admin 本地账户"，如图 5-15 所示。

图 5-14 "控制面板"窗口

图 5-15 "管理账户"窗口

步骤03 进入"更改账户"窗口，单击左侧的"更改账户类型"超链接，如图 5-16 所示。

步骤04 进入"更改账户类型"窗口，在其中点选"管理员"单选按钮，即可为该账户选择新的账户类型，最后单击"更改账户类型"按钮，即可完成账户类型的更改操作，如图 5-17 所示。

图 5-16 "更改账户"窗口

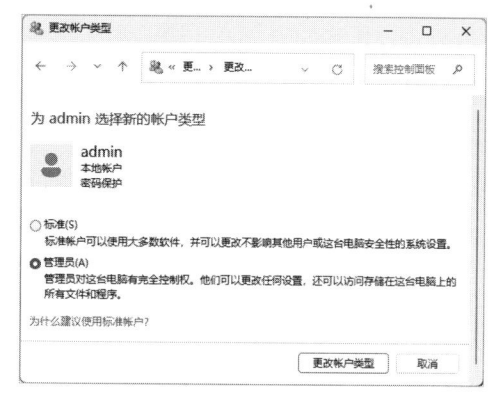

图 5-17 "更改账户类型"窗口

5.3.3 设置账户密码

对于添加的账户，用户可以为其创建密码，并对创建的密码进行更改，如果不需要密码了，还可以删除账户密码。在电脑设置中可以创建、更改或删除密码，具体的操作步骤如下。

第 5 章　信息时代，用户账户的安全不容忽视

步骤 01 单击"开始"按钮，在弹出的面板中选择"设置"选项，如图 5-18 所示。

步骤 02 打开"设置"窗口，如图 5-19 所示。

图 5-18　"设置"选项　　　　　　　　　图 5-19　"设置"窗口

步骤 03 选择"账户"选项，进入"设置-账户"窗口，如图 5-20 所示。

步骤 04 选择"登录选项"选项，进入"登录选项"窗口，如图 5-21 所示。

图 5-20　"设置-账户"窗口　　　　　　　图 5-21　"登录选项"窗口

步骤 05 单击"密码"区域下方的"添加"按钮，打开"创建密码"界面，在其中输入密码与密码提示信息，如图 5-22 所示。

步骤 06 单击"下一步"按钮，进入"创建密码"界面，在其中提示用户下次登录时，请输入创建的密码，最后单击"完成"按钮，即可完成密码的创建，如图 5-23 所示。

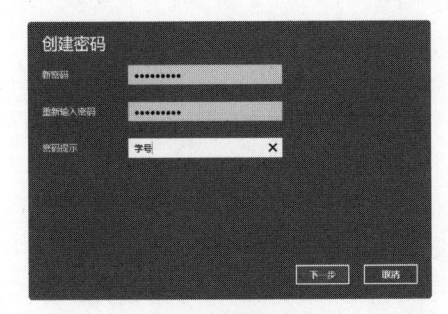

图 5-22　输入密码　　　　　　　　　　　图 5-23　"创建密码"界面

步骤07 如果想要更改密码,则需要选择"设置-账户"窗口中的"登录选项"选项,进入"登录选项"设置界面,如图 5-24 所示。

步骤08 单击"密码"区域下方的"更改"按钮,打开"更改密码"对话框,在其中输入当前密码,如图 5-25 所示。

图 5-24 "登录选项"窗口　　　　　　　　图 5-25 "更改密码"界面

步骤09 单击"下一步"按钮,打开"更改密码"对话框,在其中输入新密码和密码提示信息,如图 5-26 所示。

步骤10 单击"下一步"按钮,即可完成本地账户密码的更改操作,最后单击"完成"按钮,如图 5-27 所示。

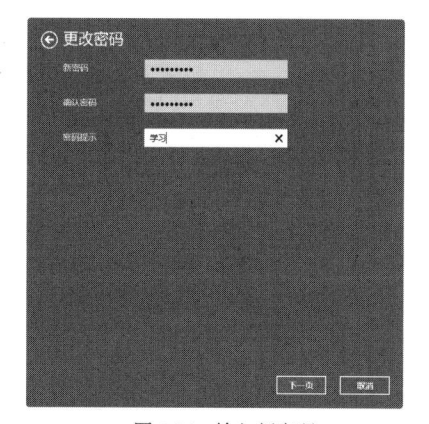

图 5-26 输入新密码　　　　　　　　图 5-27 密码更改成功

提示:如果想要删除密码,则需要在"更改密码"界面中将密码与密码提示设置为空,然后单击"下一步"按钮,完成删除密码操作。

5.3.4 删除用户账户

对于不需要的本地账户,用户可以将其删除,具体的操作步骤如下。

步骤01 打开"管理账户"窗口,在其中选择要删除的账户,如图 5-28 所示。

步骤02 进入"更改账户"窗口,在其中单击左侧的"删除账户"超链接,如图 5-29 所示。

第 5 章　信息时代，用户账户的安全不容忽视

图 5-28　"管理账户"窗口

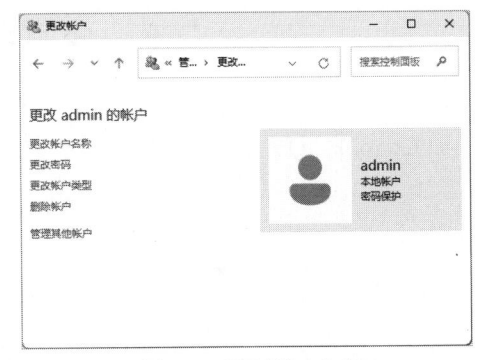

图 5-29　"更改账户"窗口

步骤03 进入"删除账户"窗口，提示用户是否保存账户的文件，如图 5-30 所示。

步骤04 单击"删除文件"按钮，进入"确认删除"窗口，提示用户是否确实要删除账户，如图 5-31 所示。

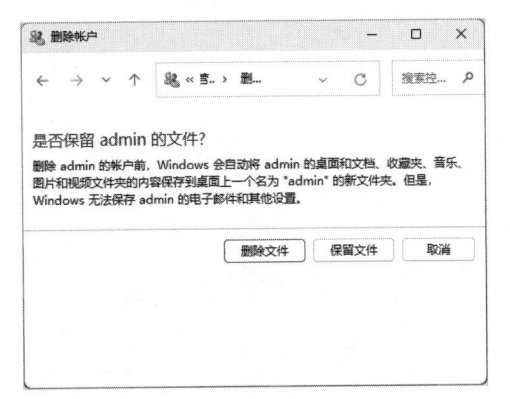

图 5-30　"删除账户"窗口

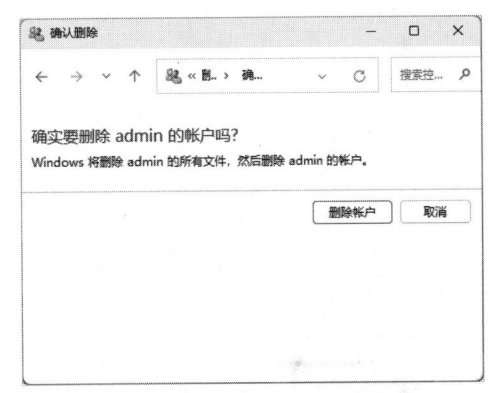

图 5-31　"确认删除"窗口

步骤05 单击"删除账户"按钮，即可删除选择的账户，并返回到"管理账户"窗口，在其中可以看到删除的账户已经不存在了，如图 5-32 所示。

提示：对于当前正在登录的账户，Windows 是无法删除的，因此，在删除账户的过程中，会弹出一个"用户账户控制面板"信息提示框，来提示用户，如图 5-33 所示。

图 5-32　删除账户

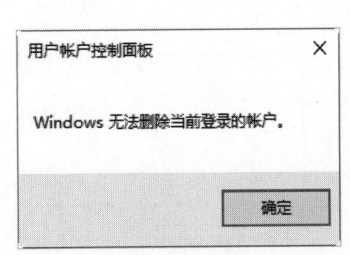

图 5-33　信息提示框

5.4 微软账户的安全防护

微软账户是一种在线账户，允许用户使用电子邮件地址登录 Windows 及其他微软服务，如 Outlook、Office、OneDrive 等。使用微软账户登录的最大好处是可以同步用户的设置、文件、应用程序和其他数据到云端，从而在不同的设备上提供一致的使用体验。

5.4.1 注册并登录微软账户

要想使用微软账户管理此设备，首先需要做的就是在此设备上注册并登录微软账户，注册并登录微软账户的具体操作步骤如下。

步骤01 单击"开始"按钮，在打开的 Windows 搜寻栏输入"你的"，出现"你的账户信息"，如图 5-34 所示。

步骤02 单击"打开"按钮，打开"账户"页面，选择"账户"选项，如图 5-35 所示。

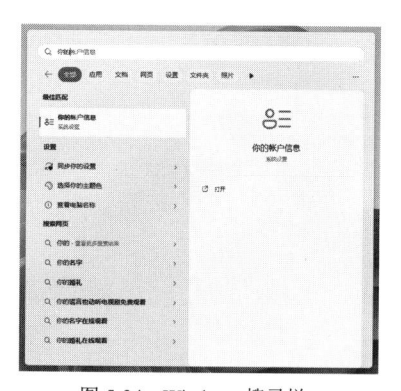

图 5-34　Windows 搜寻栏

图 5-35　"账户"选项

步骤03 单击"Microsoft 账户"下方的"登录"按钮，打开"Microsoft 账户"对话框，在其中显示登录信息，如图 5-36 所示。

步骤04 单击"创建一个"超链接，打开"个人数据导出许可"对话框，如图 5-37 所示。

图 5-36　"Microsoft 账户"对话框

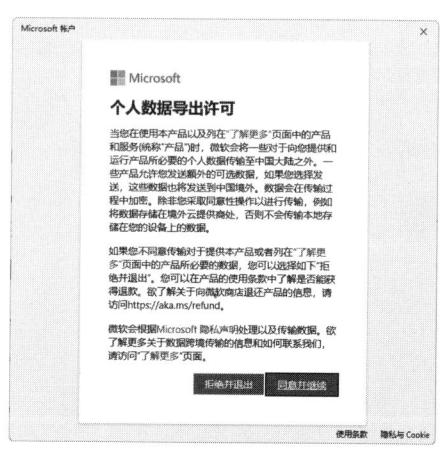

图 5-37　"个人数据导出许可"对话框

步骤05 单击"同意并继续"按钮,打开"创建账户"对话框,在其中输入账户信息,如图 5-38 所示。

步骤06 单击"下一步"按钮,打开"创建密码"对话框,在其中输入账户密码,如图 5-39 所示。

图 5-38　输入账户信息　　　　　　　　　图 5-39　输入账户密码

步骤07 单击"下一步"按钮,打开"你的名字是什么"对话框,在其中输入姓名,如图 5-40 所示。

步骤08 单击"下一步"按钮,打开"你的出生日期是哪一天"对话框,在其中输入出生日期,如图 5-41 所示。

图 5-40　输入姓名　　　　　　　　　　　图 5-41　输入出生日期

步骤09 单击"下一步"按钮,打开"使用 Microsoft 账户登录此计算机"对话框,在其中输入你的 Windows 密码,如图 5-42 所示。

步骤10 单击"下一步"按钮,打开"已全部完成"对话框,提示用户你的账户已经成功设置,如图 5-43 所示。

图 5-42　输入 Windows 密码　　　　　　图 5-43　账户添加完成

步骤11 单击"完成"按钮，即可使用 Microsoft 账户登录到本台电脑上，至此，就完成了 Microsoft 账户的注册与登录操作，如图 5-44 所示。

图 5-44　完成账户注册

5.4.2　设置账户登录密码

为账户设置登录密码，在一定程度上保护了电脑的安全，为 Microsoft 账户设置登录密码的具体操作步骤如下。

步骤01 以 Microsoft 账户类型登录本台设备，然后选择"设置-账户"窗口中的"登录选项"选项，进入"登录选项"设置界面，如图 5-45 所示。

步骤02 单击"密码"区域下方的"更改"按钮，打开"更改你的 Microsoft 账户密码"对话框，在其中输入当前密码和新密码，如图 5-46 所示。

步骤03 单击"下一步"按钮，即可完成 Microsoft 账户登录密码的更改操作，最后单击"完成"按钮，如图 5-47 所示。

图 5-45 "登录选项"界面

图 5-46 输入密码

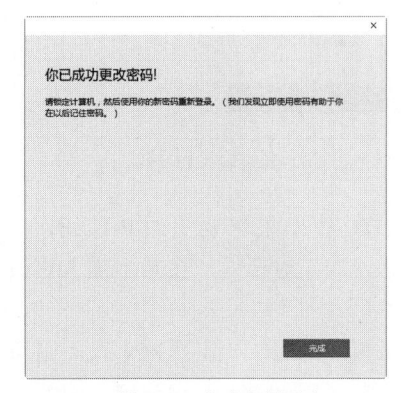

图 5-47 完成密码更改

5.4.3 设置 PIN 密码

PIN 码是可以替代登录密码的一组数据，当用户登录到 Windows 及其应用和服务时，系统会要求用户输入 PIN 码，设置 PIN 码的具体操作步骤如下。

步骤01 在"设置—账户"窗口中选择"登录选项"选项，在右侧可以看到用于设置 PIN 码的区域，如图 5-48 所示。

步骤02 单击 PIN 区域下方的"设置"按钮，打开"首先，请验证你的账户密码"对话框，在其中输入账户的登录密码，如图 5-49 所示。

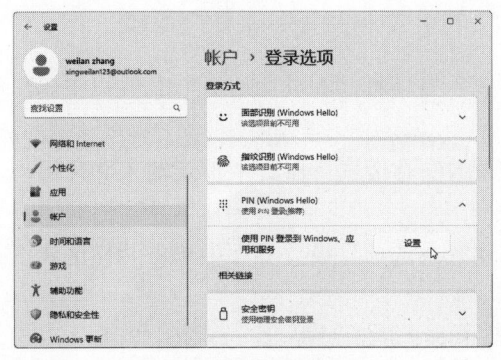

图 5-48 PIN 码设置区域

图 5-49 输入密码

步骤03 单击"确定"按钮，打开"设置 PIN"对话框，在其中输入 PIN 码，如图 5-50 所示。

步骤04 单击"确定"按钮，即可完成 PIN 码的添加操作，并返回到"登录选项"设置界面当中，如图 5-51 所示。

图 5-50　输入 PIN 码　　　　　　　　　图 5-51　完成 PIN 码的添加

步骤05 如果想要更改 PIN 码，则可以单击 PIN 区域下方的"更改 PIN"按钮，打开"更改 PIN"对话框，在其中输入更改后的 PIN 码，然后单击"确定"按钮即可，如图 5-52 所示。

步骤06 如果忘记了 PIN 码，则可以在"登录选项"设置界面中单击 PIN 区域下方的"我忘记了我的 PIN"超链接，如图 5-53 所示。

图 5-52　"更改 PIN"对话框　　　　　　　图 5-53　忘记了 PIN 码

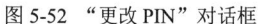

步骤07 打开"首先，请验证你的账户密码"对话框，在其中输入登录账户密码，如图 5-54 所示。

步骤08 单击"确定"按钮，打开"设置 PIN"对话框，在其中重新输入 PIN 码，最后单击"确定"按钮即可，如图 5-55 所示。

步骤09 如果想要删除 PIN 码，则可以在"登录选项"设置界面中单击 PIN 区域下方的"删除"按钮，如图 5-56 所示。

步骤10 随即在 PIN 区域显示出确实要删除 PIN 码的信息提示，如图 5-57 所示。

第 5 章　信息时代，用户账户的安全不容忽视

图 5-54　输入登录账户密码

图 5-55　输入 PIN 码

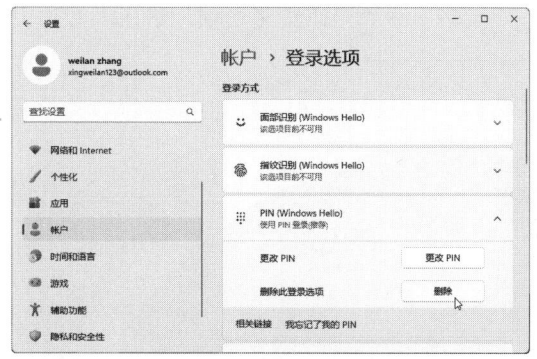

图 5-56　"删除"按钮

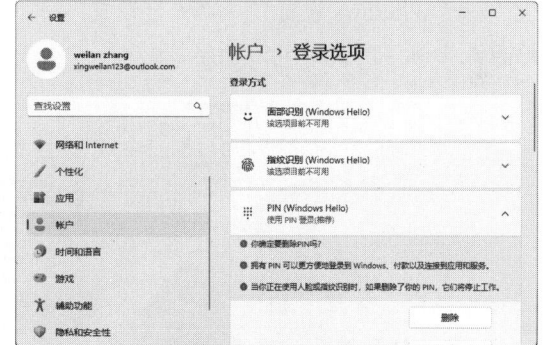

图 5-57　PIN 码信息提示

步骤11 单击"删除"按钮，打开"首先，请验证你的账户密码"对话框，在其中输入登录密码，如图 5-58 所示。

步骤12 单击"确定"按钮，即可删除 PIN 码，并返回到"登录选项"设置界面当中，可以看到 PIN 区域只剩下"设置"按钮，说明删除成功，如图 5-59 所示。

图 5-58　输入登录密码

图 5-59　删除 PIN 码

5.5 提升系统账户密码的安全性

用户在"组策略编辑器"窗口中进行相关功能的设置,可以提升系统账户密码的安全系数,如密码策略、账户锁定策略等。

5.5.1 设置账户密码的复杂性

在"组策略编辑器"窗口中通过密码策略可以对密码的复杂性进行设置,当用户设置的密码不符合密码策略时,就会弹出提示信息。

设置密码策略的具体操作步骤如下。

步骤01 在电脑桌面中,按 Windows+R 组合键,打开"运行"对话框,在文本框中输入 gpedit.msc,按 Enter 键确认,打开"本地组策略编辑器"窗口,在其中展开"计算机配置"→"Windows 设置"→"安全设置"→"账户策略"→"密码策略"项,进入"密码策略设置"窗口,如图 5-60 所示。

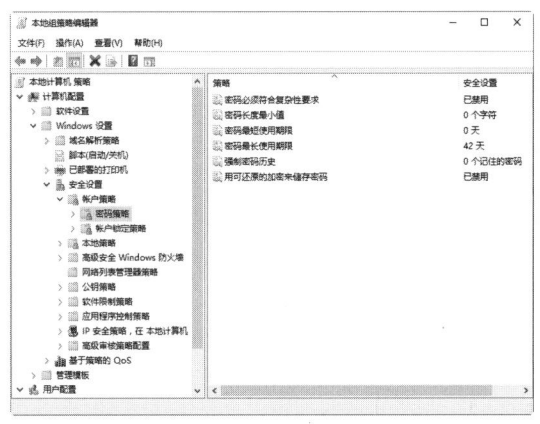

图 5-60 "密码策略设置"窗口

步骤02 双击"密码必须符合复杂性要求"选项,打开"密码必须符合复杂性要求 属性"对话框,点选"已启用"单选按钮,即可启用密码复杂性要求,如图 5-61 所示。

步骤03 双击"密码长度最小值"选项,即可打开"密码长度最小值 属性"对话框,根据实际情况输入密码的最少字符个数,如图 5-62 所示。

提示:由于空密码和太短的密码都很容易被专用破解软件猜测到,为减小密码破解的可能性,密码应该尽量长。而且有特权用户(如 Administrators 组的用户)的密码长度最好超过 12 个字符。一个用来加强密码长度的方法是使用不在默认字符集中的字符。

步骤04 双击"密码最长使用期限"选项,打开"密码最长使用期限 属性"对话框,在"密码过期时间"文本中设置密码过期的天数,如图 5-63 所示。

步骤05 双击"密码最短使用期限"选项,打开"密码最短使用期限 属性"对话框。根据实际情况设置密码最短存留期后,单击"确定"按钮即可。默认情况下,用户可在任何时间修改自己的密码,因此,用户可以更换一个密码,立刻再更改回原来的旧密码。这个选项可用的设置范围是 0(密码可随时修改)或 1 ~ 998(天),建议设置为 1 天,如图 5-64 所示。

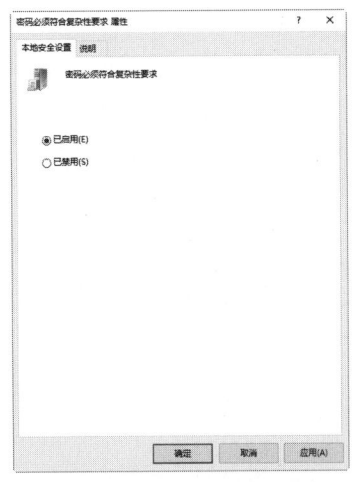

图 5-61　启用密码复杂性要求 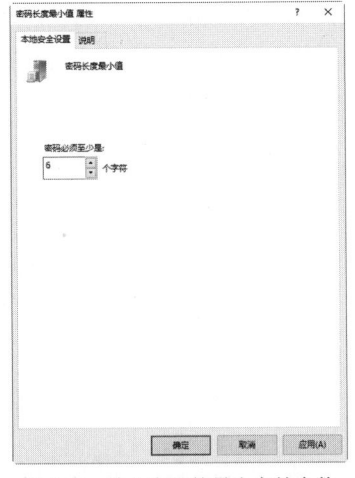　　图 5-62　输入密码的最少字符个数 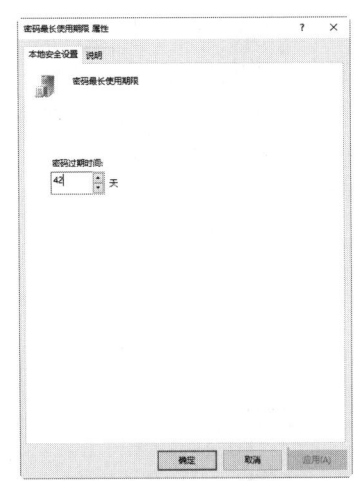　　图 5-63　设置密码过期的天数

步骤06 双击"强制密码历史"选项，打开"强制密码历史 属性"对话框，根据个人情况设置保留密码历史的个数，如图 5-65 所示。

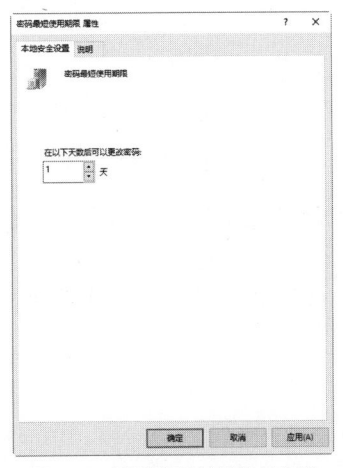

图 5-64　设置密码最短使用期限 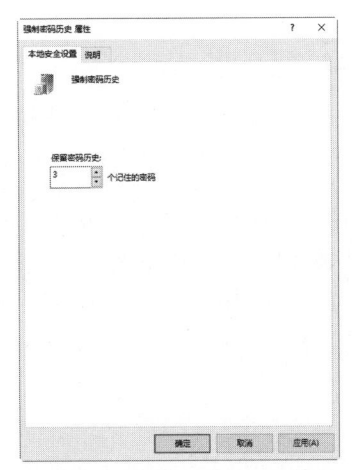　　　　图 5-65　设置保留密码历史天数

5.5.2　开启账户锁定功能

Windows 11 系统具有账户锁定功能，可以在登录失败的次数达到管理员指定次数之后锁定该账户。如可以设定在登录失败次数达到一定次数后启用本地账户锁定，可以设置在一定的时间之后自动解锁，或将锁定期限设置为"永久"。

如果一个账户已经被锁定，管理员可以使用 Active Directory、启用域账户、使用计算机管理等来启用本地账户，而不用等待账户自动启用。系统自带的 Administrator 账户不会随着账户锁定策略的设置而被锁定，但当使用远程桌面时，会因为账户锁定策略的设置而使得 Administrator 账户在设置的时间内，无法继续使用远程桌面。

在"本地组策略编辑器"窗口中启用"账户锁定"策略的具体设置步骤如下。

步骤01 在"本地组策略编辑器"窗口中展开"计算机配置"→"Windows 设置"→"安全设置"→"账户策略"→"账户锁定策略"选项,进入"账户锁定策略设置"窗口,如图 5-66 所示。

步骤02 在右侧"策略"列表中双击"账户锁定阈值"选项,打开"账户锁定阈值 属性"对话框,如图 5-67 所示。

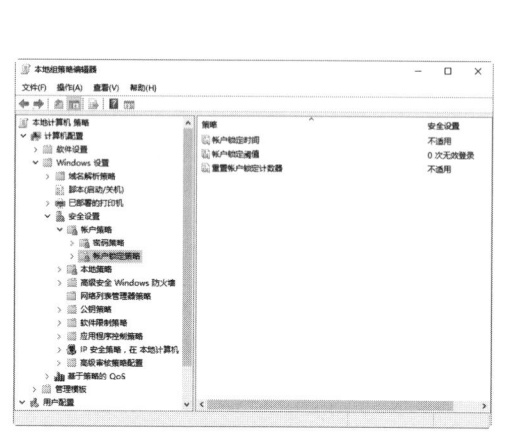

图 5-66 "账户锁定策略设置"窗口

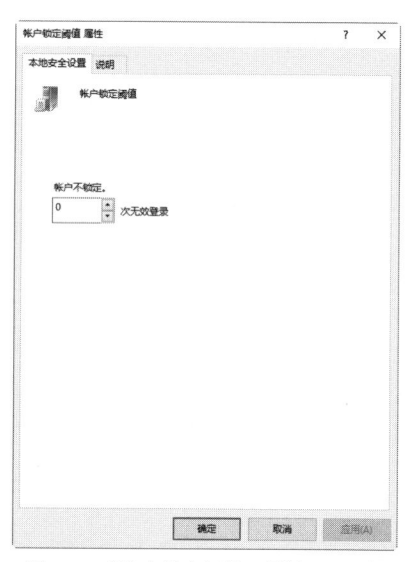

图 5-67 "账户锁定阈值 属性"对话框

步骤03 在"账户不锁定"下拉框中根据实际情况选择输入相应的数字,这里输入的是 3,即表明登录失败 3 次后被猜测的账户将被锁定,如图 5-68 所示。

步骤04 单击"应用"按钮,弹出"建议的数值改动"对话框。连续单击"确定"按钮,即可完成应用设置操作,如图 5-69 所示。

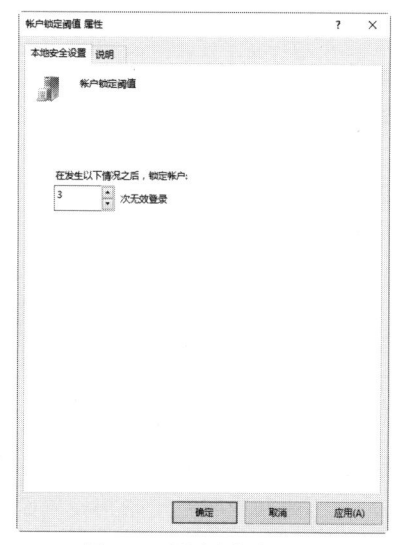

图 5-68 设置账户锁定阈值

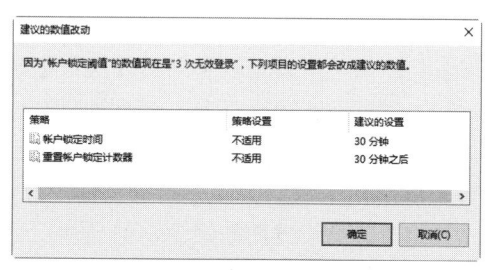

图 5-69 "建议的数值改动"对话框

步骤05 在"账户锁定策略设置"窗口的"策略"列表中双击"重置账户锁定计数器"选项,即可打开"重置账户锁定计数器 属性"对话框,在其中设置重置账户锁定计数器的时间,如图5-70所示。

步骤06 在"账户锁定策略设置"窗口的"策略"列表中双击"账户锁定时间"选项,即可打开"账户锁定时间 属性"对话框,在其中设置账户锁定时间,如图5-71所示。

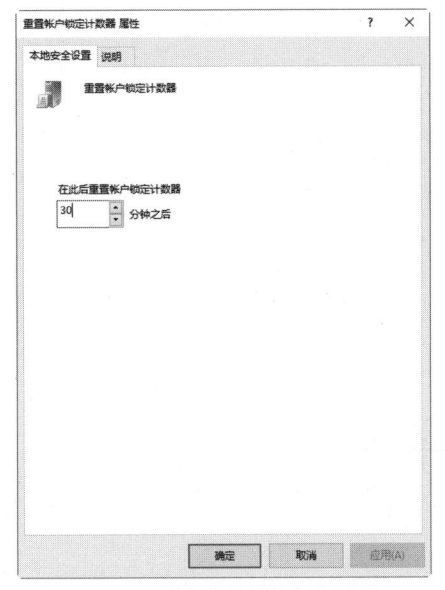

图 5-70 设置账户锁定计数器的时间

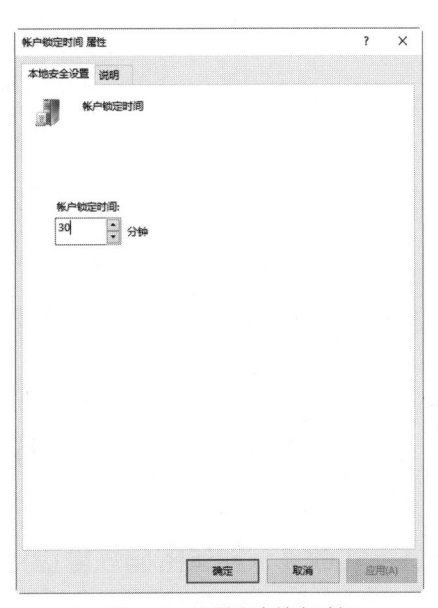

图 5-71 设置账户锁定时间

5.5.3 利用组策略设置用户权限

当多人共用一台计算机时,可以在"本地组策略编辑器"窗口中设置不同的用户权限。这样就限制黑客访问该计算机时要进行的某些操作,具体操作步骤如下。

步骤01 在"本地组策略编辑器"窗口中展开"计算机配置"→"Windows 设置"→"安全设置"→"本地策略"→"用户权限分配"选项,即可进入"用户权限分配设置"窗口,如图 5-72 所示。

步骤02 双击需要改变的用户权限选项,如"从网络访问此计算机"选项,打开"从网络访问此计算机 属性"对话框,如图 5-73 所示。

图 5-72 "用户权限分配设置"窗口

步骤03 单击"添加用户或组"按钮,即可打开"选择用户或组"对话框,在"输入对象名称来选择"文本框中输入添加对象的名称,如图 5-74 所示。

步骤04 单击"确定"按钮,即可完成用户权限的设置操作。

图 5-73 "从网络访问此计算机 属性"对话框 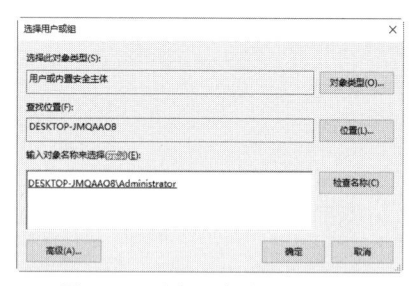　　　　图 5-74 "选择用户或组"对话框

5.6 实战演练

5.6.1 实战 1：创建密码恢复盘

有时，进入系统的账户密码被黑客破解并修改后，用户就进不了系统了，但如果事先创建了密码恢复盘，就可以强制进行密码恢复以找到原来的密码。Windows 系统自带有创建账户密码恢复盘功能，利用该功能可以创建密码恢复盘。

创建密码恢复盘的具体操作步骤如下。

步骤 01 单击"开始"→"控制面板"命令，打开"控制面板"窗口，双击"用户账户"图标，如图 5-75 所示。

步骤 02 打开"用户账户"窗口，在其中选择要创建密码恢复盘的账户，如图 5-76 所示。

图 5-75 "控制面板"窗口 　　　　图 5-76 "用户账户"窗口

步骤 03 单击"创建密码重置盘"超链接，弹出"欢迎使用忘记密码向导"对话框，如图 5-77 所示。

步骤04 单击"下一步"按钮,弹出"创建密码重置盘"对话框,如图5-78所示。

图5-77 "欢迎使用忘记密码向导"对话框

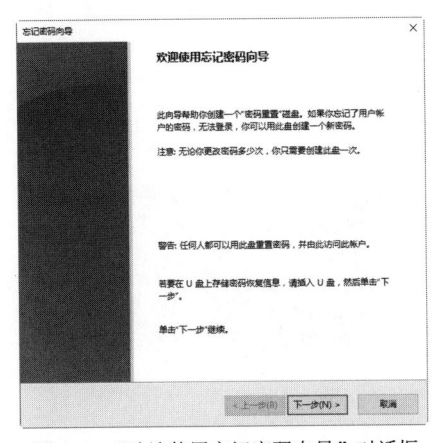

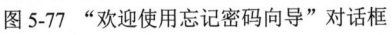

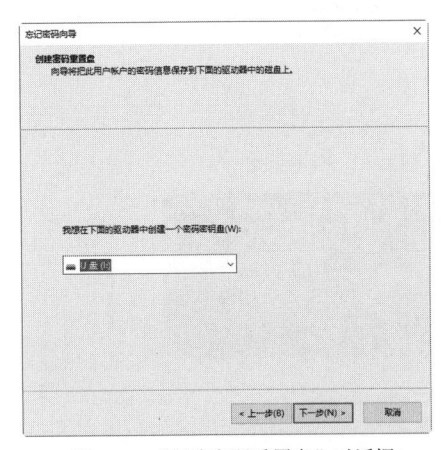

图5-78 "创建密码重置盘"对话框

步骤05 单击"下一步"按钮,弹出"当前用户账户密码"对话框,在下面的文本框中输入当前用户密码,如图5-79所示。

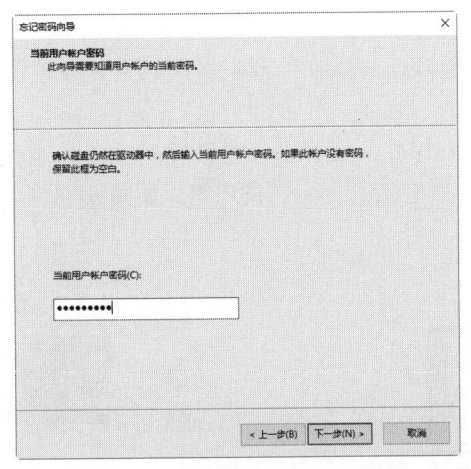

图5-79 "当前用户账户密码"对话框

步骤06 单击"下一步"按钮,开始创建密码重置盘,创建完毕后,将它保存到安全的地方,这样就可以在密码丢失后进行账户密码恢复了。

5.6.2 实战2:电脑的锁屏界面

Windows 11操作系统的锁屏功能主要用于保护电脑的隐私安全,又可以保证在不关机的情况下省电,其锁屏所用的图片被称为锁屏界面。

设置锁屏界面的具体操作步骤如下。

步骤01 在桌面的空白处右击,在弹出的快捷菜单中选择"个性化"菜单命令,打开"设置-个性化"窗口,在其中选择"锁屏界面"选项,进入"锁屏界面"窗口,如图5-80所示。

步骤02 单击"个性化锁屏界面"右侧的"Windows 聚焦"下三角按钮,在弹出的下拉列表中可以设置用于锁屏的背景,包括图片、Windows 聚焦和幻灯片三种类型,如图 5-81 所示。

图 5-80 "锁屏界面"窗口

图 5-81 设置锁屏背景

步骤03 选择"图片"选项,可以在"预览"区域查看设置的锁屏图片样式,如图 5-82 所示。

步骤04 除了设置锁屏图片外,还可以设置锁屏界面的其他状态,如在锁屏界面上显示日历、是否在锁屏界面上获取花絮、提示、技巧等,如图 5-83 所示。

图 5-82 预览锁屏界面

图 5-83 进入锁屏状态

第 6 章

清除病毒与木马，电脑安全不是梦

随着网络的普及，病毒也更加泛滥，它对电脑有着强大的控制和破坏能力，能够盗取目标主机的登录账户和密码、删除目标主机的重要文件、重新启动目标主机、使目标主机系统瘫痪等。本章就来介绍病毒与木马的清除方法。

6.1 认识病毒与木马

随着信息化社会的发展，电脑病毒的威胁日益严重，反病毒的任务也更加艰巨。因此，熟知病毒的相关内容就显得非常重要。

6.1.1 病毒与木马的种类

平常所说的电脑病毒，是人们编写的一种特殊的电脑程序，病毒能通过修改电脑内的其他程序，并把自身复制到其他程序中，从而完成对其他程序的感染和侵害。之所以称其为"病毒"，是因为它具有与微生物病毒类似的特征：在电脑系统内生存，在电脑系统内传染，还能进行自我复制，并且抢占电脑系统资源，干扰电脑系统正常的工作。

电脑病毒有很多种，主要有以下几类，如表 6-1 所示。

表 6-1 电脑病毒分类

病毒	病毒特征
文件型病毒	这种病毒会将它自己的代码附上可执行文件（.exe、.com、.bat 等）
引导型病毒	引导型病毒包括两类：一类是感染分区的；另一类是感染引导区的
宏病毒	一种寄存在文档或模板中的电脑病毒；打开文档，宏病毒会被激活，破坏系统和文档的运行
其他类	例如一些最新的病毒使用网站和电子邮件传播，它们隐藏在 Java 和 ActiveX 程序里面，如果用户下载了含有这种病毒的程序，它们便立即开始破坏活动

木马又被称为特洛伊木马，它是一种基于远程控制的攻击工具，在攻击者进行的各种攻击行为中，木马都起到了开路先锋的作用。一台电脑一旦中了木马，就变成了一台傀儡机，对方可以在目标电脑中上传下载文件、偷窥私人文件、偷取各种密码及口令信息等，可以说，该电脑的一切秘密都将暴露在攻击者面前，隐私将不复存在！

现在的木马可谓形形色色，种类繁多，并且还在不断增加，因此，要想一次性列举出所有的木马种类，是不可能的。但是，从木马的主要攻击能力来划分，常见的木马主要有以下几种类型，如表 6-2 所示。

表 6-2　木马的分类

木　马	木马特征
网络游戏木马	网络游戏木马通常采用记录用户键盘输入、游戏进程、API 函数等方法获取用户的密码和账号，窃取到的信息一般通过发送电子邮件或向远程脚本程序提交的方式发送给木马制作者
网银木马	网银木马是针对网上交易系统编写的木马，其目的是盗取用户的卡号、密码等信息，此类木马的危害非常直接，受害用户的损失也更加惨重
即时通信软件木马	常见的即时通信类木马一般有发送消息型与盗号型。发送消息型木马通过即时通信软件自动发送含有恶意网址的消息，目的在于让收到消息的用户单击网址激活木马；盗号型木马主要目标在于即时通信软件的登录账号和密码
破坏性木马	破坏性木马唯一的功能就是破坏感染木马的电脑文件系统，使其遭受系统崩溃或者重要数据丢失的巨大损失
FTP 木马	FTP 木马的唯一功能就是打开 21 端口并等待用户连接，新 FTP 木马还加上了密码功能，这样只有攻击者本人才知道正确的密码，从而进入对方的电脑

6.1.2　利用假冒网站发起攻击

攻击者事先准备好用于冒充实际网站的 Web 网站，并通过邮件等形式诱导用户访问该假冒网站的 URL，进而窃取用户输入的用户名和密码，这种手段被称为钓鱼，如图 6-1 所示。

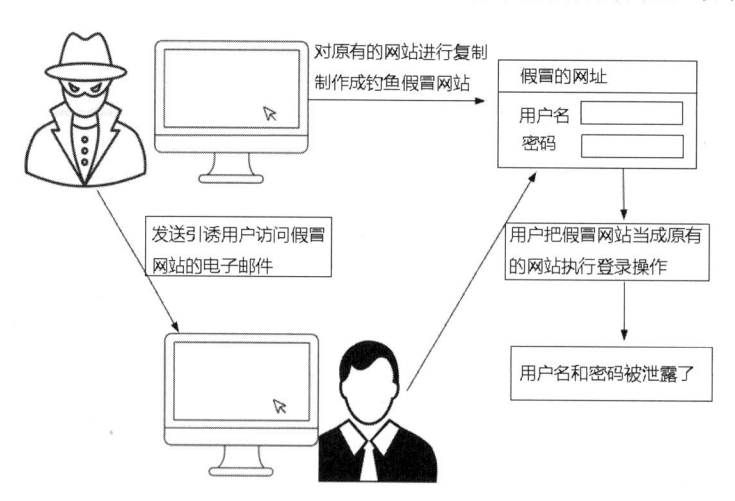

图 6-1　利用假冒网站发起攻击示意图

以往有很多伪装成金融机构或信用卡公司的官方网站进行非法汇款和窃取卡号的网站，近年来也出现了使用同样的手段通过社交媒体等普通 Web 网站来执行非法操作的情况。制作与官方网站相似的假冒网站非常简单，且其具有难以被发现的特点。

由于实际访问的网站，其 URL 与原本的域名不同，因此如果用户能够仔细确认 Web 浏览器中显示的 URL，很多情况下是可以防患于未然的。此外，当接收到的邮件中包含链接时，不要直接打开该链接，使用在 Web 浏览器收藏夹中登记的链接来显示该站点是一种较为稳妥的方法。

还有一种冒充网站的方法，也就是域欺骗。虽然在使用与真实网站非常相似的网站这一点上与钓鱼欺诈类似，但是偷换对应 URL 的 IP 地址这一准备步骤却是不同的。

在浏览 Web 网站时，使用的是电脑后台中被称为 DNS 的功能，它用于检查所连接的 Web 服务器。一般是从用户输入的 URL 中获取目标页面所在的 Web 服务器的 IP 地址，然后再访问这个 IP 地址的服务器，如果返回的是假冒网站的 IP 地址，那么即使是访问正确的 URL 也会连接到假冒的服务器中。在这种情况下，仅依靠确认 URL 的方法是很难注意到我们正在访问的网站是假冒的。

6.1.3 利用商务邮件进行欺诈

利用电子邮件发起的攻击和欺诈收到大量无用的"垃圾邮件"。无视收件人的意愿擅自发送的电子邮件被称为垃圾邮件。据说这类垃圾邮件经常被批量发送到通过某些方式收集的邮件地址或随机创建的邮件地址中，如图 6-2 所示。

图 6-2　利用邮件发起攻击示意图

如果是从国外发送的英文邮件，马上就能识别出这是垃圾邮件，而这种情况已经发生了变化。针对特定企业的攻击越来越多，很多情况下即使是有经验的人也无法识别。

因此，有时查看邮件附件中的文件，或者点击文件正文中的 URL 也可能会感染电脑病毒。还有一种只是点击了链接，就会被要求支付高额费用的虚构欺诈账单的情况，这被称为点击欺诈。顾名思义，只需要点击就会显示"感谢您成为我们的会员！"等信息，但是最后却并不会显示包含确认按钮的画面。

除了电子邮件之外，在使用智能手机浏览网站时，也同样存在不小心触碰到就可能会显示"注册完成"的情况。

自 2017 年以来，大家议论得最多的欺诈是冒充实际的业务合作伙伴，发送转账账户变更通知邮件的商务邮件欺诈。

由于这是事先已经对原本的业务合作伙伴和来往邮件的内容以及收件人的姓名和地址进行了研究再发送的邮件，因此邮件中通常会包含与真实信息高度相似的内容。虽然内容类似于通过电子邮件进行转账诈骗，但是有必要防范这类欺诈，可以通过电话等其他联系方式与真正的联系人进行确认来避免造成财产损失。

6.1.4 窃取信息的软件

有时在安装免费游戏或便利的工具时，其他软件也会成套地被安装进来。我们以为自己在享受游戏时光，然而实际上在不知不觉间我们的个人信息已经被发送到了外部。

在这种情况下，将用户名和密码，以及电脑中保存的照片等信息发送给外部的软件被称为间谍软件。这类软件通常以收集用户的个人信息和访问记录等信息为目的，由于此类恶意软件不符合电脑病毒的特征定义，因此通常会将其与电脑病毒区分看待，如图 6-3 所示。

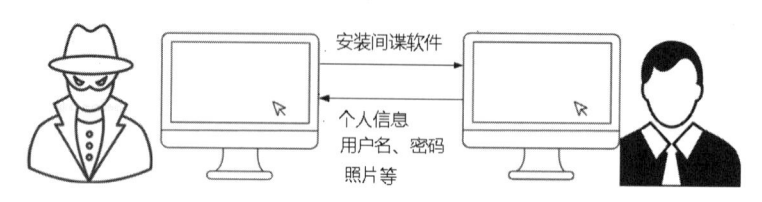

图 6-3 间谍软件攻击示意图

此外，通过显示广告来收集访问记录，或者获得广告收入的软件被称为广告软件。这类广告软件也会擅自发送信息，因此也将其归类为间谍软件。当然，即使在使用条款中有相关说明，如果用户没有仔细阅读，或者没有理解实际含义，那也是一个问题。

用于监视和记录用户在电脑键盘上的操作的软件被称为键盘记录器。即使在电脑内部进行记录也不会造成什么问题，但是一旦通过互联网自动向外部发送信息，就可能会将用于登录服务的用户名、密码、URL、个人信息泄露出去，如图 6-4 所示。

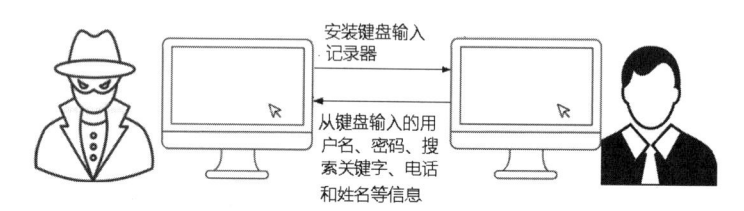

图 6-4 键盘记录器工作示意图

曾经发生过一起由于一部分文字输入软件中包含类似的功能并且某些使用方式会导致信息泄露，登上新闻头条的事件。即使这一功能有助于提高文字输入法的转换效率，但是某些使用方式会存在泄露个人信息风险，当时还是引起了普通用户的恐慌。

6.2 木马常用伪装手段

由于木马的危害性比较大，所以很多用户对木马也有了初步的了解，这在一定程度上阻碍了木马的传播。这是运用木马进行攻击的攻击者所不愿意看到的。因此，攻击者们往往会使用多种方法来伪装木马，迷惑用户的眼睛，从而达到欺骗用户的目的。木马常用的伪装手段很多，如伪装成可执行文件、网页、图片、电子书等。

6.2.1 伪装成可执行文件

利用 EXE 捆绑机可以将木马与正常的可执行文件捆绑在一起，从而使木马伪装成可执行文件，运行捆绑后的文件等于同时运行了两个文件。将木马伪装成可执行文件的具体操作步骤如下。

步骤01 下载并解压缩 EXE 捆绑机，双击其中的可执行文件，打开"EXE 捆绑机"主界面，如图 6-5 所示。

步骤02 单击"点击这里指定第一个可执行文件"按钮，打开"请指定第一个可执行文件"对话框，在其中选择第一个可执行文件，如图 6-6 所示。

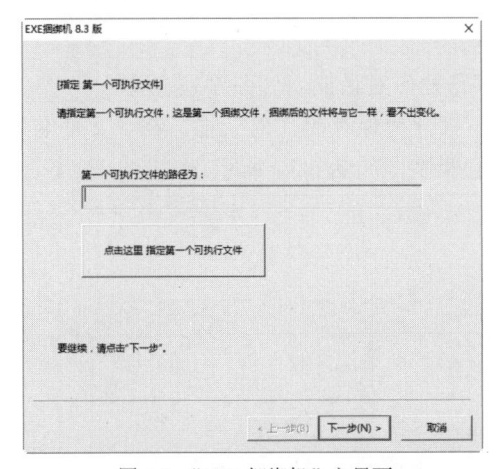

图 6-5 "EXE 捆绑机"主界面

图 6-6 选择第一个可执行文件

步骤03 单击"打开"按钮，返回到"指定第一个可执行文件"对话框，如图 6-7 所示。

步骤04 单击"下一步"按钮，打开"指定第二个可执行文件"对话框，如图 6-8 所示。

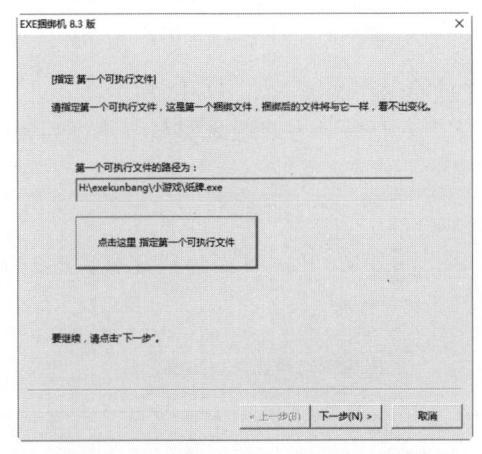

图 6-7 "指定第一个可执行文件"对话框

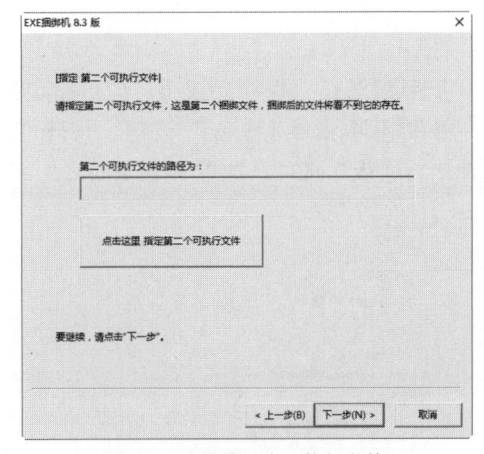

图 6-8 选择第二个可执行文件

步骤05 单击"点击这里指定第二个可执行文件"按钮，打开"请指定第二个可执行文件"对话框，在其中选择已经制作好的木马文件，如图 6-9 所示。

步骤06 单击"打开"按钮，返回到"指定第二个可执行文件"对话框，如图 6-10 所示。

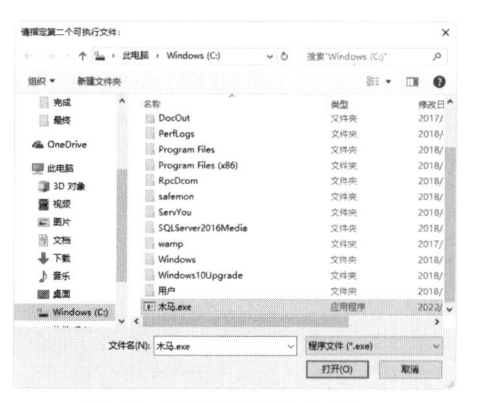

图 6-9 选择制作好的木马文件 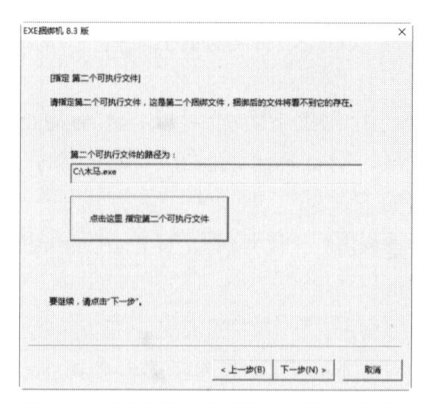　　　　　　图 6-10 "指定第二个可执行文件"对话框

步骤07 单击"下一步"按钮，打开"指定保存路径"对话框，如图 6-11 所示。

步骤08 单击"点击这里指定保存路径"按钮，打开"保存为"对话框，在"文件名"文本框中输入可执行文件的名称，并设置文件的保存类型，如图 6-12 所示。

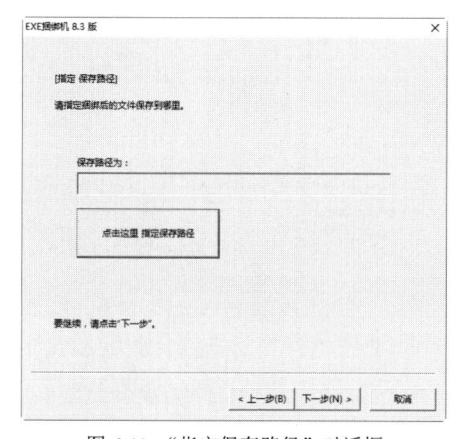

图 6-11 "指定保存路径"对话框 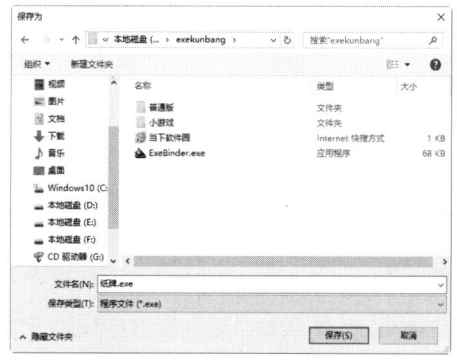　　　　　　图 6-12 "保存为"对话框

步骤09 单击"保存"按钮，即可指定捆绑后文件的保存路径，如图 6-13 所示。

步骤10 单击"下一步"按钮，打开"选择版本"对话框，在"版本类型"下拉列表中选择"普通版"选项，如图 6-14 所示。

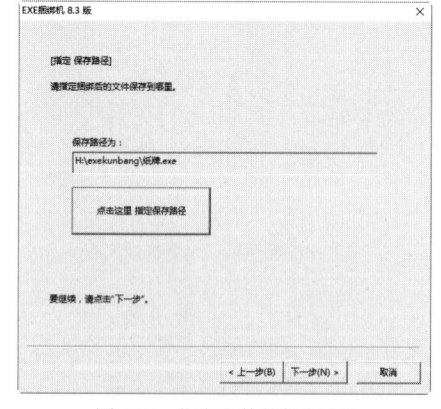

图 6-13 指定文件的保存路径 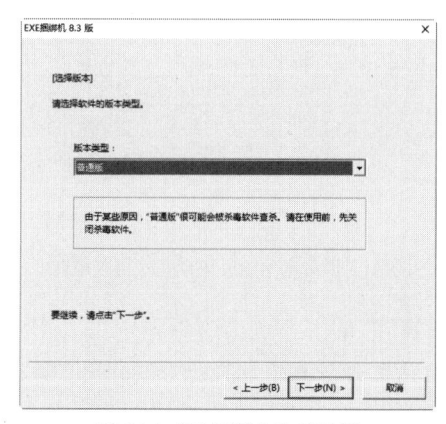　　　　　　图 6-14 "选择版本"对话框

第 6 章　清除病毒与木马，电脑安全不是梦

步骤11 单击"下一步"按钮，打开"捆绑文件"对话框，提示用户开始捆绑第一个可执行文件与第二个可执行文件，如图 6-15 所示。

步骤12 单击"点击这里开始捆绑文件"按钮，即可开始进行文件的捆绑。待捆绑结束之后，即可看到"捆绑文件成功"提示框。单击"确定"按钮，即可结束文件的捆绑，如图 6-16 所示。

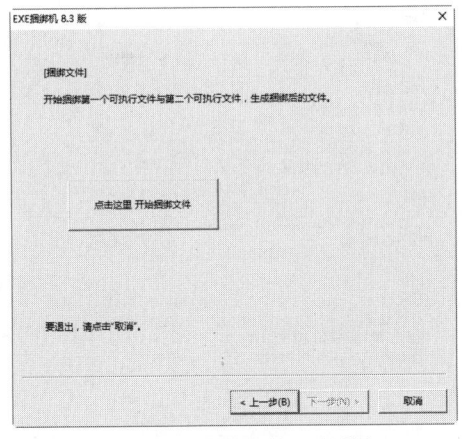

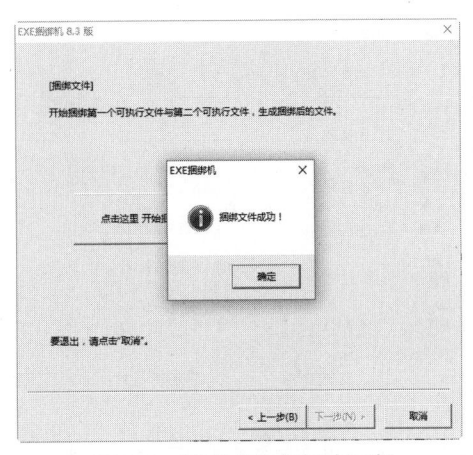

图 6-15 "捆绑文件"对话框　　　　图 6-16 "捆绑文件成功"提示框

提示：攻击者可以使用木马捆绑技术将一个正常的可执行文件和木马捆绑在一起。一旦用户运行这个包含有木马的可执行文件，就可以通过木马控制或攻击用户的电脑。

6.2.2 伪装成自解压文件

利用 WinRAR 的压缩功能可以将正常的文件与木马捆绑在一起，并生成自解压文件，一旦用户运行该文件，同时也会激活木马文件，这也是木马常用的伪装手段之一。具体的操作步骤如下。

步骤01 准备好要捆绑的文件，这里选择一个蜘蛛纸牌和木马文件（木马 .exe），并存放在同一个文件夹下，如图 6-17 所示。

步骤02 选中蜘蛛纸牌和木马文件（木马 .exe）所在的文件夹并右击，在快捷菜单中选择"添加到压缩文件"选项，如图 6-18 所示。

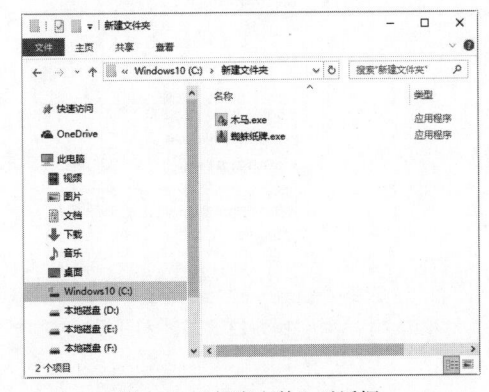

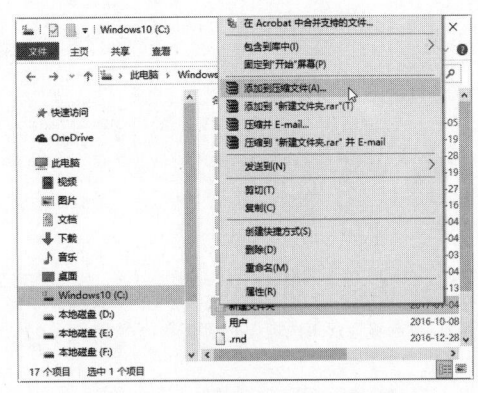

图 6-17 "捆绑文件"对话框　　　　图 6-18 "捆绑文件成功"提示框

步骤03 随即打开"压缩文件名和参数"对话框。在"压缩文件名"文本框中输入要生成的压缩文件的名称,并选中"创建自解压格式压缩文件"复选框,如图6-19所示。

步骤04 选择"高级"选项卡,在其中选中"保存文件安全数据""保存文件流数据""后台压缩""完成操作后关闭电脑电源""如果其他 WinRAR 副本被激活则等待"复选框,如图6-20所示。

图6-19 "常规"选项卡　　　　　图6-20 "高级"选项卡

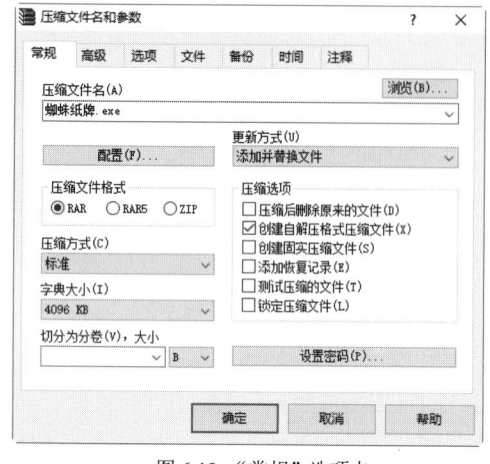

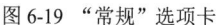

步骤05 单击"自解压选项"按钮,即可打开"高级自解压选项"对话框,在"解压路径"文本框中输入解压路径,并选择"在当前文件夹中创建"单选项,如图6-21所示。

步骤06 选择"模式"选项卡,在其中选中"全部隐藏"单选项,这样可以增加木马程序的隐蔽性,如图6-22所示。

步骤07 为了更好地迷惑用户,还可以在"文本和图标"选项卡下设置自解压文件窗口标题、自解压文件图标等,如图6-23所示。

步骤08 设置完毕后,单击"确定"按钮,返回"压缩文件名和参数"对话框。在"注释"选项卡中可以看到自己所设置的各项,如图6-24所示。

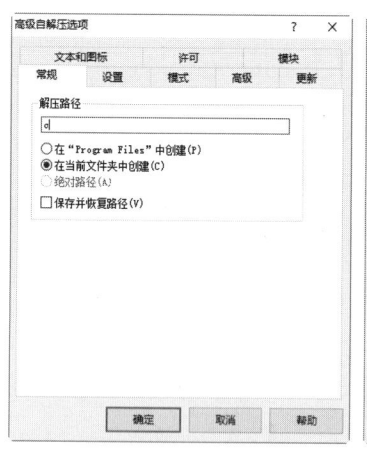

图6-21 "高级自解压选项"对话框　　图6-22 "模式"选项卡　　图6-23 "文本和图标"选项卡

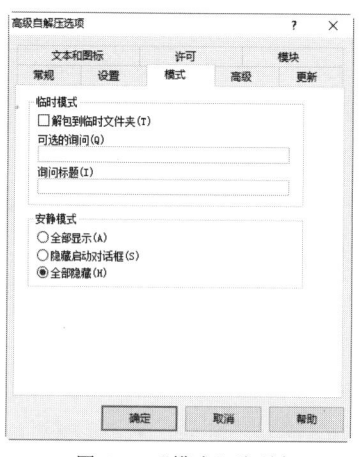

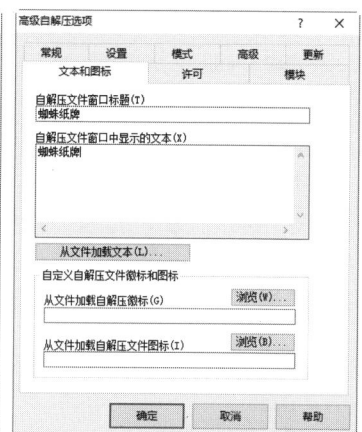

步骤09 单击"确定"按钮,即可生成一个名为"蜘蛛纸牌"自解压的压缩文件。这样用户一旦运行该文件后就会中木马,如图 6-25 所示。

图 6-24 "注释"选项卡

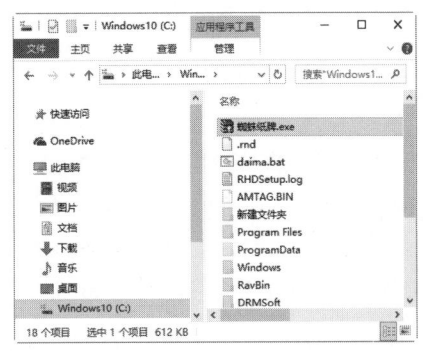

图 6-25 自解压压缩文件

6.2.3 将木马伪装成图片

将木马伪装成图片是许多木马制造者常用来骗别人执行木马的方法,例如:将木马伪装成 GIF、JPG 等,这种方式可以使很多人中招。攻击者可以使用图片木马生成器工具将木马伪装成图片,具体的操作步骤如下。

步骤01 下载并运行"图片木马生成器"程序,打开"图片木马生成器"主窗口,如图 6-26 所示。

步骤02 在"网页木马地址"和"真实图片地址"文本框中分别输入网页木马和真实图片地址;在"选择图片格式"下拉列表中选择".jpg"选项,如图 6-27 所示。

步骤03 单击"生成"按钮,随即弹出"图片木马生成完毕"提示框,单击"确定"按钮,关闭该提示框,这样只要打开该图片,就可以自动把该地址的木马下载到本地并运行,如图 6-28 所示。

图 6-26 "图片木马生成器"主窗口

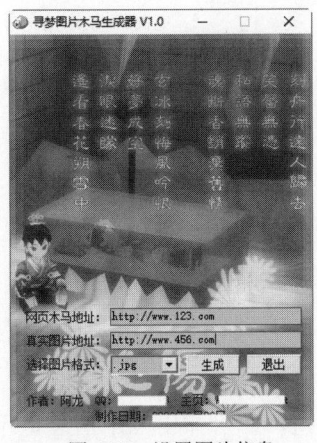

图 6-27 设置图片信息

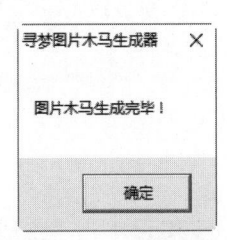

图 6-28 信息提示框

6.2.4 将木马伪装成网页

网页木马实际上是一个 HTML 网页，与其他网页不同，该网页是攻击者精心制作的，用户一旦访问了该网页就会中木马，下面以最新网页木马生成器为例介绍制作网页木马的过程。

提示： 在制作网页木马之前，必须有一个木马服务器端程序，在这里使用生成木马程序文件名为"木马.exe"。

制作网页木马的具体操作步骤如下。

步骤01 运行"最新网页木马生成器"主程序后，即可打开其主界面，如图 6-29 所示。

步骤02 单击"选择木马"文本框右侧"浏览"按钮，打开"另存为"对话框，在其中选择刚才准备的木马文件"木马.exe"，如图 6-30 所示。

图 6-29 "最新网页木马生成器"主窗口

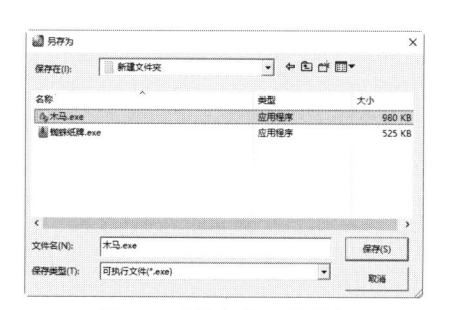

图 6-30 "另存为"对话框

步骤03 单击"保存"按钮，返回到"最新网页木马生成器"主界面。在"网页目录"文本框中输入相应的网址，如 http://www.index.com/，如图 6-31 所示。

步骤04 单击"生成目录"文本框右侧"浏览"按钮，打开"浏览文件夹"对话框，在其中选择生成目录保存的位置，如图 6-32 所示。

步骤05 单击"确定"按钮，返回到"最新网页木马生成器"主界面，如图 6-33 所示。

图 6-31 输入网址　　图 6-32 "浏览文件夹"对话框　　图 6-33 "最新网页木马生成器"主界面

步骤06 单击"生成"按钮，即可弹出一个信息提示框，提示用户网页木马创建成功，单击"确定"按钮，即可成功生成网页木马，如图 6-34 所示。

步骤07 在"动鲨网页木马生成器"目录下的"动鲨网页木马"文件夹中将生成

bbs003302.css、bbs003302.gif 以及 index.htm 等 3 个网页木马。其中 index.htm 是网站的首页文件，而另外两个是调用文件，如图 6-35 所示。

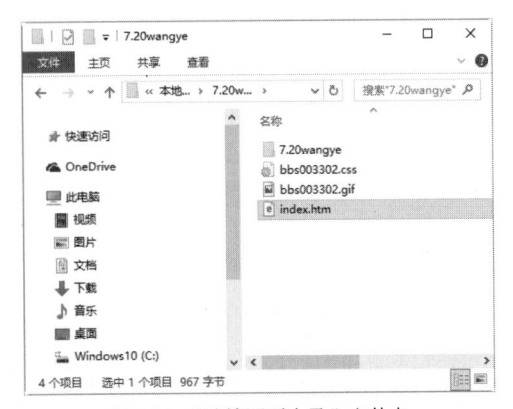

图 6-34　信息提示框　　　　　图 6-35　"动鲨网页木马"文件夹

步骤08 将生成的三个木马上传到前面设置的存在木马的 Web 文件夹中，当浏览者一旦打开这个网页，浏览器就会自动在后台下载指定的木马程序并开始运行。

提示：在设置存放木马的 Web 文件夹路径时，设置的路径必须是某个可访问的文件夹，一般位于自己申请的一个免费网站上。

6.3　查杀病毒与木马

信息化社会面临着电脑系统安全问题的严重威胁，如系统漏洞、木马病毒等。使用杀毒软件可以保护电脑安全，可以说杀毒软件是电脑安全必备的软件之一。

6.3.1　如何防御电脑病毒

反病毒软件的厂商会收集现有的电脑病毒，并将该病毒具有的文件特征作为特征库文件（病毒特征库文件）提供。反病毒软件通过将发现的病毒与该特征库文件进行对比和检测，并发出警告或将其删除，如图 6-36 所示。

可想而知，电脑病毒的创建者当然会创建全新的且与特征库文件不相符的病毒来进行攻击。而反病毒软件的厂商则会针对新的病毒及时更新特征库文件。

虽然这是一个不断重复的过程，但是为了应对最新的电脑病毒，使特征库文件时刻保持在最新的状态是极为重要的。因为如果不进行更新，就无法对付最新型的病毒，所以不仅需要进行自动更新设置，还需要定期确认是否正确地进行了升级和更新。

使用特征库文件来检测病毒时，在获取特征库文件之前，用户都是无法阻挡电脑感染病毒的。为了改善这一问题，反病毒软件提供了行为检测功能。

通常，电脑病毒会以一定的时间为间隔访问服务器，或者对电脑内部信息进行查询。通过行为检测功能，就可以检测出执行这类操作的程序的行为，并及时制止这些具有类似病毒特性的程序执行操作，如图 6-37 所示。

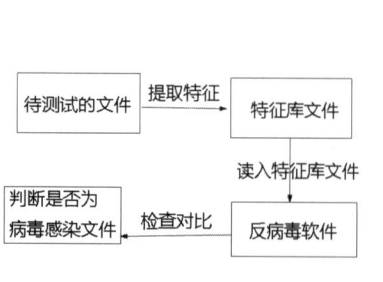

图 6-36 反病毒软件工作流程

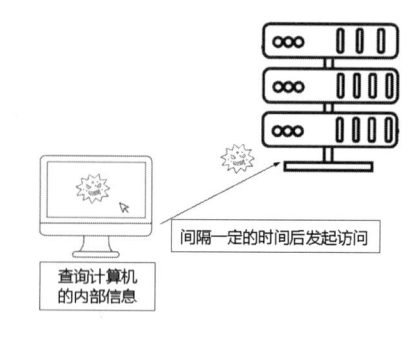

图 6-37 病毒软件的检测功能

使用这一方法，即便对未来的病毒，也可以检测出类似以往病毒的动作的程序，并停止执行。由于行为检测功能还会将执行类似病毒动作的正常的程序检测出来，因此具有检测误判率较高的缺点。

6.3.2 反病毒软件中的核心技术

虽然增加了行为检测功能，但是对于反病毒软件来说，特征库文件的重要性仍是无可替代的。而为了创建特征库文件，反病毒软件的厂商需要收集电脑病毒。

此时需要使用的是蜜罐，将蜜罐作为"诱饵"设置在互联网上，使其表现和行为与实际的电脑类似，为其设置易于受到病毒和非法访问攻击的环境，如图 6-38 所示。

由于创建了易于攻击的环境，因此病毒创建者和攻击者会将其作为攻击的目标。通过这样的方式，使一种没有实际使用的环境看上去像"真的系统"，并对遭受到的攻击和病毒进行收集，以便创建病毒的特征库文件。

为了进行行为检测，有时不会使用真实的电脑，而是另外准备可以执行虚拟程序的虚拟环境，这种环境被称为沙盒，如图 6-39 所示。

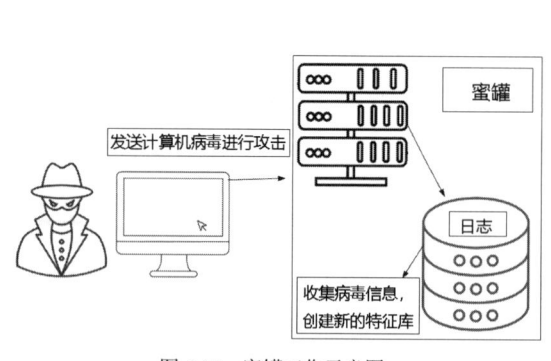

图 6-38 蜜罐工作示意图

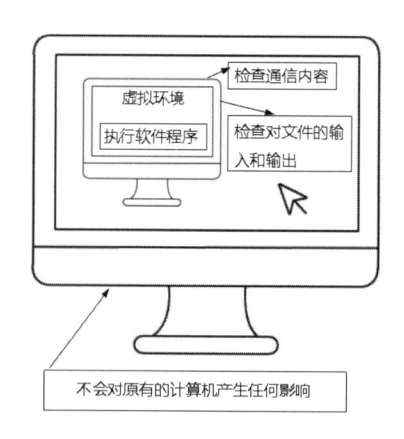

图 6-39 沙盒工作示意图

沙盒通常也被译为"沙池"，就像让小朋友们在公园的沙池玩耍那样，指提供一个安全玩耍的场所。通过在沙盒上执行处理来避免对原有电脑产生影响，即使对方的程序是电脑病毒，也可以降低损失。

通过对沙盒中执行处理的程序的行为进行确认，将其用于病毒的检测中。市面上也有具有同样功能的反病毒软件，当下载软件时，可以暂缓执行，先在沙盒环境中执行并对其动作进行确认。

6.3.3 使用《360杀毒》查杀病毒

一旦发现电脑运行不正常，用户首先分析原因，然后即可利用杀毒软件进行杀毒操作。下面以《360杀毒》查杀病毒为例讲解如何利用杀毒软件杀毒。

使用《360杀毒》软件杀毒的具体操作步骤如下。

步骤01 启动《360杀毒》，《360杀毒》为用户提供了三个查杀病毒的方式，即快速扫描、全盘扫描和自定义扫描，如图6-40所示。

步骤02 这里选择快速扫描方式，单击"快速扫描"按钮，即可开始扫描系统中的病毒文件，如图6-41所示。

图6-40　选择杀毒方式

图6-41　快速扫描

步骤03 在扫描的过程中，如果发现木马病毒，则会在下面的空格中显示扫描出来的木马病毒，并列出其危险程度和相关描述信息，如图6-42所示。

步骤04 单击"立即处理"按钮，即可删除扫描出来的木马病毒或安全威胁对象，如图6-43所示。

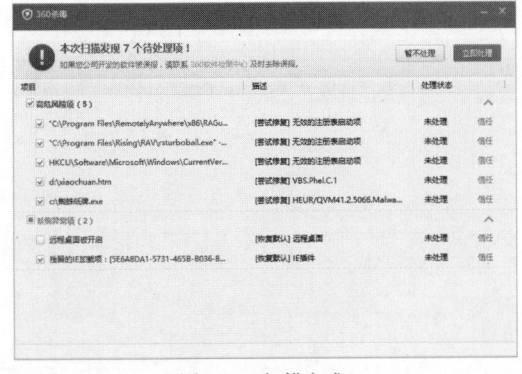

图6-42　扫描完成

图6-43　显示高危风险项

步骤05 单击"确定"按钮，返回到"360杀毒"窗口，在其中显示了被《360杀毒》处理的项目，如图 6-44 所示。

步骤06 单击"隔离区"超链接，打开"360 恢复区"对话框，在其中显示了被"360 杀毒"处理的项目，如图 6-45 所示。

图 6-44　处理病毒文件 　　　　　　　　图 6-45　"360 恢复区"对话框

步骤07 选中"全选"复选框，选中所有恢复区的项目，如图 6-46 所示。

步骤08 单击"清空恢复区"按钮，弹出一个信息提示框，提示用户是否确定要一键清空恢复区的所有隔离项，如图 6-47 所示。

图 6-46　选中所有恢复区的项目 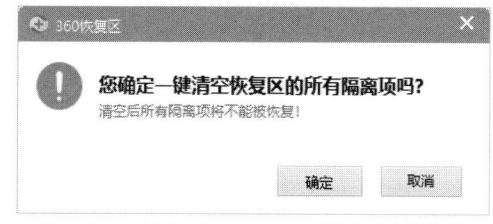　　　　图 6-47　信息提示框

步骤09 单击"确定"按钮，即可开始清除恢复区所有的项目，并显示清除的进度，如图 6-48 所示。

步骤10 清除恢复区所有项目完毕后，将返回"360 恢复区"对话框，如图 6-49 所示。

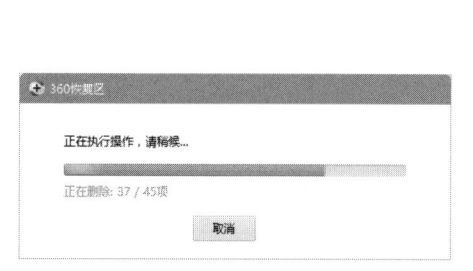

图 6-48　清除恢复区所有的项目 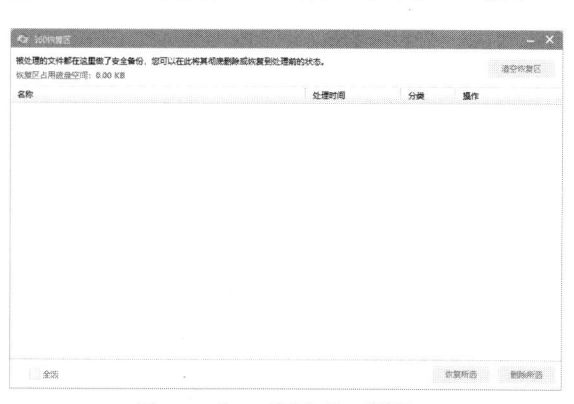　　　　图 6-49　"360 恢复区"对话框

另外，使用"360 杀毒"还可以对系统进行全盘杀毒。只需在病毒查杀选项卡下单击"全盘扫描"按钮即可，全盘扫描和快速扫描类似，这里不再详述。

6.3.4 查杀电脑中的宏病毒

使用《360 杀毒》还可以对宏病毒进行查杀，具体的操作步骤如下。

步骤01 在《360 杀毒》的主界面中单击"功能大全"图标，如图 6-50 所示。

步骤02 进入"系统安全"窗口，在该界面中单击"宏病毒扫描"图标，如图 6-51 所示。

图 6-50　选择"功能大全"图标　　　　　图 6-51　"宏病毒扫描"图标

步骤03 弹出"360 杀毒"对话框，提示用户扫描前需要关闭已经打开的 Office 文档，如图 6-52 所示。

步骤04 单击"确定"按钮，即可开始扫描电脑中的宏病毒，并显示扫描的进度，如图 6-53 所示。

步骤05 扫描完成后，即可对扫描出来的宏病毒进行处理，这与快速查杀相似，这里不再详细介绍。

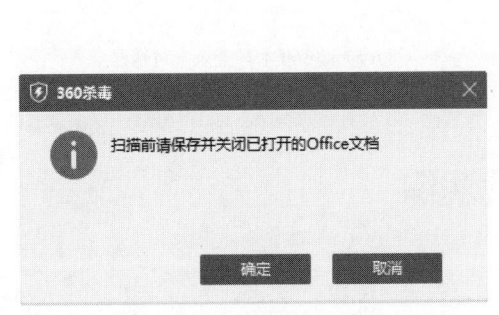

图 6-52　信息提示框　　　　　图 6-53　显示扫描进度

6.3.5 使用《安全卫士》查杀木马

使用《360 安全卫士》可以查询系统中的顽固木马病毒文件，以保证系统安全。使用

《360 安全卫士》查杀顽固木马病毒的操作步骤如下。

步骤01 在《360 安全卫士》的工作界面中单击"木马查杀"按钮，进入《360 安全卫士》木马病毒查杀工作界面，在其中可以看到《360 安全卫士》为用户提供了三种查杀方式，如图 6-54 所示。

步骤02 单击"快速查杀"按钮，开始快速扫描系统关键位置，如图 6-55 所示。

图 6-54　360 安全卫士　　　　　　　　图 6-55　扫描木马信息

步骤03 扫描完成后，给出扫描结果，对于扫描出来的危险项，用户可以根据实际情况自行清理，也可以直接单击"一键处理"按钮，对扫描出来的危险项进行处理，如图 6-56 所示。

步骤04 单击"一键处理"按钮，开始处理扫描出来的危险项，处理完成后，弹出"360 木马查杀"对话框，在其中提示用户处理成功，如图 6-57 所示。

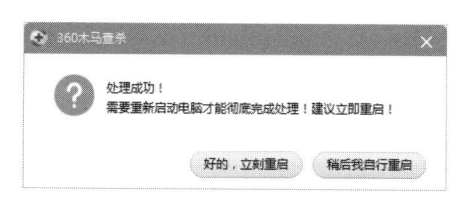

图 6-56　扫描出的危险项　　　　　　　图 6-57　"360 木马查杀"对话框

6.4　实战演练

6.4.1　实战 1：在 Word 中预防宏病毒

包含宏的工作簿更容易感染病毒，所以用户需要提高宏的安全性，下面以在 Word 2016 中预防宏病毒为例，来介绍预防宏病毒的方法，具体操作步骤如下。

步骤01 打开包含宏的工作簿，选择"文件"→"选项"选项，如图 6-58 所示。

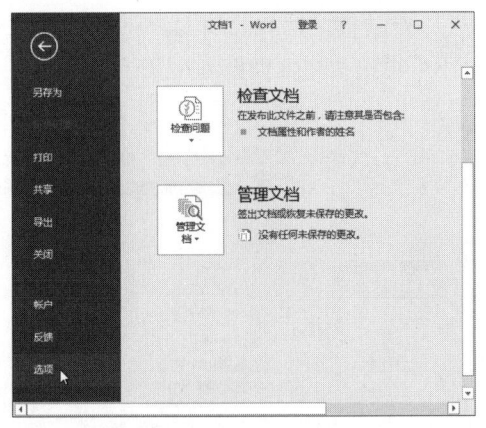

图 6-58 选择"选项"

步骤02 打开"Word 选项"对话框,选择"信任中心"选项,然后单击"信任中心设置"按钮,如图 6-59 所示。

步骤03 弹出"信任中心"对话框,在左侧列表中选择"宏设置"选项,然后在"宏设置"列表中点选"禁用无数字签署的所有宏"单选按钮,单击"确定"按钮,如图 6-60 所示。

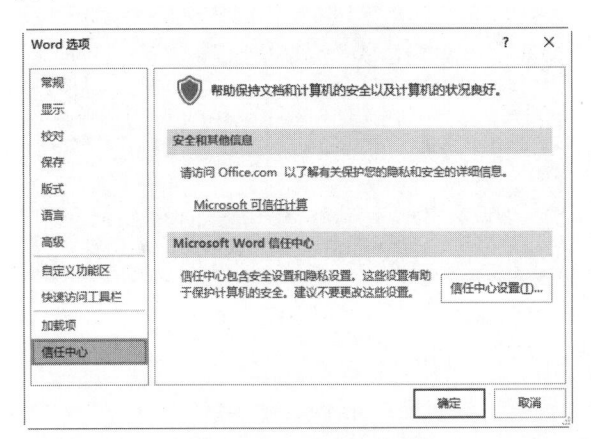

图 6-59 "Word 选项"对话框

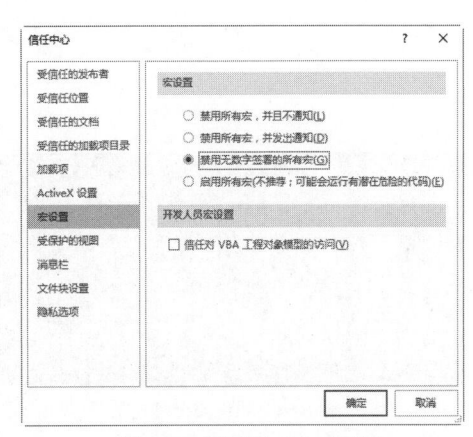

图 6-60 "信任中心"对话框

6.4.2 实战 2:在安全模式下查杀病毒

安全模式的工作原理是在不加载第三方设备驱动程序的情况下启动电脑,使电脑运行在系统最小模式,这样用户就可以方便地查杀病毒,还可以检测与修复电脑系统的错误。下面以 Windows 10 操作系统为例来介绍在安全模式下查杀并修复系统错误的方法。

具体的操作步骤如下。

步骤01 按 Win+R 组合键,弹出"运行"对话框,在"打开"文本框中输入 msconfig 命令,单击"确定"按钮,如图 6-61 所示。

步骤02 弹出"系统配置"对话框，选择"引导"选项，在"引导"选项下，选中"安全引导"复选框、点选"最小"单选按钮，如图 6-62 所示。

图 6-61 "运行"对话框

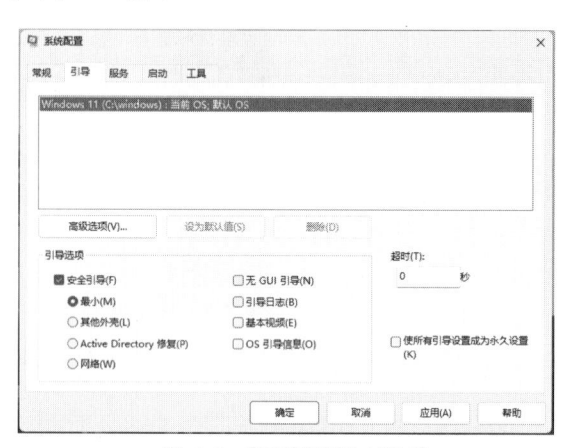

图 6-62 "系统配置"对话框

步骤03 单击"确定"按钮，即可进入系统安全模式，如图 6-63 所示。

步骤04 进入系统安全模式后，即可运行杀毒软件，进行病毒的查杀，如图 6-64 所示。

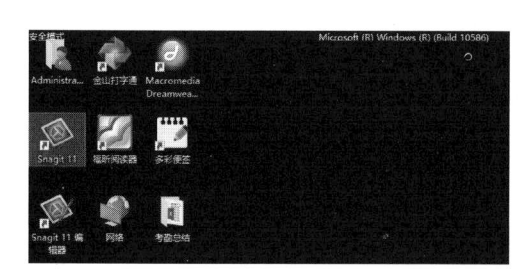

图 6-63 系统安全模式

图 6-64 查杀病毒

第 7 章

系统入侵，我的电脑我却做不了主

随着计算机的发展以及应用的广泛性，越来越新的操作系统为满足用户的需求，在其中加入了远程控制功能，这一功能本来是方便用户使用的，但也为攻击者所利用，导致电脑不受用户控制。

7.1 共享资源，提高了入侵风险

在电脑中，共享资源是使电脑上的一种设备或某些信息可通过另一台电脑以局域网或内部网进行远程访问，这个过程是透明的，就像信息资源位于本地电脑一般，这个操作提高了电脑入侵风险。

7.1.1 共享文件夹

电脑上的文件夹可以共享，共享之后，局域网中的其他电脑用户就可以访问这个文件夹，这也给攻击者提供了方便。在电脑上共享文件夹的操作如下：

步骤01 选择需要共享的文件夹，这里选择"星蔚蓝编程"文件夹，右击，在弹出的快捷菜单中选择"属性"命令，如图 7-1 所示。

步骤02 打开"星蔚蓝编程 属性"对话框，选择"共享"选项卡，如图 7-2 所示。

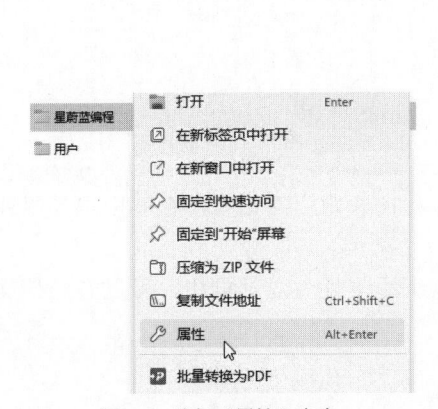

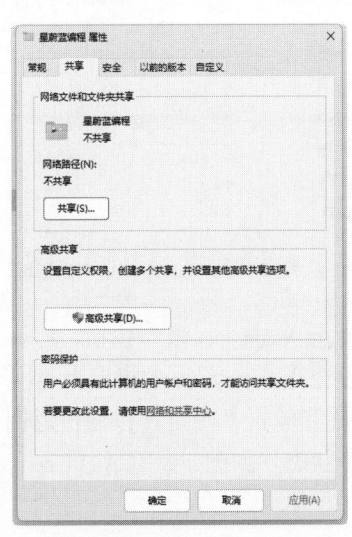

图 7-1 选择"属性"命令　　　　　图 7-2 选择"共享"选项卡

步骤03 单击"共享"按钮,打开"网络访问"对话框,选择要与其共享的用户,这里选择"Administrators 所有者"选项,如图 7-3 所示。

步骤04 单击"共享"按钮,即可将该文件夹共享,并显示共享文件夹所在的位置,如图 7-4 所示。

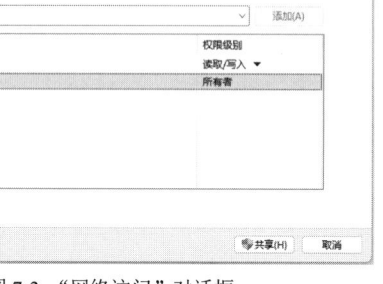

图 7-3 "网络访问"对话框　　　　　图 7-4 显示共享文件夹所在的位置

步骤05 单击"显示该计算机上的所有网络共享"超链接,打开"MYCOMPUTER"对话框,在其中显示共享的文件夹,如图 7-5 所示。

步骤06 在"星蔚蓝编程属性"对话框中如果单击"高级共享"按钮,则打开"高级共享"对话框,在其中选中"共享此文件夹"复选框,如图 7-6 所示。

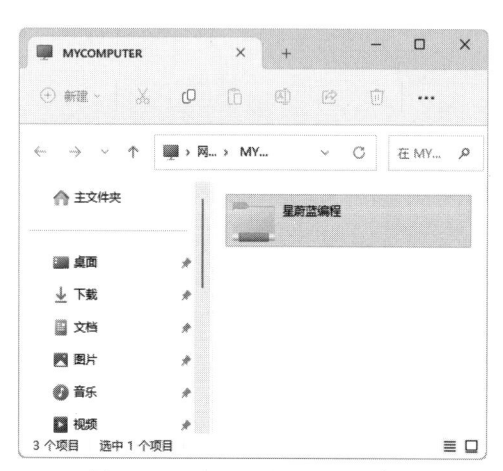

图 7-5 "MYCOMPUTER"对话框　　　　　图 7-6 "高级共享"对话框

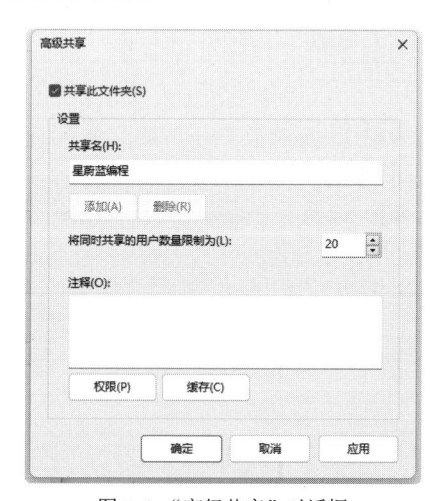

步骤07 单击"权限"按钮,打开"星蔚蓝编程的权限"对话框,在其中选择组或用户名,这里选择 Everyone 的权限为"读取",如图 7-7 所示。

步骤08 单击"确定"按钮,返回到"星蔚蓝编程属性"对话框中,可以看到该文件夹处于共享状态,如图 7-8 所示。

图 7-7 "星蔚蓝编程的权限"对话框 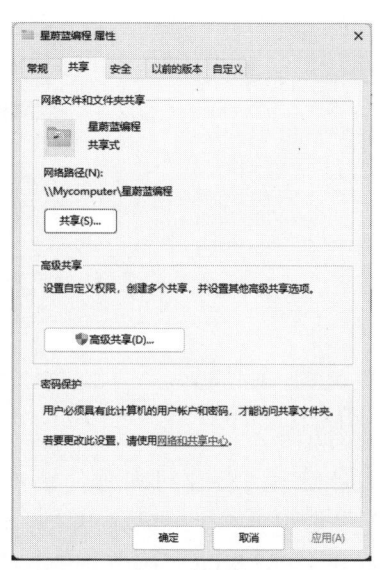　　　　图 7-8 "星蔚蓝编程属性"对话框

7.1.2 共享打印机

共享打印机是指将本地打印机通过网络共享给其他用户，这样其他用户也可以使用打印机完成打印服务。共享打印机的具体操作步骤如下。

步骤01 右击"开始"按钮，在打开的快捷菜单中选择"设置"命令，如图 7-9 所示。

步骤02 打开"设置"窗口，选择"蓝牙和其他设备"选项，进入"蓝牙和其他设备"窗口，如图 7-10 所示。

图 7-9 选择"设置"命令 　　　　图 7-10 "蓝牙和其他设备"窗口

步骤03 选择"打印机和扫描仪"选项，进入"打印机和扫描仪"窗口，如图 7-11 所示。

步骤04 选择本台电脑中的打印机"Brother HL-1208 Printer"选项，显示打印机设置列表，如图 7-12 所示。

图 7-11 "打印机和扫描仪"窗口 　　　　　图 7-12 打印机设置列表

步骤05 选择"打印机属性"选项，打开"Brother HL-1208 Printer 属性"窗口，选择"共享"选项卡，在其中选中"共享这台打印机"复选框，并设置打印机的共享名为"Brother HL-1208 Printer"，如图 7-13 所示。

步骤06 再次打开"MYCOMPUTER"对话框，在其中显示共享的打印机设备，如图 7-14 所示。

图 7-13 选择"打印机属性"选项 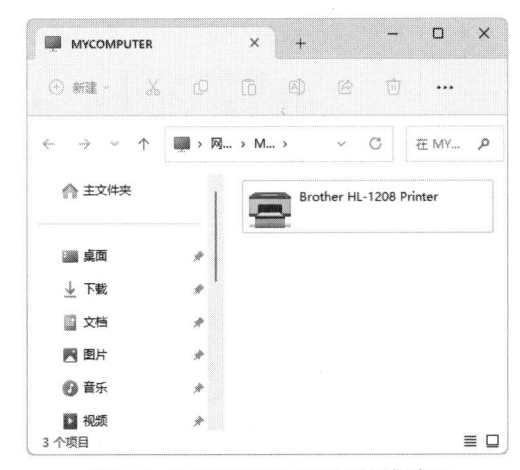　　　　　图 7-14 "MYCOMPUTER"对话框窗口

7.1.3　映射网络驱动器

映射网络驱动器是实现磁盘共享的一种方法，具体来说就是利用局域网将自己的数据保存在另外一台电脑上或者把另外一台电脑里的文件虚拟到自己的电脑上，有点类似于文件夹共享，这样可以提高访问时间。创建映射网络驱动器的操作步骤如下。

步骤01 在桌面上选择"此电脑"选项，右击，在弹出的快捷菜单中选择"映射网络驱动器"命令，如图 7-15 所示。

步骤02 打开"映射网络驱动器"窗口，在其中可以设置要映射的网络文件夹，如图 7-16 所示。

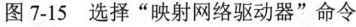

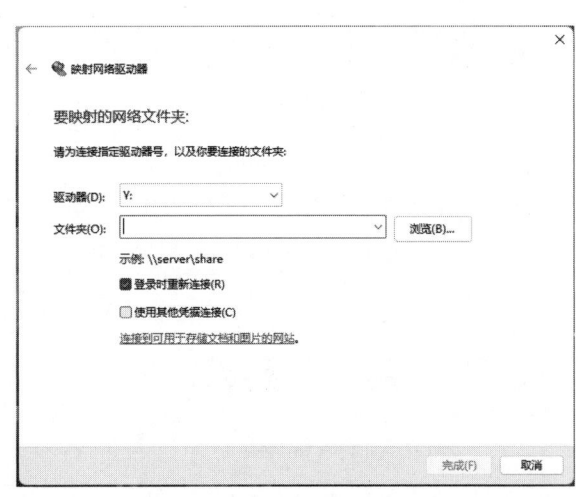

图 7-15 选择"映射网络驱动器"命令　　　图 7-16 "映射网络驱动器"窗口

步骤03 单击"浏览"按钮,打开"浏览文件夹"对话框,在其中选择共享的文件夹,这里选择"星蔚蓝编程"文件夹,如图 7-17 所示。

步骤04 单击"确定"按钮,返回到"映射网络驱动器"窗口之中,可以看到共享文件夹的路径,如图 7-18 所示。

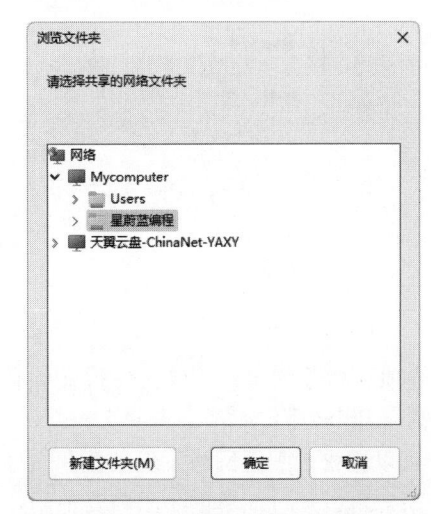

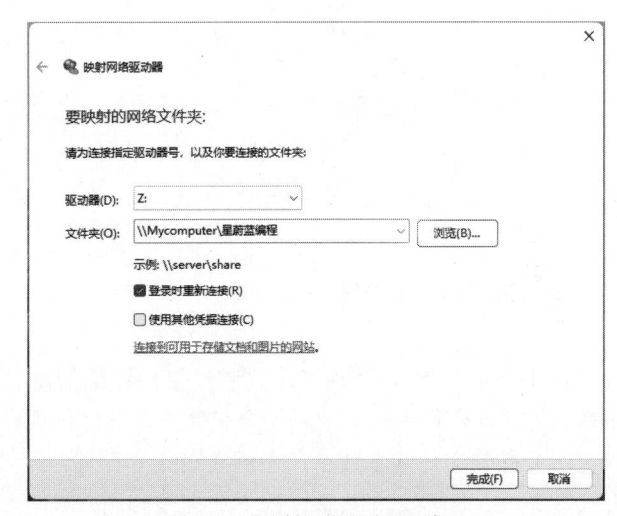

图 7-17 "浏览文件夹"对话框　　　图 7-18 "映射网络驱动器"窗口

步骤05 单击"完成"按钮,返回到"此电脑"窗口之中,可以看到添加的网络映射驱动器,该驱动器的名称就是"星蔚蓝编程",表示映射成功,如图 7-19 所示。

步骤06 双击"星蔚蓝编程"驱动器盘符,即可打开该网络驱动器盘符,就可以访问到里面的所有文件了,如图 7-20 所示。

步骤07 如果想要断开该网络驱动器盘符,右击连接的网络驱动器盘符,选择"断开连接"命令,如图 7-21 所示。

步骤08 再次打开"此电脑"窗口,可以发现网络驱动器盘符"星蔚蓝编程"不再显示,如图 7-22 所示。

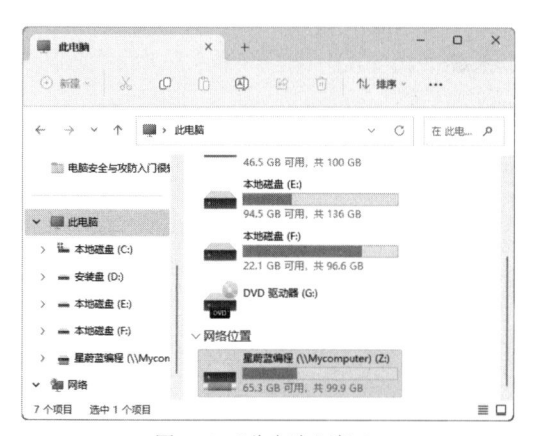

图 7-19 "此电脑"窗口

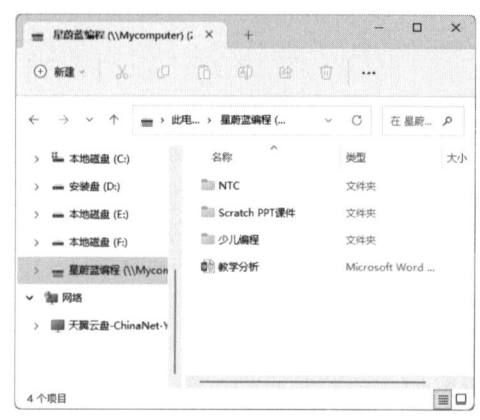

图 7-20 网络驱动器盘符

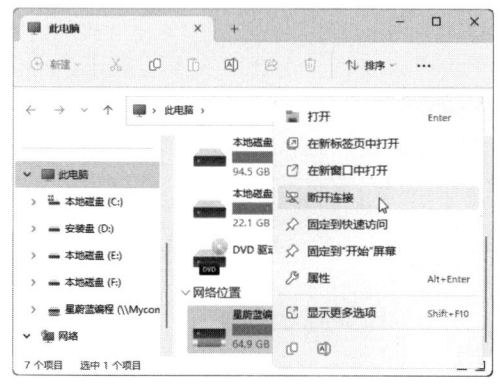

图 7-21 选择"断开连接"命令

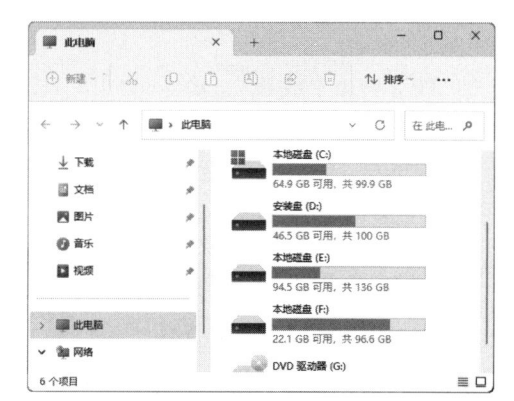

图 7-22 "此电脑"窗口

7.1.4 高级共享设置

Windows 11 的高级共享设置通过提供详细的配置选项和增强的用户体验，使得文件和文件夹的共享变得更加高效、安全和便捷。具体体现在如下几个方面。

（1）提升文件共享效率：通过高级共享设置，用户可以轻松地配置网络发现功能和文件夹共享选项，使得文件共享过程更加高效和用户友好。用户可以通过简单的步骤与其他用户共享文件和文件夹，避免了复杂的设置过程。

（2）增强安全性：通过设置密码保护的共享，增加了访问的安全性，防止未经授权的访问。这在使用公共网络时尤为重要，可以有效保护用户的隐私和数据安全。

（3）提升工作效率：在日常操作中，如工作报告的传递、个人文件的分享等，都可以通过简单的几步完成，这种便捷的操作方式显著提升了整体的工作效率。

在 Windows 11 中，高级共享设置的操作步骤如下。

步骤01 右击"此电脑"图标，在弹出的快捷菜单中选择"属性"命令，如图 7-23 所示。

步骤02 打开"设置"窗口，选择"网络和 Internet"选项，进入"网络和 Internet"窗口，如图 7-24 所示。

图 7-23 选择"属性"命令

图 7-24 "网络和 Internet"窗口

步骤03 选择"高级网络设置"选项,打开"高级网络设置"窗口,如图 7-25 所示。

步骤04 选择"高级共享设置"选项,打开"高级共享设置"窗口,在其中可以对专用网络、公用网络和所有网络的参数进行开启设置,如图 7-26 所示。

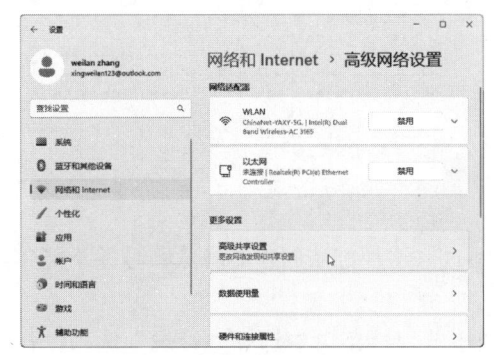

图 7-25 "高级网络设置"窗口

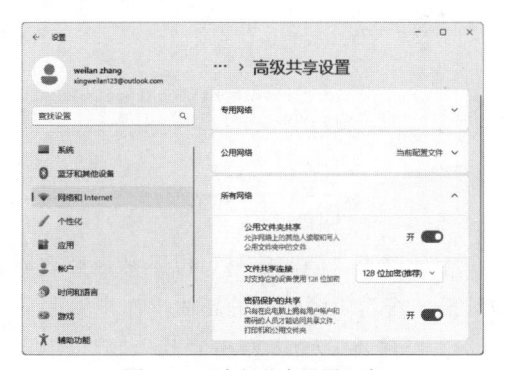

图 7-26 "高级共享设置"窗口

7.2 通过账号入侵系统

入侵电脑系统是攻击者的首要任务,无论采用什么手段,只要入侵到目标主机的系统当中,这一台电脑就相当于是攻击者的了。

7.2.1 使用 DOS 命令创建隐藏账号

攻击者在成功入侵一台主机后,会在该主机上建立隐藏账号,以便长期控制该主机,下面介绍使用命令创建隐藏账号的操作步骤。

步骤01 右击"开始"按钮,在弹出的快捷菜单中选择"运行"选项,打开"运行"对话框,在"打开"文本框中输入 cmd,如图 7-27 所示。

步骤02 单击"确定"按钮,打开"命令提示符"窗口。在其中输入 net user ty$ 123456 /add 命令,按 Enter 键,即可成功创建一个名为"ty$"、密码为"123456"的隐藏账号,如图 7-28 所示。

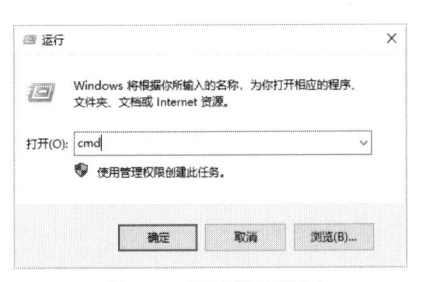

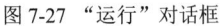

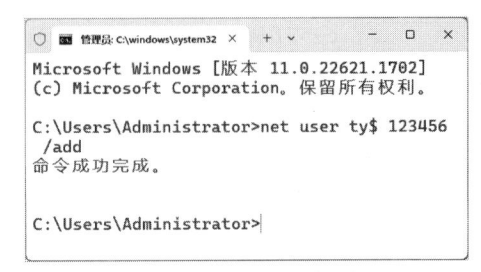

图 7-27 "运行"对话框　　　　　　图 7-28 "命令提示符"窗口

步骤 03 输入 net localgroup administrators ty$ /add 命令，按 Enter 键后，即可对该隐藏账号赋予管理员权限，如图 7-29 所示。

步骤 04 再次输入 net user 命令，按 Enter 键后，即可显示当前系统中所有已存在的账号信息。但是却发现刚刚创建的"ty$"并没有显示，如图 7-30 所示。

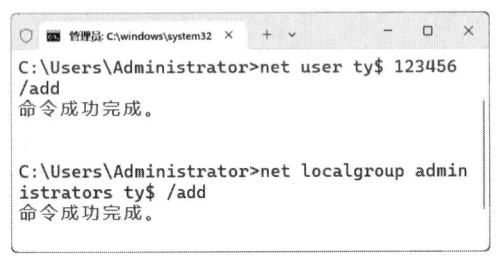

图 7-29 赋予管理员权限　　　　　　图 7-30 显示用户账户信息

由此可见，隐藏账号可以不被命令查看到，不过，这种方法创建的隐藏账号并不能完美被隐藏。查看隐藏账号的具体操作步骤如下。

步骤 01 在桌面上右击"此电脑"图标，在弹出的快捷菜单中选择"管理"选项，打开"计算机管理"窗口，如图 7-31 所示。

步骤 02 依次展开"系统工具"→"本地用户和组"→"用户"选项，这时在右侧的窗格中可以发现创建的 ty$ 隐藏账号依然会被显示，如图 7-32 所示。

注意：这种隐藏账号的方法并不实用，只能做到在"命令提示符"窗口中隐藏，属于入门级的系统账户隐藏技术。

图 7-31 "计算机管理"窗口　　　　　　图 7-32 显示隐藏用户

7.2.2 在注册表中创建隐藏账号

注册表是 Windows 系统的数据库，包含系统中非常多的重要信息，也是攻击者最多关注的地方。下面就来看看攻击者是如何使用注册表来更好地隐藏。

步骤01 选择"开始"→"运行"选项，打开"运行"对话框，在"打开"文本框中输入 regedit，如图 7-33 所示。

步骤02 单击"确定"按钮，打开"注册表编辑器"窗口，在左侧窗口中，依次选择 HKEY_LOCAL_MACHINE\SAM\SAM 注册表项，右击 SAM，在弹出的快捷菜单中选择"权限"选项，如图 7-34 所示。

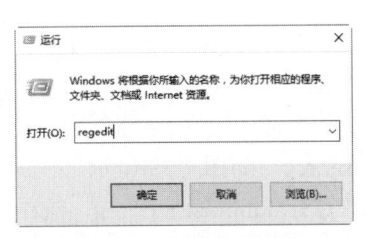

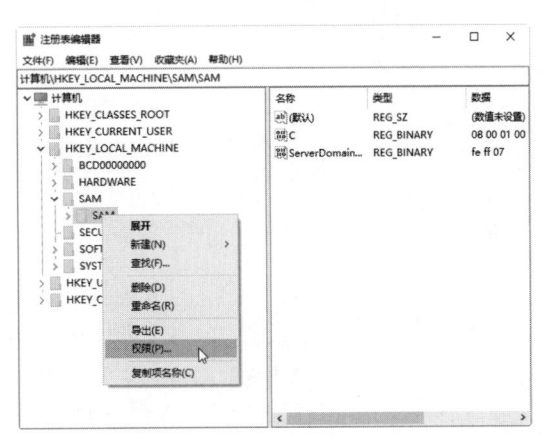

图 7-33 "运行"对话框　　　　图 7-34 "注册表编辑器"窗口

步骤03 打开"SAM 的权限"对话框，在"组或用户名"栏中选择"Administrators"，然后在"Administrators 的权限"栏中选中"完全控制"和"读取"复选框，单击"确定"按钮保存设置，如图 7-35 所示。

步骤04 依次选择 HKEY_LOCAL_MACHINE\SAM\SAM\Domains\Account\Users\Names 注册表项，即可查看到以当前系统中的所有系统账户名称命名的子项，如图 7-36 所示。

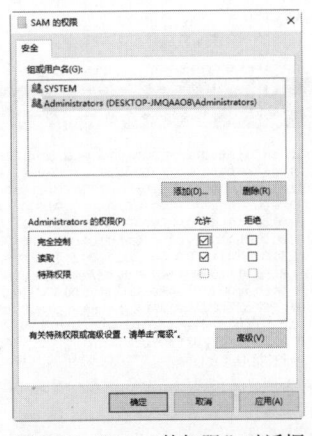

图 7-35 "SAM 的权限"对话框　　　　图 7-36 查看系统账户

步骤05 右击"ty$"项，在弹出的快捷菜单中选择"导出"选项，如图 7-37 所示。

步骤06 打开"导出注册表文件"对话框，将该项命名为 ty.reg，然后单击"保存"按钮，即可导出 ty.reg，如图 7-38 所示。

图 7-37 "导出"选项

图 7-38 "导出注册表文件"对话框

步骤07 按照步骤 05 的方法，将 HKEY_LOCAL_MACHINE\SAM\SAM\Domains\Account\ Users\ 下的 000001F4 和 000003E9 项分别导出并命名为 administrator.reg 和 user.reg，如图 7-39 所示。

步骤08 用记事本打开 administrator.reg，选中 "F"= 后面的内容并复制下来，然后打开 user.reg，将 "F"= 后面的内容替换掉。完成后，将 user.reg 进行保存，如图 7-40 所示。

步骤09 打开"命令提示符"窗口，输入 net user ty$ /del 命令，按 Enter 键后，即可将建立的隐藏账号 "ty$" 删除，如图 7-41 所示。

图 7-39 导出注册表文件

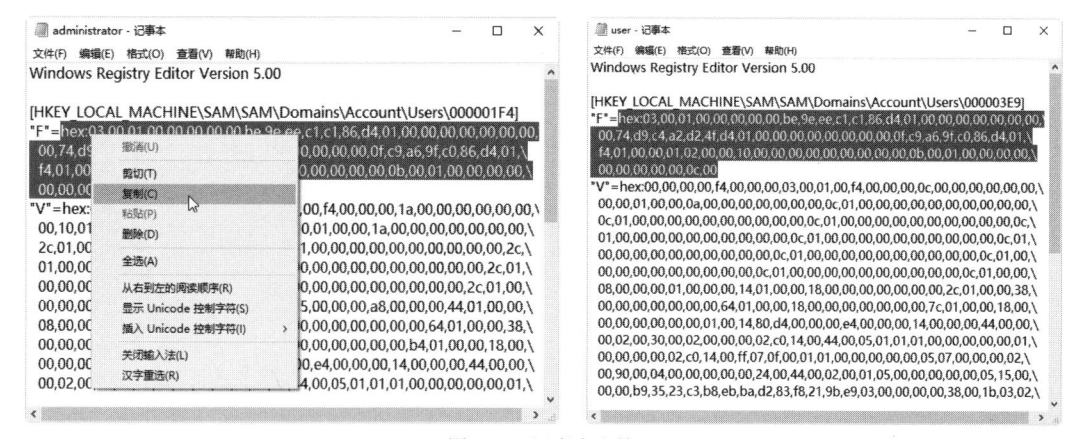

图 7-40 记事本文件

步骤10 分别将 ty.reg 和 user.reg 导入到注册表中，即可完成注册表隐藏账号的创建，在"本地用户和组"窗口中，也查看不到隐藏账号，如图 7-42 所示。

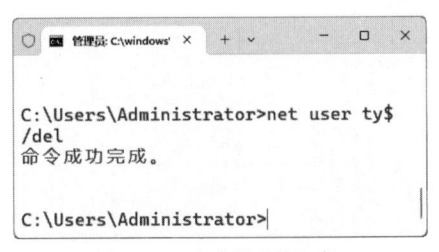

图 7-41 "命令提示符"窗口　　　　图 7-42 "计算机管理"窗口

提示：利用此种方法创建的隐藏账号在注册表中还是可以查看到的。为了保证建立的隐藏账号不被管理员删除，还需要对 HKEY_LOCAL_MACHINE\SAM\SAM 注册表项的权限取消。这样，即便是真正的管理员发现了并要删除隐藏账号，系统就会报错，并且无法再次赋予权限。经验不足的管理员就只能束手无策了。

7.2.3　揪出攻击者创建的隐藏账号

当确定了自己的电脑遭到了入侵，可以在不重装系统的情况下采用如下方式"抢救"被入侵的系统。隐藏账号的危害是不容忽视的，用户可以通过设置组策略，使攻击者无法使用隐藏账号登录。具体操作步骤如下。

步骤01 右击"开始"按钮，在弹出的快捷菜单中选择"运行"选项，打开"运行"对话框，在"打开"文本框中输入 gpedit.msc，如图 7-43 所示。

步骤02 单击"确定"按钮，打开"本地组策略编辑器"窗口，依次展开"计算机配置"→"Windows 设置"→"安全设置"→"本地策略"→"审核策略"选项，如图 7-44 所示。

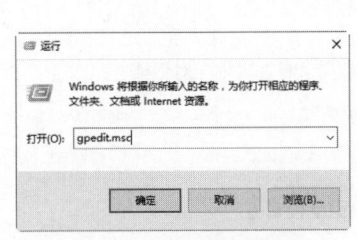

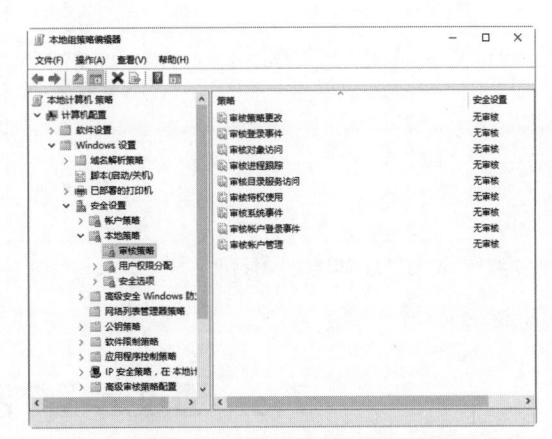

图 7-43 "运行"对话框　　　　图 7-44 "本地组策略编辑器"窗口

步骤03 双击右侧窗口中的"审核策略更改"选项，打开"审核策略更改属性"对话框，选中"成功"复选框，单击"确定"按钮保存设置，如图 7-45 所示。

步骤04 按照上述步骤，将"审核登录事件"选项做同样的设置，如图7-46所示。

图7-45 "审核策略更改属性"对话框

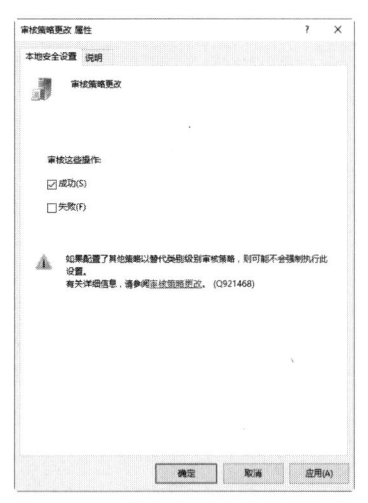

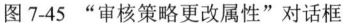

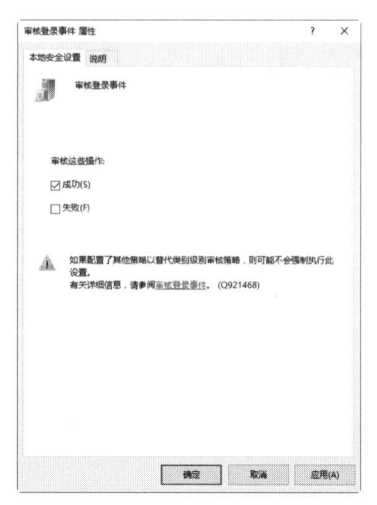

图7-46 "审核登录事件 属性"对话框

步骤05 按照上述步骤，将"审核过程跟踪"选项做同样的设置，如图7-47所示。

步骤06 设置完成后，用户就可以通过"计算机管理"窗口中的"事件查看器"选项，查看所有登录过系统的账号及登录的时间，如果有可疑的账号在这里一目了然，即便攻击者删除了登录日志，系统也会自动记录删除日志的账号，如图7-48所示。

提示：在确定了攻击者的隐藏账号之后，却无法删除。这时，可以通过"命令提示符"窗口，运行 net user "隐藏账号""新密码"命令来更改隐藏账号的登录密码，使攻击者无法登录该账号。

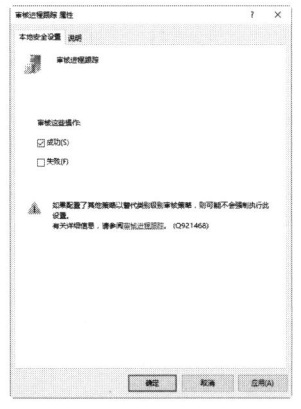

图7-47 "审核过程跟踪属性"对话框

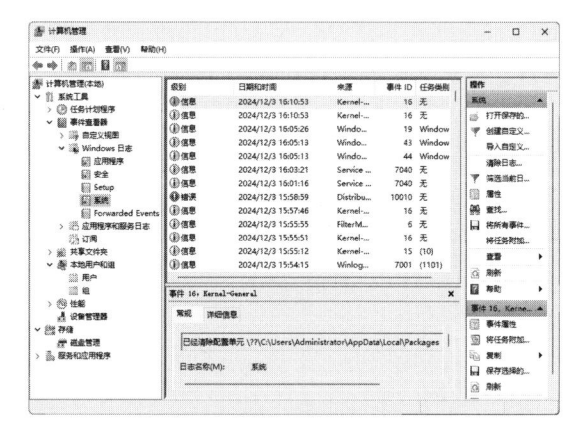

图7-48 "审核登录事件属性"对话框

7.3 通过远程控制入侵系统

通过远程控制工具入侵目标主机系统的方法有多种，最常见的有telnet、ssh、vnc、远程桌面等技术，除此之外还有一些专门的远程控制工具，如RemotelyAnywhere、PcAnywhere等。

7.3.1 什么是远程控制

远程控制是在网络上由一台电脑（主控端/客户端）远距离去控制另一台电脑（被控端/服务器端）的技术，而远程一般是指通过网络控制远端电脑，和操作自己的电脑一样。

远程控制一般支持 LAN、WAN、拨号方式、互联网方式等网络方式。此外，有的远程控制软件还支持通过串口、并口等方式来对远程主机进行控制。随着网络技术的发展，目前很多远程控制软件提供通过 Web 页面以 Java 技术来控制远程电脑，这样可以实现不同操作系统下的远程控制。远程控制的应用体现在如下几个方面。

（1）远程办公。这种远程的办公方式不仅大大缓解了城市交通状况，还免去了人们上下班路上奔波的辛劳，更可以提高企业员工的工作效率和工作兴趣。

（2）远程技术支持。一般情况下，远距离的技术支持必须依赖技术人员和用户之间的电话交流来进行，这种交流既耗时又容易出错。有了远程控制技术，技术人员就可以远程控制用户的电脑，就像直接操作本地电脑一样，只需要用户的简单帮助就可以看到该机器存在问题的第一手材料，很快找到问题的所在并加以解决。

（3）远程交流。商业公司可以依靠远程技术与客户进行远程交流。采用交互式的教学模式，通过实际操作来培训用户，从专业人员那里学习知识就变得十分容易。而教师和学生之间也可以利用这种远程控制技术实现教学问题的交流，学生可以直接在电脑中进行习题的演算和求解，在此过程中，教师能够轻松看到学生的解题思路和步骤，并加以实时的指导。

（4）远程维护和管理。网络管理员或者普通用户可以通过远程控制技术对远端计算机进行安装和配置软件、下载并安装软件修补程序、配置应用程序和进行系统软件设置等操作。

7.3.2 开启远程桌面连接功能

在 Windows 系统中开启远程桌面的具体操作步骤如下。

步骤01 右击"此电脑"图标，在弹出的快捷菜单中选择"属性"选项，打开"系统属性"窗口，如图 7-49 所示。

步骤02 单击"远程桌面"链接，打开"远程桌面"窗口，单击"远程桌面"右侧的"关"按钮，如图 7-50 所示。

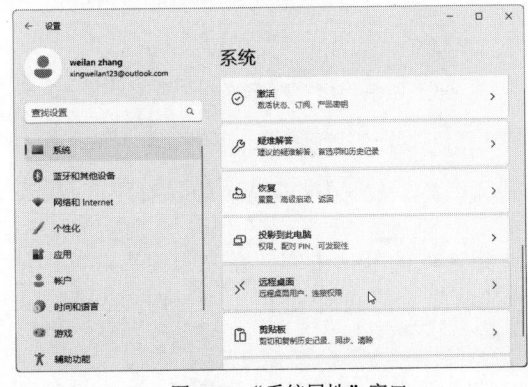

图 7-49 "系统属性"窗口   图 7-50 "远程桌面"窗口

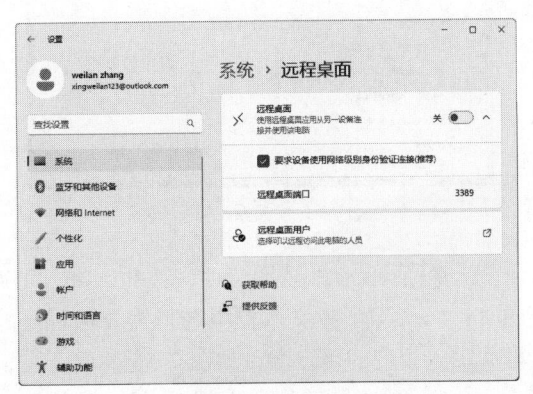

步骤03 弹出一个信息提示框，提示用户是否启动远程桌面，如图 7-51 所示。

步骤04 单击"确认"按钮，即可开启 Window11 系统的远程桌面功能，如图 7-52 所示。

图 7-51 信息提示框　　　　　图 7-52 开启远程桌面功能

7.3.3 远程控制他人电脑

远程桌面功能是 windows 系统自带的一种远程管理工具。它具有操作方便、直观等特征。如果目标主机开启了远程桌面连接功能，就可以在网络中的其他主机上连接控制这台目标主机了。

步骤01 在 Windows 11 任务栏上单击放大镜图标，在搜索框中输入"远程桌面连接"，然后单击"远程桌面连接"图标，如图 7-53 所示。

步骤02 打开"远程桌面连接"窗口，如图 7-54 所示。

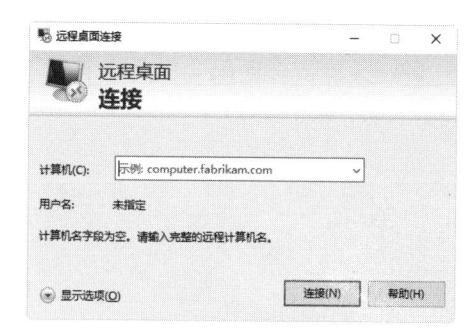

图 7-53 "搜索"窗口　　　　　图 7-54 "远程桌面连接"窗口

步骤03 单击"显示选项"按钮，展开即可看到选项的具体内容。在"常规"选项卡中的"计算机"下拉文本框中选择需要远程连接的计算机名称或 IP 地址；在"用户名"文本框中输入相应的用户名，如图 7-55 所示。

步骤04 选择"显示"选项卡，在其中可以设置远程桌面的大小、颜色等属性，如图 7-56 所示。

图 7-55　输入计算机名称　　　　　　　　　图 7-56　"显示"选项卡

步骤 05 如果需要远程桌面与本地计算机文件进行传输，则需在"本地资源"选项卡下设置相应的属性，如图 7-57 所示。

步骤 06 单击"详细信息"按钮，在"本地设备和资源"中选择需要的驱动器后，单击"确定"按钮，返回到"远程桌面连接"设置的窗口中，如图 7-58 所示。

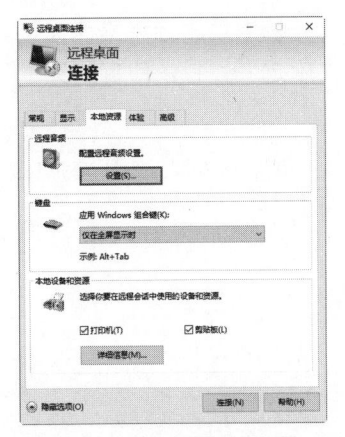

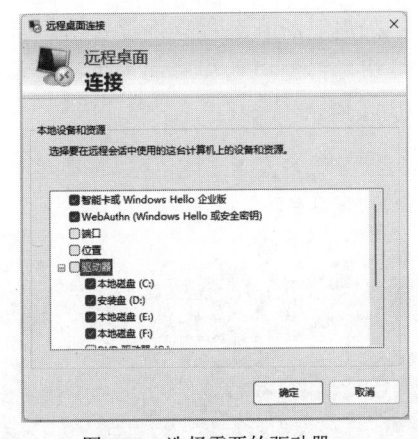

图 7-57　"本地资源"选项卡　　　　　　　　图 7-58　选择需要的驱动器

步骤 07 单击"连接"按钮，进行远程桌面连接，如图 7-59 所示。

步骤 08 单击"连接"按钮，弹出"远程桌面连接"对话框，显示正在启动远程连接，如图 7-60 所示。

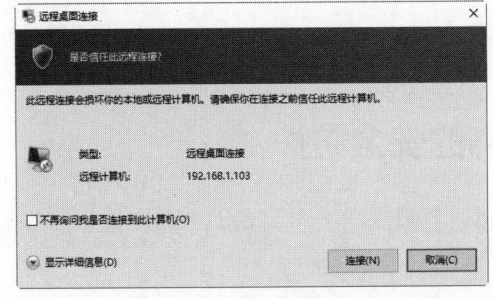

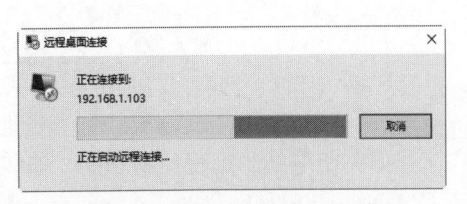

图 7-59　连接远程桌面　　　　　　　　　图 7-60　"远程桌面连接"对话框

步骤09 启动远程连接完成后，将弹出"Windows 安全性"对话框。在"用户名"文本框中输入登录用户的名称；在"密码"文本框中输入登录密码，如图 7-61 所示。

图 7-61　输入登录密码

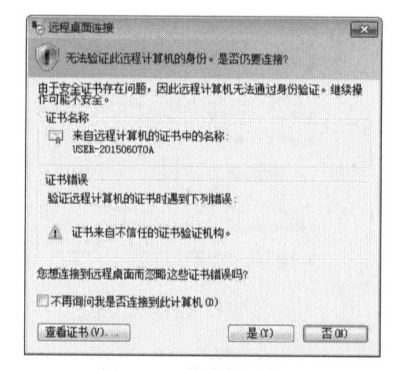

图 7-62　信息提示框

步骤10 单击"确定"按钮，会弹出一个信息提示框，提示用户是否继续连接，如图 7-62 所示。

步骤11 单击"是"按钮，即可登录到远程计算机桌面，此时可以在该远程桌面上进行任何操作，如图 7-63 所示。

另外，在需要断开远程桌面连接时，只需在本地计算机中单击远程桌面连接窗口上的"关闭"按钮，弹出"远程桌面连接"提示框。单击"确定"按钮，即可断开远程桌面连接，如图 7-64 所示。

提示： 在进行远程桌面连接之前，需要双方都选中"允许远程用户连接到此计算机"复选框，否则将无法成功创建连接。

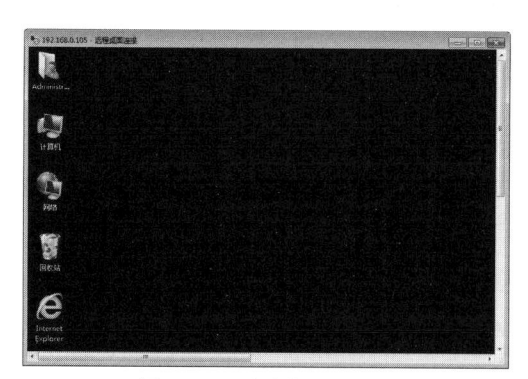

图 7-63　成功连接远程桌面

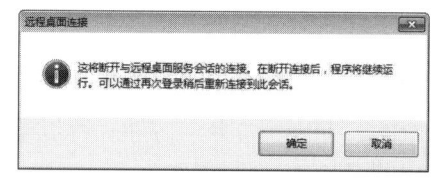

图 7-64　信息提示框

7.4　远程控制的安全防护

要想使自己的电脑不受远程控制入侵的困扰，就需要用户对自己的电脑进行相应的保护操作了，如关闭电脑的远程控制功能、安装相应的防火墙等。

7.4.1 关闭 Windows 远程桌面功能

关闭 Windows 远程桌面功能是防止攻击者远程入侵系统的首要工作，具体的操作步骤如下。

步骤01 右击桌面上的"此电脑"图标，在弹出的快捷菜单中选择"属性"选项，打开"系统信息"对话框，如图 7-65 所示。

步骤02 打开"系统属性"对话框，取消选择"允许远程协助连接这台计算机"复选框，点选"不允许远程连接到此计算机"单选按钮，然后单击"确定"按钮，即可关闭 Windows 系统的远程桌面功能，如图 7-66 所示。

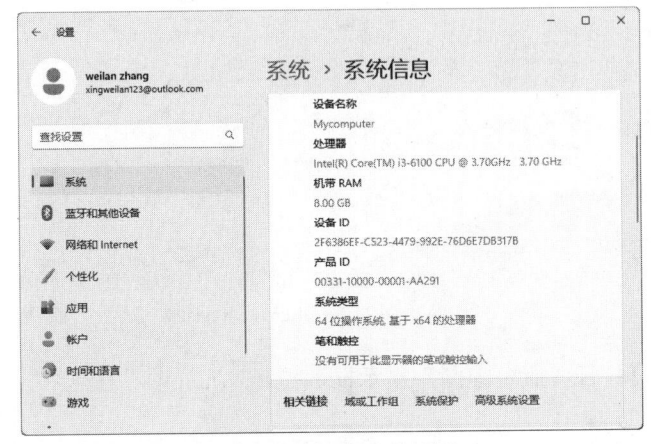

图 7-65 "系统属性"对话框

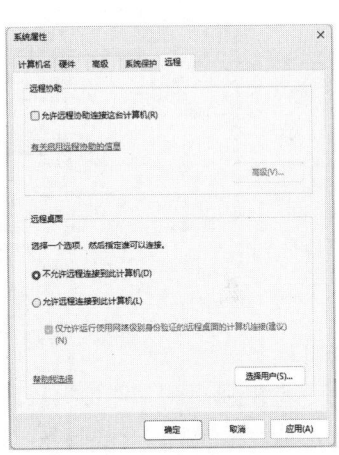

图 7-66 关闭远程桌面功能

7.4.2 关闭远程注册表管理服务

远程控制注册表主要是为了方便网络管理员对网络中的电脑进行管理，但这样却给攻击者入侵提供了方便。因此，必须关闭远程注册表管理服务，具体的操作步骤如下。

步骤01 在"所有控制面板项"窗口中双击"Windows 工具"选项，如图 7-67 所示。

步骤02 进入"Windows 工具"窗口，双击"服务"选项，如图 7-68 所示。

图 7-67 双击"Windows 工具"选项

图 7-68 双击"服务"选项

步骤03 打开"服务"窗口,在其中可看到本地计算机中的所有服务,如图 7-69 所示。

步骤04 在"服务"列表中选中"Remote Registry"选项,右击,在弹出的快捷菜单中选择"属性"菜单项,打开"Remote Registry 的属性"对话框,如图 7-70 所示。

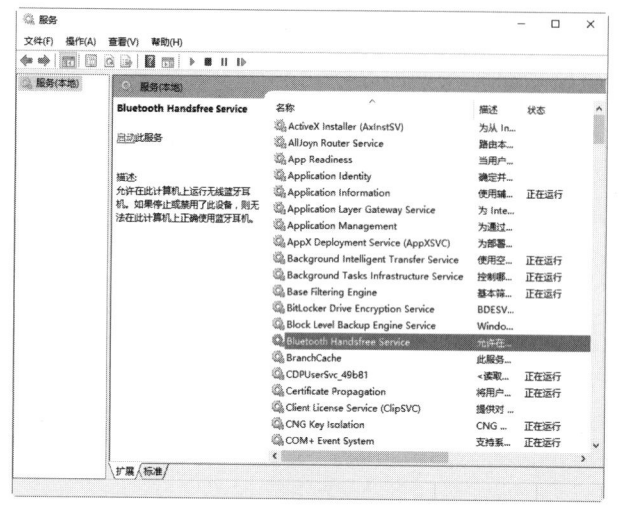

图 7-69 "服务"窗口　　　　　　　　图 7-70 "Remote Registry 的属性"对话框

步骤05 单击"停止"按钮,即可打开"服务控制"提示框,提示 Windows 正在尝试停止本地计算机上的一些服务,如图 7-71 所示。

步骤06 在服务启动完毕之后,即可返回到"Remote Registry 的属性"对话框中,此时即可看到"服务状态"已变为"已停止",单击"确定"按钮,即可完成关闭"允许远程注册表操作"服务的关闭操作,如图 7-72 所示。

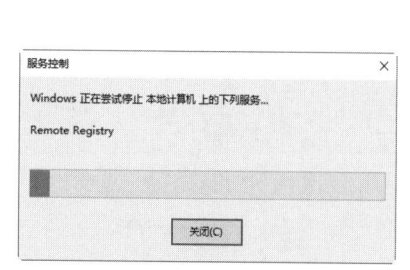

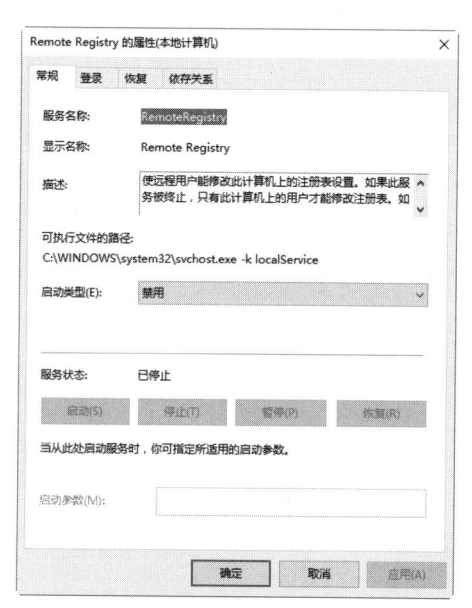

图 7-71 "服务控制"提示框　　　　　　　　图 7-72 关闭远程注册表操作

7.5 实战演练

7.5.1 实战1：禁止访问控制面板

攻击者可以通过控制面板进行多项系统的操作，用户若不希望他们访问自己的控制面板，可以在"本地组策略编辑器"窗口中启用"禁止访问控制面板"功能。具体的操作步骤如下。

步骤01 在"运行"对话框中输入 gpedit.msc，打开"本地组策略编辑器"窗口，在其中依次展开"用户配置"→"管理模板"→"控制面板"项，即可进入"控制面板"设置界面，如图 7-73 所示。

步骤02 右击"禁止访问控制面板和 PC 设置"选项，在弹出的快捷菜单中选择"编辑"选项，或双击"禁止访问控制面板和 PC 设置"选项，如图 7-74 所示。

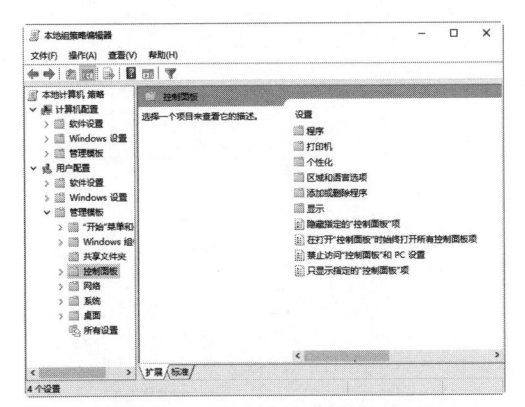

图 7-73 "本地组策略编辑器"窗口　　　　图 7-74 "控制面板"设置界面

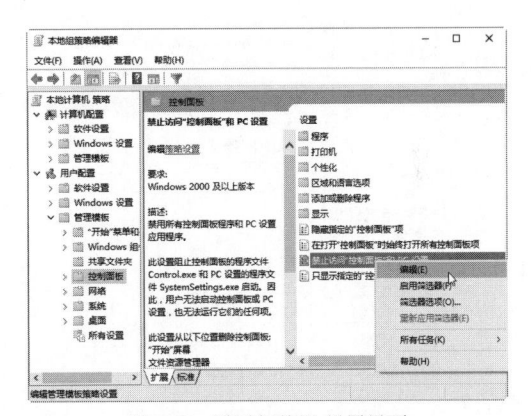

步骤03 打开"禁止访问'控制面板'和 PC 设置"对话框，在其中点选"已启用"单选按钮，单击"确定"按钮，即可完成禁止控制面板程序文件的启动，使得其他用户无法启动控制面板。此时还会将"开始"菜单中的"控制面板"命令、Windows 资源管理器中的"控制面板"文件夹同时删除，彻底禁止访问控制面板，如图 7-75 所示。

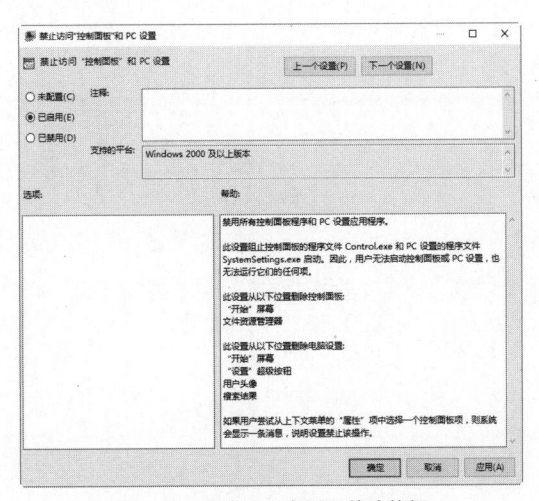

图 7-75 点选"已启用"单选按钮

7.5.2 实战2：取消开机锁屏界面

电脑的开机锁屏界面会给人以绚丽的视觉效果，但会影响开机的时间和速度，用户可以根据需要取消系统启动后的锁屏界面，具体操作步骤如下。

步骤01 打开"本地组策略编辑器"窗口，单击"计算机配置"→"管理模板"→"控制面板"→"个性化"选项，在"设置"列表中双击"不显示锁屏"选项，如图7-76所示。

步骤02 打开"不显示锁屏"对话框，选择"已启用"单选项，单击"确定"按钮，即可取消显示开机锁屏界面，如图7-77所示。

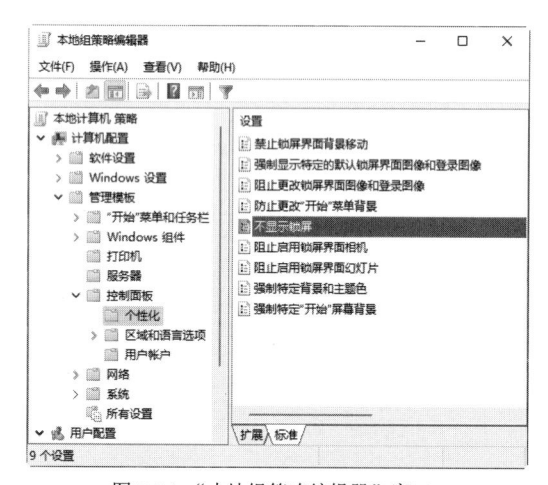

图7-76 "本地组策略编辑器"窗口

图7-77 "不显示锁屏"对话框

第 8 章

用好浏览器，才能保障我的上网安全

浏览器是进入网页的入口。当前，浏览器软件有很多种，例如 Chrome 浏览器、火狐浏览器、Microsoft Edge 浏览器等，这些浏览器的功能非常强大。但是，由于大多数浏览器支持 JavaScript 脚本、ActiveX 控件等元素，使得浏览器在浏览网页时留下了许多的隐患，因此，保护浏览器的安全也就成了一项刻不容缓的工作。

8.1 浏览器中的恶意代码

电脑用户在上网时经常会遇到偷偷篡改浏览器标题栏的网页代码，有的网站更是不择手段，当用户访问过它们的网页后，不仅浏览器默认首页被篡改了，而且每次开机后浏览器都会自动弹出访问该网站，以上这些情况都是因为感染了网络上的恶意代码。

8.1.1 认识恶意代码

恶意代码（Malicious code）最常见的表现形式就是网页恶意代码，网页恶意代码的技术以 WSH 为基础，即 Windows Scripting Host，中文称作"Windows 脚本宿主"。它是利用网页来进行破坏的病毒，使用一些脚本语言编写的一些恶意代码，利用浏览器的漏洞来实现病毒植入。

当用户登录某些含有网页病毒的网站时，网页病毒便被悄悄激活，这些病毒一旦激活，可以对用户的计算机系统进行破坏，强行修改用户操作系统的注册表配置及系统实用配置程序，甚至可以对被攻击的计算机进行非法控制系统资源、盗取用户文件、删除硬盘中的文件、格式化硬盘等恶意操作。

8.1.2 恶意代码的传播

恶意代码的传播方式在迅速地演化，从引导区传播，到某种类型文件传播，到宏病毒传播，到邮件传播，再到网络传播，发作和流行的时间越来越短，危害越来越大。

目前，恶意代码主要通过网页浏览或下载、电子邮件、局域网和移动存储介质、即时通信工具等方式传播。广大用户遇到的最常见的方式是通过网页浏览进行攻击，这种方式具有传播范围广、隐蔽性较强等特点，潜在的危害性也是最大的。

8.1.3 恶意代码的预防

电脑用户在上网前和上网时做好如下工作，才能对网页恶意代码进行很好的预防。

（1）要避免被网页恶意代码感染，首先关键是不要轻易去一些自己并不了解的站点，尤其是一些看上去非常美丽诱人的网址更不要轻易进入，否则往往不经意间就会误入网页代码的圈套。

（2）微软官方经常发布一些漏洞补丁，要及时对当前操作系统及浏览器进行更新升级，可以更好地对恶意代码进行预防。

（3）一定要在电脑上安装病毒防火墙和网络防火墙，并要时刻打开"实时监控功能"。通常防火墙软件都内置了大量查杀 VBS、JavaScript 恶意代码的特征库，能够有效地警示、查杀、隔离含有恶意代码的网页。

（4）对防火墙等安全类软件进行定时升级，并在升级后检查系统进程，及时了解系统运行情况。定期扫描系统（包括毒病扫描与安全漏洞扫描），以确保系统安全性。

（5）关闭局域网内系统的网络硬盘共享功能，防止一台电脑中毒影响到网络内的其他电脑。

（6）利用 hosts 文件可以将已知的广告服务器重定向到无广告的机器（通常是本地的 IP 地址：127.0.0.1）上来过滤广告，从而拦截一些恶意网站的请求，防止访问欺诈网站或感染一些病毒或恶意软件。

（7）对浏览器进行详细安全设置。

8.1.4 恶意代码的清除

即便是电脑感染了恶意代码，也不要着急，只要用户按照正确的操作方法是可以使系统恢复正常的。如果用户是个电脑高手，就可以对注册表进行手工操作，使被恶意代码破坏的地方恢复正常。对于普通的电脑用户来说，需要使用一些专用工具来进行清除。

1. 恶意网站清除工具

恶意网站清除工具是功能强大的浏览器修复工具及流行病毒专杀工具，它可以进行恶意代码的查杀，并对常见的恶意网络插件进行免疫。

使用恶意网站清除工具的具体操作步骤如下。

步骤01 运行恶意网站清除工具，单击"检测"按钮，可以对电脑系统进行恶意代码的检查。直接单击"治疗"按钮，则可以对浏览器进行修复，如图 8-1 所示。

步骤02 单击"插件免疫"按钮，显示软件窗口，以列表形式显示已知恶意插件的名称，选中对应的复选框，单击"应用"按钮，如图 8-2 所示。

2. 使用恶意软件清理助手

恶意软件清理助手是针对目前网上流行的各种木马病毒以及恶意软件开发的。恶意软件清理助手可以查杀超过 900 多款恶意软件、木马病毒插件，找出隐匿在系统中的毒手。具体操作步骤如下。

步骤01 安装软件后，单击桌面上的恶意软件清理助手程序图标，启动恶意软件清理助手，其主界面如图 8-3 所示。

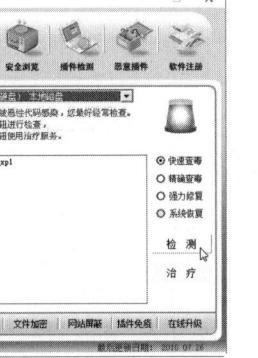

图 8-1 "恶意网站清除"工作界面

图 8-2 "插件免疫"工作界面

步骤 02 单击"恶意软件"区域中的"立即扫描",软件开始检测电脑系统,检测完成后,即可将扫描结果显示在"恶意软件清理"界面,单击"清理选定项目"超链接,即可将发现的恶意软件清理,如图 8-4 所示。

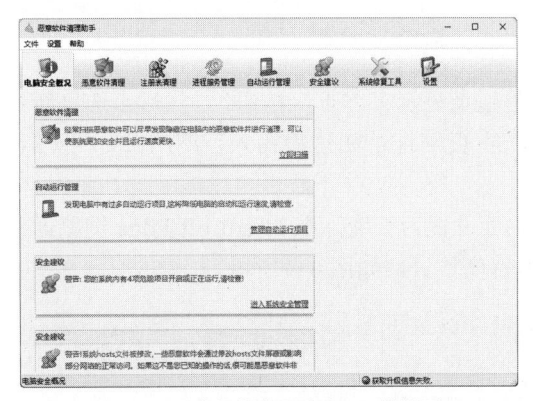

图 8-3 "恶意软件清理助手"工作界面

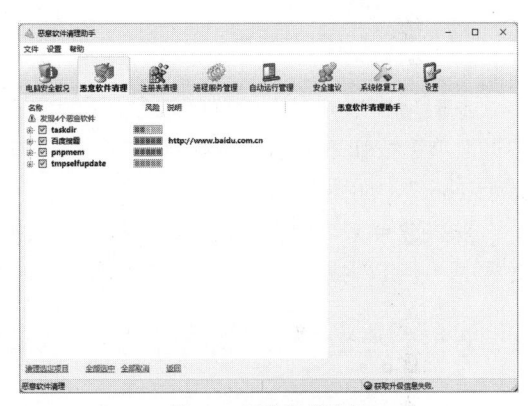

图 8-4 恶意软件清理

提示: 恶意软件清理完成后,用户可以根据软件提示的结果进行进一步的清除操作。因此,一定要记得经常对电脑系统进行系统扫描。

8.2 常规浏览器的攻击方式

网页浏览器是用户访问网站的主要工具,通过网页浏览器用户可以访问海量的信息,本节以 Microsoft Edge 浏览器为例,来介绍常见网页浏览器攻击手法。

8.2.1 修改浏览器的默认主页

某些网站为了提高自己的访问量和做广告宣传,就使用恶意代码,将用户设置的主页修改为自己的网页。解决这一问题最简单的方式为 Microsoft Edge 浏览器添加"主页"按钮,然后将主页的网址设置为默认主页网址。

具体的操作步骤如下。

步骤01 打开 Microsoft Edge 浏览器，单击浏览器右上角的"设置及其他"按钮，在弹出的下拉列表中选择"设置"选项，如图 8-5 所示。

步骤02 打开"设置"界面，在其中选择"开启、主页和新建标签页"选项，如图 8-6 所示。

图 8-5 "设置"菜单项 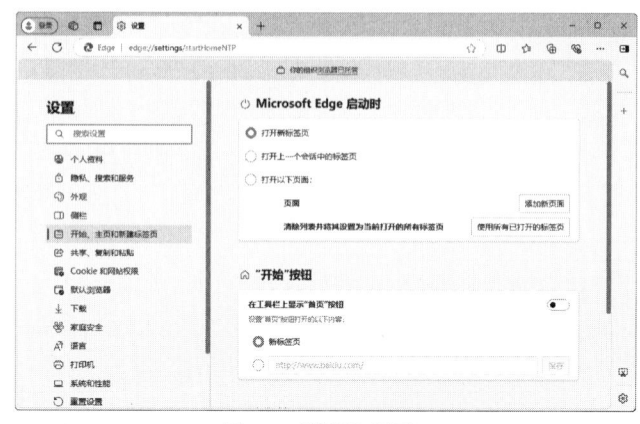　　　　　　　　　图 8-6 "设置"界面

步骤03 在"开启"设置区域中开启"在工具栏上显示'首页'按钮"，然后点选"新标签页"单选按钮下方的单选按钮，并在右侧输入主页网址，如这里输入百度的网址"www.baidu.com"，如图 8-7 所示。

步骤04 单击"保存"按钮，这样就可以把主页设置为百度。在 Microsoft Edge 浏览器首页单击"主页"按钮，即可打开浏览器主页，即百度首页，如图 8-8 所示。

图 8-7 输入网址 　　　　　　　　　图 8-8 百度首页

8.2.2 恶意更改浏览器标题栏

网页浏览器的标题栏也是攻击者攻击浏览器常用的方法之一，具体表现为浏览器的标题栏被加入一些固定不变的广告等信息。针对这种攻击手法，用户可以通过修改注册表来清除标题栏中的广告等信息。具体的操作步骤如下。

步骤01 打开"运行"对话框，在"打开"文本框中输入 regedit 命令，如图 8-9 所示。

步骤02 单击"确定"按钮，即可打开"注册表编辑器"窗口，如图 8-10 所示。

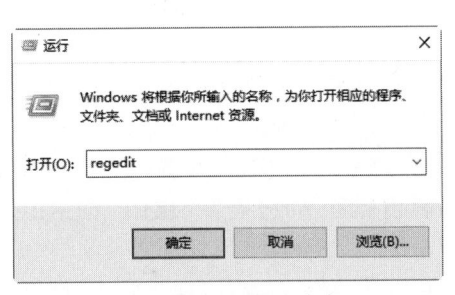

第 8 章　用好浏览器，才能保障我的上网安全

图 8-9　输入 regedit 命令

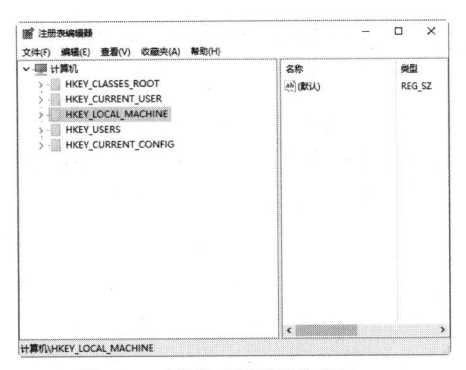

图 8-10　"注册表编辑器"窗口

步骤03 在左侧窗格中选择 HKEY_LOCAL_MACHINE\Software\Microsoft\Internet Explorer/Main 子键，如图 8-11 所示。

步骤04 在右侧窗格中选中"Windows Tile"键值项并右击，在弹出的快捷菜单中选择"删除"菜单项，如图 8-12 所示。

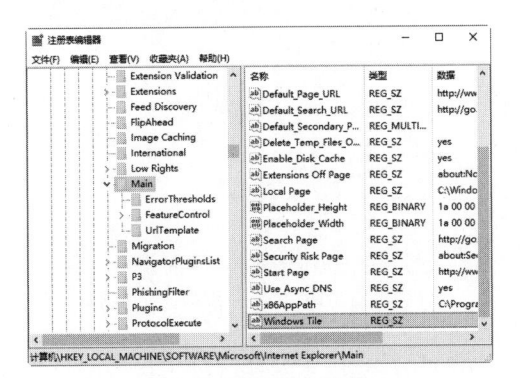

图 8-11　选择 Main 子键

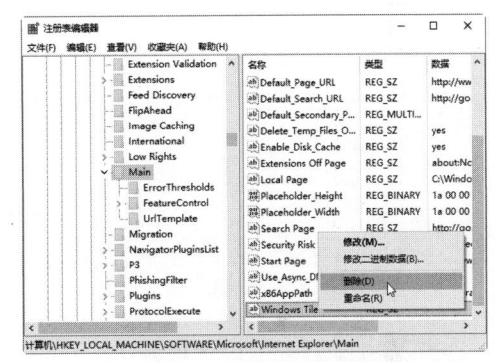

图 8-12　选择"删除"菜单项

步骤05 随即打开"确认数值删除"对话框，提示用户"确实要删除此数值吗？"，如图 8-13 所示。

步骤06 单击"是"按钮，即可完成数值删除操作，关闭注册表编辑器，然后重新启动电脑，当再次使用浏览器浏览网页就会发现标题栏中的广告等信息已经被删除了，如图 8-14 所示。

图 8-13　"确认数值删除"对话框

图 8-14　删除广告等信息

8.2.3　强行修改浏览器的右键菜单

被强行修改右键菜单的现象主要表现在：
- 右键快捷菜单被添加非法网站链接；
- 右键弹出快捷菜单功能被禁用失常，在浏览器中右击无反应。

针对浏览器右键菜单中出现的非法链接这种情况，修复的具体操作步骤如下。

步骤01 打开"注册表编辑器"窗口，在左侧窗格中单击展开 HKEY_CURRENT_USER\Software\Microsoft\Internet Explorer\MenuExt 分支，如图 8-15 所示。

步骤02 浏览器的右键菜单都在这里设置，在其中选择非法的右键链接，如这里选择"追加到现有的 PDF"选项并右击，在弹出的快捷菜单中选择"删除"菜单项，如图 8-16 所示。

图 8-15　展开 MenuExt 分支　　　　　图 8-16　选择"删除"菜单项

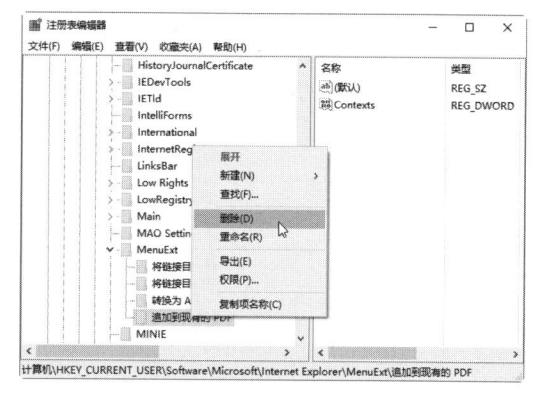

步骤03 随即打开"确认项删除"对话框，提示用户是否确实要删除这个项和所有其子项，如图 8-17 所示。单击"是"按钮，即可将该项删除。

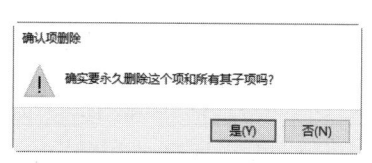

图 8-17　"确认项删除"对话框

提示：在删除前，最好先展开 MenuExt 主键检查一下，里面是否会有一个子键，其内容是指向一个 HTML 文件的，找到这个文件路径，然后根据此路径将该文件也删除，这样才能彻底清除。

针对右键菜单打不开的情况，下面介绍其修复的操作步骤。

步骤01 打开"注册表编辑器"窗口，在左侧窗格中单击展开 HKEY_CURRENT_USER\Software\Policies\Microsoft\Internet Explorer\Restrictions 分支，如图 8-18 所示。

步骤02 在右侧窗格中选中"NoBrowserContextMenu"键值并右击，在弹出的快捷菜单中选择"修改"菜单项，如图 8-19 所示。

步骤03 打开"编辑字符串"对话框，在"数值数据"文本框中输入"00000000"。单击"确定"按钮，即可完成浏览器的修复，如图 8-20 所示。

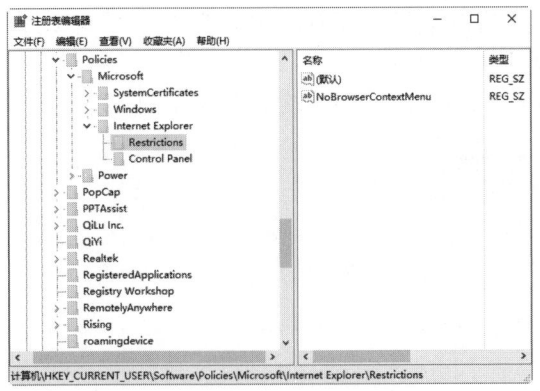

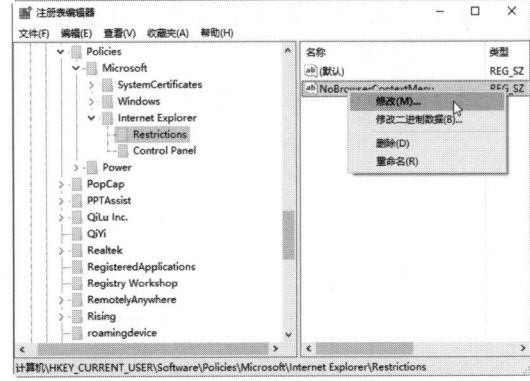

图 8-18　展开 Restrictions 分支

图 8-19　选择"修改"菜单项

图 8-20　"编辑字符串"对话框

8.2.4　强行修改浏览器的首页按钮

浏览器默认的主页变成灰色且按钮不可用，主要是由于注册表 HKEY_USERS\.DEFAULT\Software\Policies\Microsoft\Internet Explorer\Control Panel 下的"homepage"的键值被修改的原因，即原来的键值为"0"，被修改为"1"。

针对这种情况用户可以采用下列方法进行修复。

步骤01 打开"注册表编辑器"窗口，在左侧窗格中单击展开 HKEY_USERS\.DEFAULT\Software\Policies\Microsoft\Internet Explorer\Control Panel 项，如图 8-21 所示。

步骤02 在右侧窗格中选择"homepage"选项并右击，在弹出的快捷菜单中选择"修改"菜单项，如图 8-22 所示。

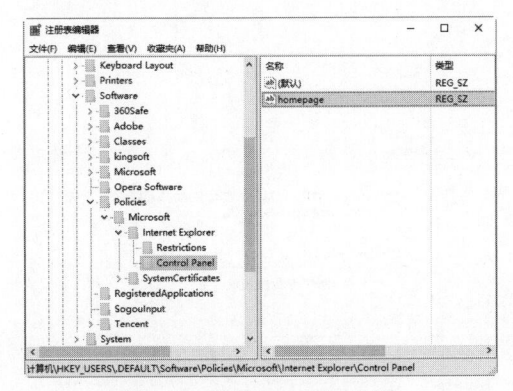

图 8-21　展开 Control Panel 项

图 8-22　选择"修改"菜单项

步骤03 打开"编辑字符串"对话框，在"数值数据"文本框中将数值"1"修改为"0"，如图8-23所示。

步骤04 单击"确定"按钮，重新启动电脑后，则该问题即可修复，如图8-24所示。

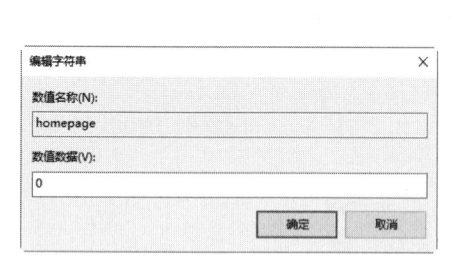

图8-23 "编辑字符串"对话框

图8-24 问题修复完成

8.2.5 启动时自动弹出对话框和网页

相信大多数用户都会遇到下面的情况：
- 系统启动时弹出对话框，通常是一些广告信息，如"欢迎访问某某网站"等。
- 开机弹出网页，通常会弹出很多窗口，让你措手不及，更有甚者，可以重复弹出窗口直到死机。

这就说明恶意代码修改了用户的注册表信息，使得启动浏览器时出现异常。可以通过编辑系统注册表来解决，具体操作步骤如下。

步骤01 打开"注册表编辑器"窗口，展开HKEY_LOCAL_MACHINE\Software\Microsoft\Windows\CurrentVersion\Winlogon主键，删除右窗格中的LegalNoticeCaption和LegalNoticeText两个字符串，如图8-25所示。

步骤02 打开"运行"对话框，在其中输入msconfig命令，如图8-26所示。

步骤03 单击"确定"按钮，打开"系统配置"对话框，选择"启动"选项卡，如图8-27所示。

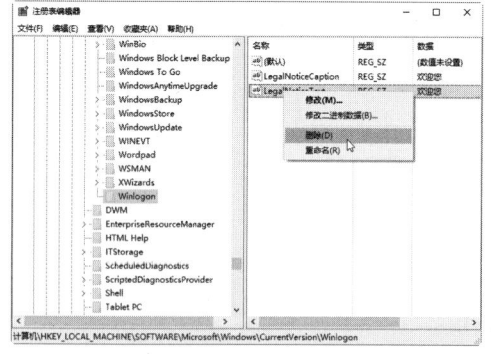

图8-25 删除两个字符串

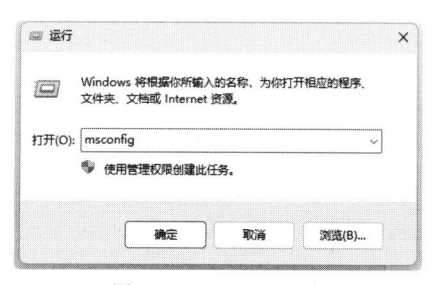

图8-26 "运行"对话框

步骤04 单击"打开任务管理器"超链接,打开"任务管理器"窗口,在"启动"选项卡下将 URL 后缀为 .html、.htm 的网址文件禁用,如图 8-28 所示。

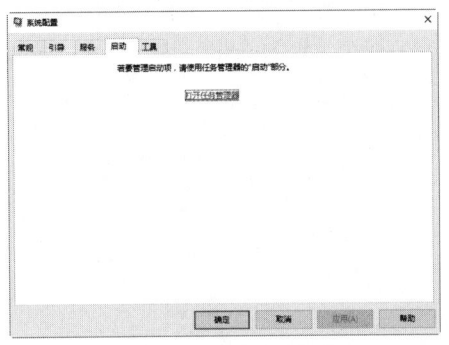

图 8-27 "启动"选项卡

图 8-28 "任务管理器"窗口

8.3 浏览器的自我防护

为保护计算机的安全,在上网浏览网页时需要注意对网页浏览器的安全维护,一般情况下,网页浏览器其自身均有防护功能,这里以最常用的 Microsoft Edge 浏览器为例,来介绍网页浏览器的自身防护技巧。

8.3.1 提高安全防护等级

通过设置 Internet 选项可以提高浏览器的安全等级,可以防止用户打开含有病毒和木马程序的网页,这样可以保护系统和计算机的安全。具体操作步骤如下。

步骤01 在"所有控制面板项"窗口中,单击"Internet 选项"图标,如图 8-29 所示。

步骤02 打开"Internet 属性"对话框,选择"安全"选项卡,进入"安全"设置界面,如图 8-30 所示。

图 8-29 "所有控制面板项"窗口

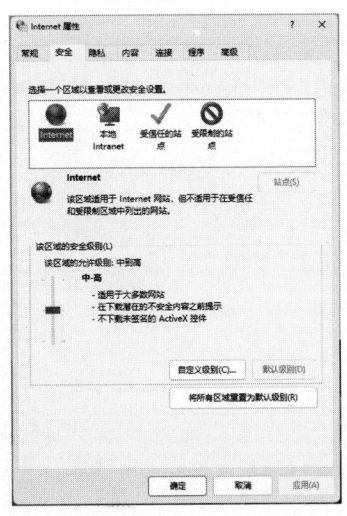

图 8-30 "安全"选项卡

步骤03 选中"Internet"图标,单击"自定义级别"按钮,打开"安全设置"对话框,如图 8-31 所示。

步骤04 单击"重置为"下拉按钮,在弹出的下拉列表中选择"高"选项,如图 8-32 所示。

步骤05 单击"确定"按钮,即可将 Internet 区域的安全等级设置为"高",如图 8-33 所示。

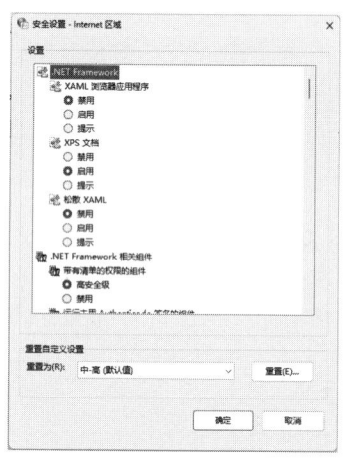

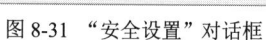

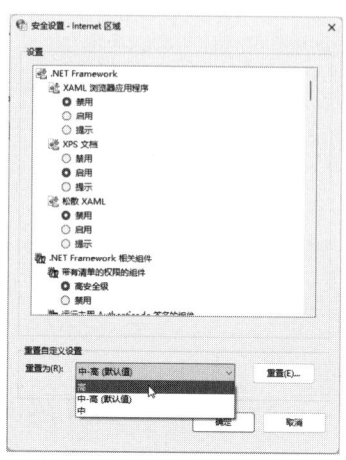

图 8-31 "安全设置"对话框   图 8-32 选择"高"选项   图 8-33 安全等级为最高

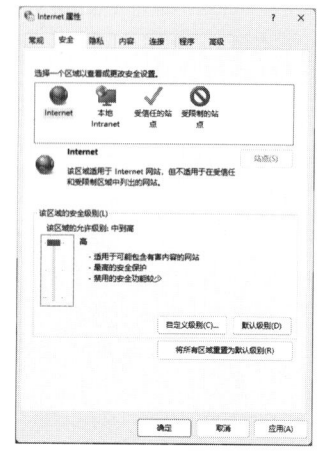

8.3.2 清除浏览器中的表单

浏览器的表单功能在一定程度上方便了用户,但也被攻击者用来窃取用户的数据信息,所以从安全角度出发,需要清除浏览器的表单并取消自动记录表单的功能。

清除浏览器表单的具体操作步骤如下。

步骤01 在"Internet 属性"对话框中选择"内容"选项卡,如图 8-34 所示。

步骤02 在"自动完成"选项区域中单击"设置"按钮,打开"自动完成设置"对话框,取消选择所有的复选框后,如图 8-35 所示。

步骤03 单击"删除自动完成历史记录"按钮,打开"删除浏览历史记录"对话框,选中"表单数据"复选框,如图 8-36 所示。单击"删除"按钮,即可删除浏览器中的表单信息。

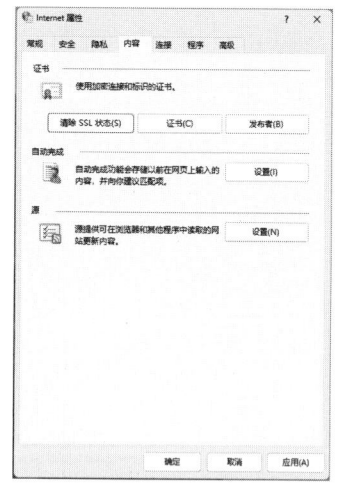

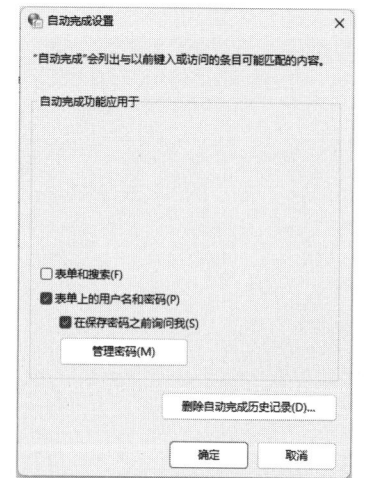

图 8-34 "内容"选项卡   图 8-35 "自动完成设置"对话框   图 8-36 删除表单信息

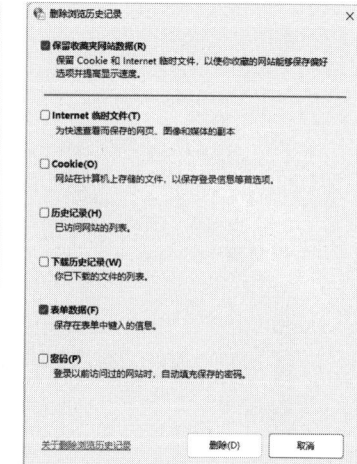

8.3.3 清除上网历史记录

浏览器在上网时会保存很多的上网记录，这些上网记录不但随着时间的增加越来越多，而且还有可能泄露用户的隐私信息。如果不想让别人看见自己的上网记录，则可以把上网记录删除。具体的操作步骤如下。

步骤01 打开 Microsoft Edge 浏览器，选择"更多操作"下的"设置"选项，如图 8-37 所示。

步骤02 打开"设置"窗格，单击"删除浏览数据"组下的"选择要清除的内容"按钮，如图 8-38 所示。

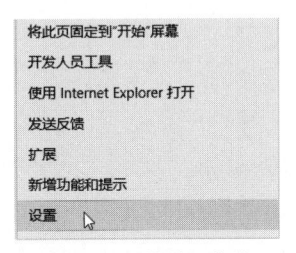

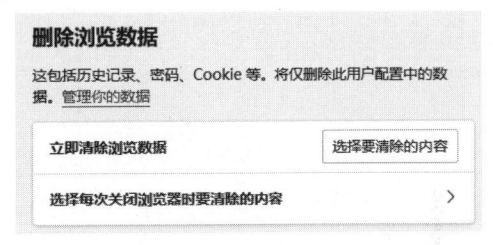

图 8-37 "设置"选项　　　　图 8-38 单击"选择要清除的内容"按钮

步骤03 弹出"删除浏览历史记录"对话框，单击选中要清除的浏览数据内容，单击"删除"按钮，如图 8-39 所示。

步骤04 即可开始删除浏览历史记录，清除完成后，即可看到历史记录中所有的浏览记录都被清除，如图 8-40 所示。

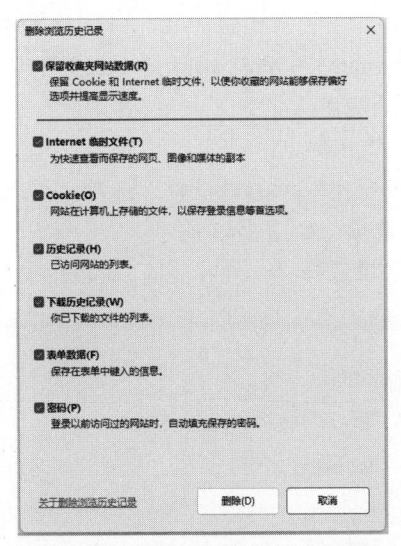

图 8-39 "删除浏览历史记录"对话框　　　　图 8-40 删除浏览数据

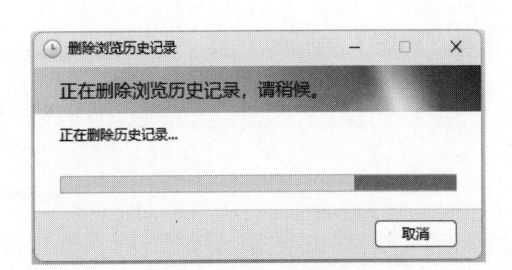

除了使用浏览器的设置功能删除上网记录外，还可以通过如下方法来对这些信息进行清除。

方法1：通过在"Internet 属性"对话框的"常规"选项卡下，单击"浏览历史记录"区域中的"删除"按钮，即可清除浏览器的浏览记录，如图 8-41 所示。

方法 2：利用注册表进行清除。在"注册表编辑器"中，删除路径 HKEY_CURRENT_USER\Software\Microsoft\Internet Explorer\TypedURLs 下的所有子项内容，即可清除浏览器的浏览记录，如图 8-42 所示。

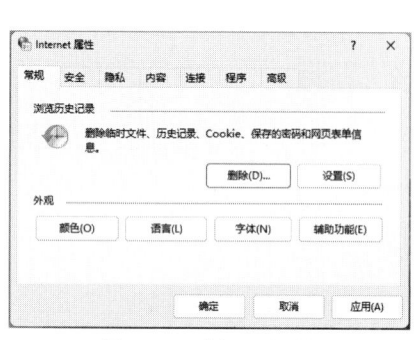

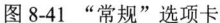

图 8-41 "常规"选项卡　　　　　　　　　　图 8-42 "注册表编辑器"窗口

提示：在输入网址时按下 Ctrl+O 组合键，在弹出的"打开"对话框中输入要访问的网站名称或 IP 地址，输入的地址链接 URL 就不会保存在地址栏里了。

8.3.4 删除 Cookie 信息

Cookie 是 Web 服务器发送到计算机里的数据文件，它记录了用户名、口令及其他一些信息。特别目前在许多网站中，Cookie 文件中的 Username 和 Password 是不加密的明文信息，更容易泄密。因此，在离开时删除 Cookie 内容是非常必要的。

在 Microsoft Edge 浏览器中删除 Cookie 信息的操作步骤如下。

步骤 01 打开 Microsoft Edge 浏览器，选择"更多操作"下的"设置"选项，进入"设置"窗口，在左侧列表中选择"Cookie 和网站权限"选项，如图 8-43 所示。

步骤 02 在右侧窗口的"Cookie 和已存储数据"区域选择"管理和删除 cookie 和站点数据"选项，如图 8-44 所示。

图 8-43 "Cookie 和网站权限"选项　　　　图 8-44 "管理和删除 cookie 和站点数据"选项

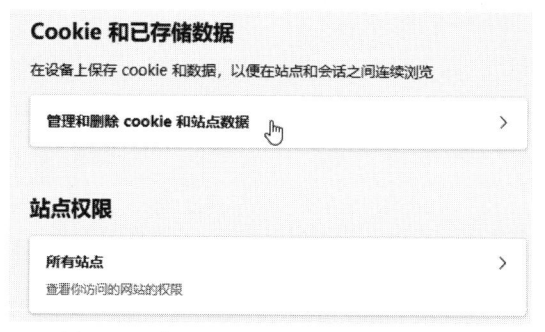

步骤 03 进入"Cookie 和网站数据"列表，在其中可以设置是否允许站点保存和读取

Cookie 数据、是否阻止第三方 Cookie 等，如图 8-45 所示。

步骤04 选择"查看所有 Cookie 和站点数据"选项，进入"所有 Cookie 和站点数据"区域，如图 8-46 所示。

图 8-45 "Cookie 和网站数据"列表

图 8-46 "所有 Cookie 和站点数据"区域

步骤05 单击"全部删除"按钮，弹出"清除站点数据"对话框，提示用户将删除此设备上显示的所有站点的任何数据，如图 8-47 所示。

步骤06 单击"清除"按钮，即可将所有的站点数据清除掉，如图 8-48 所示。

图 8-47 "清除站点数据"对话框

图 8-48 清除站点数据

8.4 实战演练

8.4.1 实战 1：一招解决弹窗广告

在浏览网页时，除了遭遇病毒攻击、网速过慢等问题外，还时常遭受铺天盖地的广告攻击，利用 Internet 选项中的功能可以屏蔽广告。具体的操作步骤如下。

步骤01 打开"Internet 属性"对话框，在"安全"选项卡中单击"自定义级别"按钮，如图 8-49 所示。

步骤02 打开"安全设置"对话框，在"设置"列表框中将"活动脚本"设为"禁用"。单击"确定"按钮，即可屏蔽一般的弹出窗口，如图 8-50 所示。

提示：还可以在"Internet 属性"对话框中选择"隐私"选项卡，选中"启用弹出窗口阻止程序"复选框，如图 8-51 所示。单击"设置"按钮，弹出"弹出窗口阻止程序设置"对话框，将阻止级别设置为"高"，最后单击"确定"按钮，即可屏蔽弹窗广告，如图 8-52 所示。

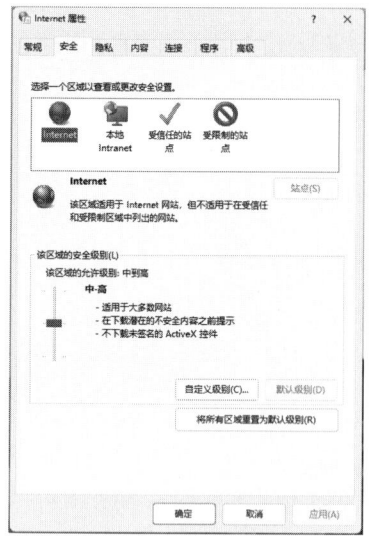

图 8-49 "安全"选项卡

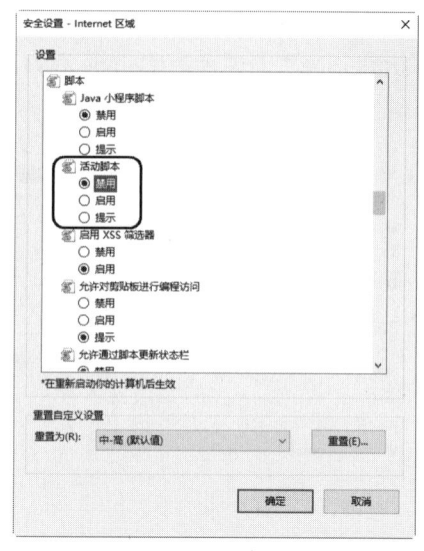

图 8-50 "安全设置"对话框

图 8-51 "隐私"选项卡

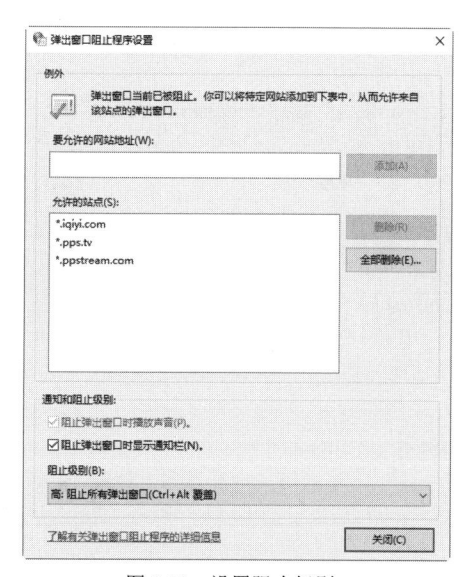

图 8-52 设置阻止级别

8.4.2 实战 2：浏览器的隐私保护模式

网站会使用跟踪器收集用户的浏览信息，此信息将用于改进网站服务并向用户显示个性化广告等内容，但是，某些跟踪器会收集用户的信息并将其发送到未访问过的网站，这就会造成信息的泄露。

使用 Microsoft Edge 浏览器可以提高上网安全性，因为 Microsoft Edge 配备 AI 赋能的安全功能和高级安全控件，可以更轻松地防御在线威胁，Microsoft Edge 内置的安全功能包括 Microsoft Defender SmartScreen 和密码监视器等。如图 8-53 所示为 Microsoft Edge 的安全设置区域，将这些安全设置选项设置为"开启"状态。

图 8-53 安全性设置界面

通过设置 Microsoft Edge 浏览器的增强 Web 安全性的模式，可以帮助浏览器免受网络钓鱼和恶意软件的侵害，确保用户在浏览过程中安全无虞，如图 8-54 所示。

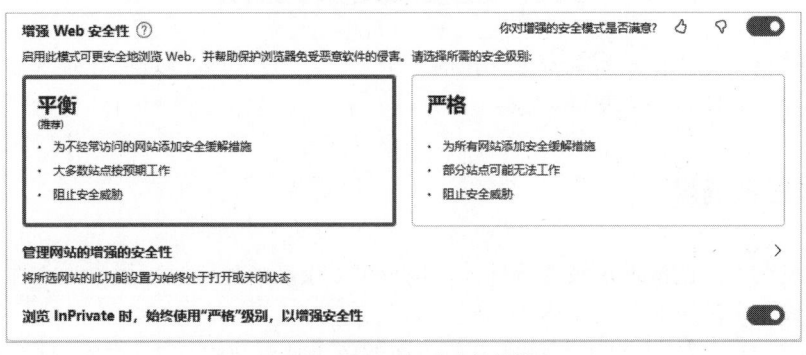

图 8-54 增强 Web 安全性的模式

第 9 章

锦上添花，让 Windows 11 "飞"起来

用户在使用电脑的过程中，会受到恶意软件的攻击，也会产生垃圾文件，这都有可能导致系统启动过慢、崩溃或无法进入操作系统，这时就需要用户及时优化系统和管理系统。本章就来介绍电脑系统的优化与维护。

9.1 电脑磁盘的优化

对电脑速度进行优化是系统安全优化的一个方面，用户可以通过清理系统盘临时文件、清理磁盘碎片、清理系统垃圾等来实现。

9.1.1 清理系统盘

在没有安装专业的清理垃圾的软件前，用户可以手动清理磁盘垃圾临时文件，为系统盘瘦身，具体操作步骤如下。

步骤 01 右击"开始"按钮，在弹出的快捷菜单中选择"运行"选项，打开"运行"对话框，在其中输入 cleanmgr 命令，按 Enter 键确认，如图 9-1 所示。

步骤 02 弹出"磁盘清理：驱动器选择"对话框，单击"驱动器"下面的下拉按钮，在弹出的下拉菜单中选择需要清理临时文件的磁盘分区，如图 9-2 所示。

图 9-1 "运行"对话框

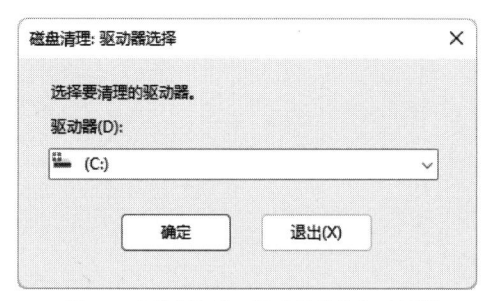

图 9-2 "磁盘清理：驱动器选择"对话框

步骤 03 单击"确定"按钮，弹出"磁盘清理"对话框，并开始自动计算清理磁盘垃圾，如图 9-3 所示。

步骤 04 弹出"（C:)的磁盘清理"对话框，在"要删除的文件"列表中显示扫描出的垃圾文件和大小，选择需要清理的临时文件，如图 9-4 所示。

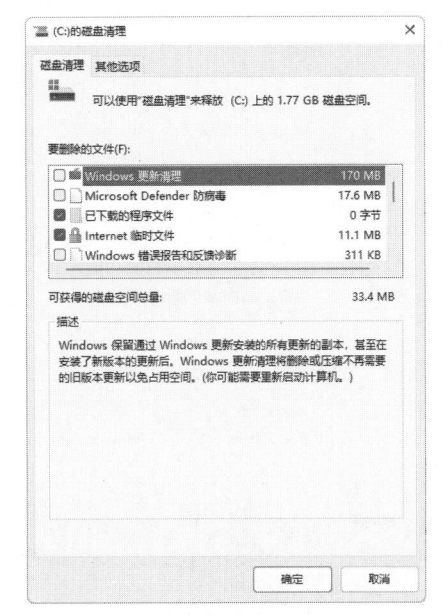

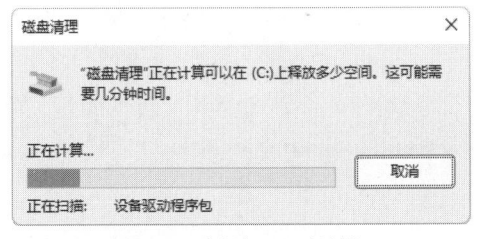

图 9-3 "磁盘清理"对话框

图 9-4 扫描结果

步骤05 单击"确定"按钮,弹出一个信息提示框,提示用户是否要永久删除这些文件,如图 9-5 所示。

步骤06 单击"删除文件"按钮,系统开始自动清理磁盘中的垃圾文件,并显示清理的进度,如图 9-6 所示。

图 9-5 信息提示框

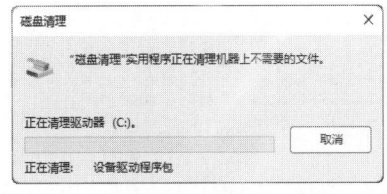

图 9-6 清理临时文件

9.1.2 整理磁盘碎片

随着时间推移,频繁地复制和删除操作会导致文件碎片化,这会降低系统的运行速度并影响性能。磁盘碎片整理是通过重新排列磁盘上的文件和文件夹,使其连续存储,从而提高数据访问速度和系统性能的过程。

磁盘碎片整理可以通过 Windows 系统中的工具进行,具体操作步骤如下。

步骤01 双击"此电脑"图标,打开"此电脑"窗口,如图 9-7 所示。

步骤02 选择需要整理碎片的磁盘,右击,在弹出的快捷菜单中选择"属性"命令,如图 9-8 所示。

步骤03 打开"属性"对话框,选择"工具"选项卡,如图 9-9 所示。

步骤04 单击"优化"按钮,打开"优化驱动器"窗口,选择需要清理磁盘碎片的驱动器,这里选择 F 盘,如图 9-10 所示。

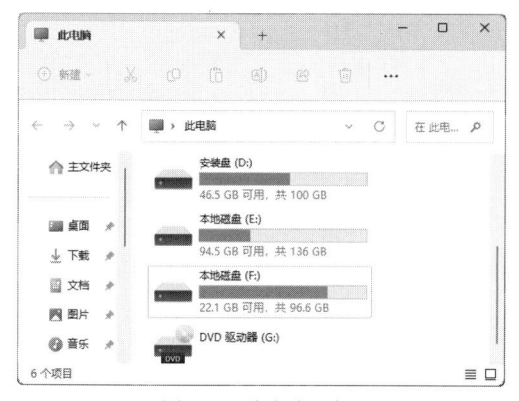

图 9-7 "此电脑"窗口

图 9-8 "属性"命令

图 9-9 "工具"选项卡

图 9-10 选择 F 盘

步骤 05 单击"优化"按钮，开始磁盘碎片的清理，并显示清理进度，如图 9-11 所示。

步骤 06 单击"更改设置"按钮，打开"优化驱动器"对话框，在"优化计划"区域中可以设置磁盘清理的频率，如图 9-12 所示。

图 9-11 清理磁盘碎片

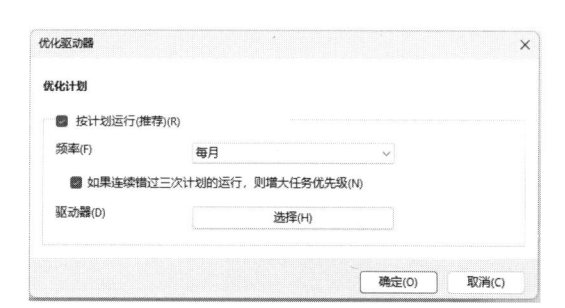

图 9-12 "优化驱动器"对话框

9.1.3 使用存储感知功能

Windows 11 中的存储感知功能是一款非常好用的系统磁盘清理工具，其自带有 AI 的存储感知功能，发挥其磁盘清理功能，它可以在操作系统需要的情况下清理不需要的文件，比如系统临时文件与回收站中的文件，从而达到自动释放磁盘空间的目的。

如果默认开启存储感知功能，它会在设备磁盘空间不足时运行，并自动清理不必要的临时文件。Windows 11 中开启和使用存储感知功能的操作步骤如下。

步骤01 在系统桌面上右击"开始"按钮，在弹出的快捷菜单中选择"设置"选项，如图 9-13 所示。

步骤02 进入"设置"窗口，选择"系统"选项，进入"系统"界面，选择"存储"选项，如图 9-14 所示。

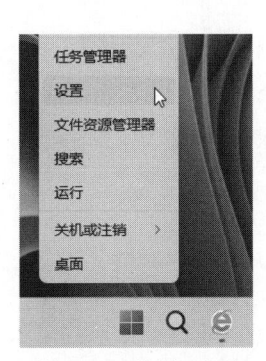

图 9-13 "设置"选项　　　　图 9-14 "存储"选项

步骤03 进入"存储"窗口，这时可以在"存储管理"区域中打开"存储感知"功能的开关，如图 9-15 所示。

步骤04 单击"存储感知"区域，打开"存储感知"窗口，选择"清理临时文件"下的"通过自动清理临时系统和应用程序文件来保持 Windows 顺畅运行"选项，同时打开"自动用户内容清除"开关，如图 9-16 所示。

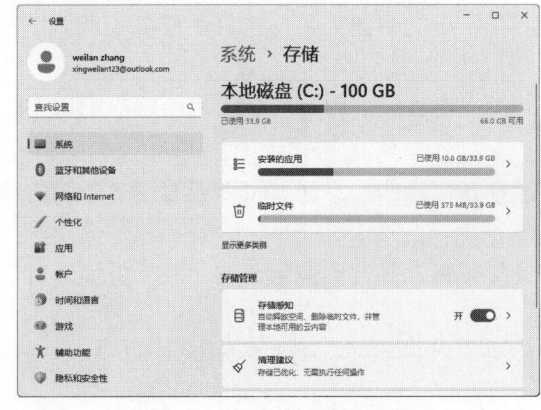

图 9-15 开启存储感知功能　　　　图 9-16 "存储感知"窗口

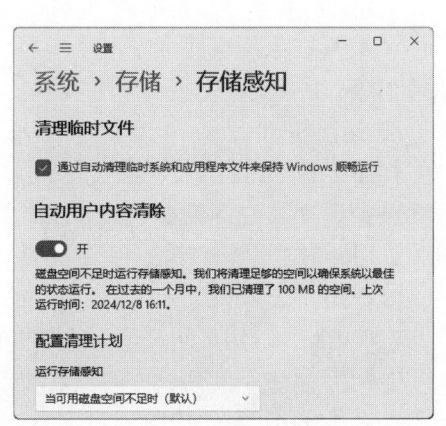

步骤05 这里用户还可以按自己的需要对"配置清理计划"中"运行存储感知"的条件进行设置，单击"立即运行存储感知"按钮，可以清理磁盘空间，如图9-17所示。

步骤06 在"存储"窗口中除了可以对存储感知功能进行设置外，还可以对清理建议和高级存储设置中的选项进行设置，如图9-18所示。

图9-17 清理磁盘空间　　　　　　　　　图9-18 "存储"窗口

9.2 监视电脑运行状态

每个使用电脑的用户，都希望自己的电脑系统能够时刻保持在较佳的状态中稳定安全地运行，然而，在实际的工作和生活中，又总是避免不了出现许多问题。下面介绍监视电脑运行状态的方法。

9.2.1 使用任务管理器监视

任务管理器提供了有关电脑性能的信息，并显示了电脑上所运行的程序和进程的详细信息，如果电脑连接到了网络，还可以查看网络状态并迅速了解网络是如何工作的。

使用任务管理器监视电脑运行状态的具体操作步骤如下。

步骤01 在系统桌面上右击"开始"按钮，在弹出的快捷菜单中选择"任务管理器"选项，如图9-19所示。

步骤02 打开"任务管理器"窗口，进入"进程"界面，即可看到本机中开启的所有进程，如图9-20所示。

步骤03 单击左侧列表中的"性能"按钮，打开"性能"界面，可以查看当前电脑的性能，如图9-21所示。

步骤04 单击左侧列表中的"应用历史记录"按钮，打开"应用历史记录"界面，可以查看当前电脑的应用历史记录，如图9-22所示。

步骤05 单击左侧列表中的"启动应用"按钮，打开"启动应用"界面，可以查看当前电脑的启动应用记录，如图9-23所示。

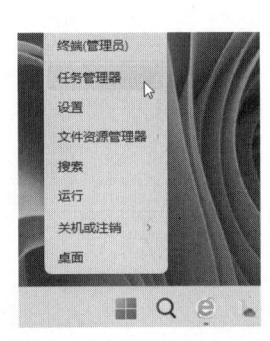

图 9-19 "任务管理器"选项

图 9-20 "进程"界面

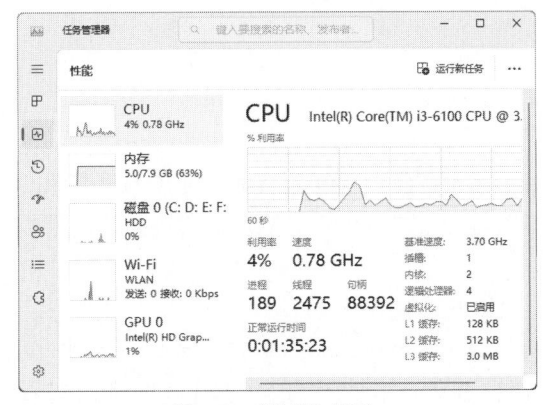

图 9-21 "性能"界面

图 9-22 "应用历史记录"界面

步骤 06 单击左侧列表中的"用户"按钮,打开"用户"界面,可以查看当前电脑的用户信息,如图 9-24 所示。

图 9-23 "启动应用"界面

图 9-24 "用户"界面

步骤 07 单击左侧列表中的"详细信息"按钮,打开"详细信息"界面,可以查看当前电脑所运行进程的详细信息,如图 9-25 所示。

步骤08 单击左侧列表中的"服务"按钮,打开"服务"界面,可以查看当前电脑的服务信息列表,如图 9-26 所示。

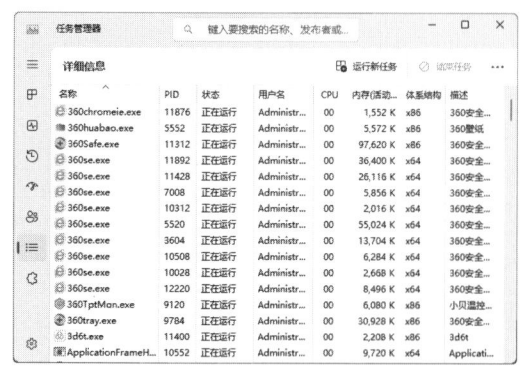

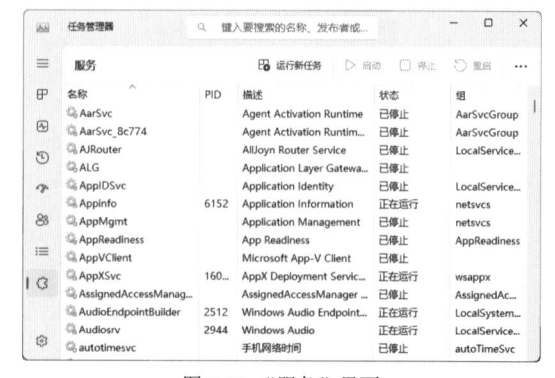

图 9-25 "详细信息"界面

图 9-26 "服务"界面

9.2.2 使用资源监视器监视

Windows 资源监视器是一个功能强大的工具,用于了解进程和服务如何使用系统资源。除了实时监视资源使用情况外,资源监视器还可以帮助用户分析没有响应的进程,确定哪些应用程序正在使用文件,以及控制进程和服务。

使用资源监视器监视电脑运行状态的操作步骤如下。

步骤01 按下 Win+R 键打开运行对话框,输入 resmon 命令,如图 9-27 所示。

步骤02 单击"确定"按钮,即可启动资源监视器,在"概述"选项卡下可以查看 CPU、磁盘、网络以及内存的使用情况,如图 9-28 所示。

图 9-27 输入 resmon 命令

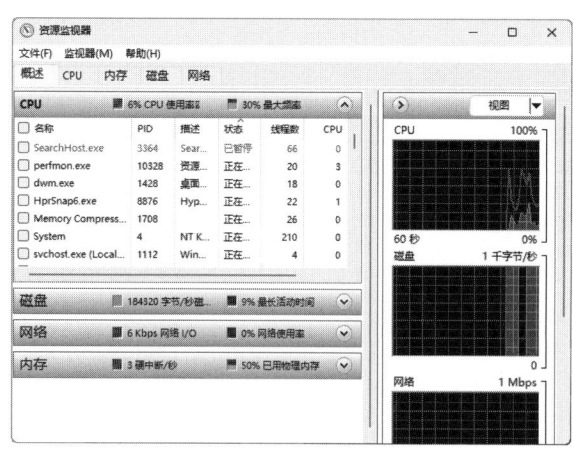

图 9-28 "资源监视器"窗口

步骤03 选择"CPU"选项卡,在打开的窗口中可以查看当前进程和服务的运行情况,如图 9-29 所示。

步骤04 选择"内存"选项卡,在打开的窗口中可以查看物理内存的使用情况,如图 9-30 所示。

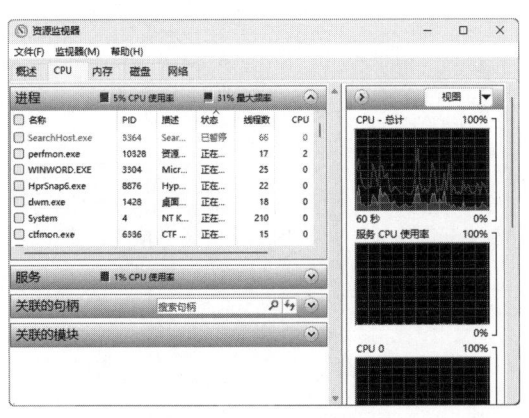

图 9-29 "CPU" 选项卡　　　　　　图 9-30 "内存" 选项卡

步骤 05 选择"磁盘"选项卡，在打开的窗口中可以查看磁盘活动的进程情况，如图 9-31 所示。

步骤 06 选择"网络"选项卡，在打开的窗口中可以查看网络活动的进程情况，如图 9-32 所示。

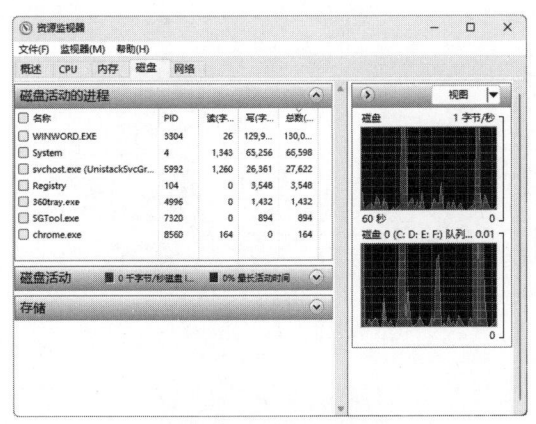

图 9-31 "磁盘" 选项卡　　　　　　图 9-32 "网络" 选项卡

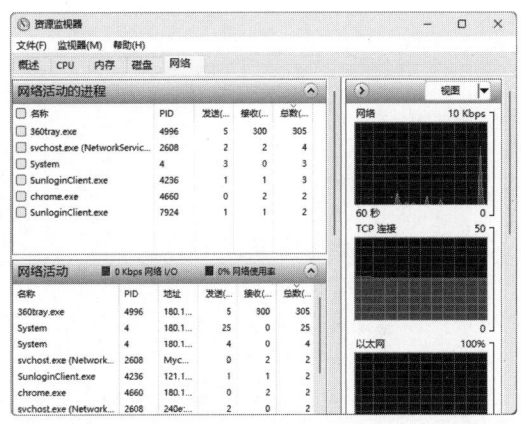

9.2.3　使用 Process Explorer 监视

Process Explorer 是一款增强型的任务管理器，用户可以使用它管理电脑中的程序进程，能强行关闭任何程序，包括系统级别的不允许随便终止的"顽固"进程。除此之外，它还详尽地显示电脑运行状态，如 CPU、内存使用情况等。使用 Process Explorer 管理系统进程的具体操作步骤如下。

步骤 01 双击下载的 Process Explorer 进程管理器，打开其工作界面，在其中可以查看当前系统中的进程信息，如图 9-33 所示。

步骤 02 选中需要结束的危险进程，选择"进程"→"结束进程"菜单命令，如图 9-34 所示。

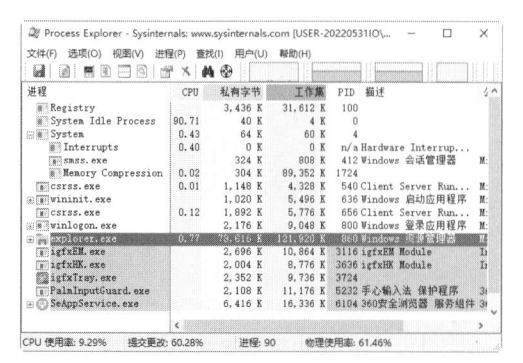

图 9-33 查看进程信息

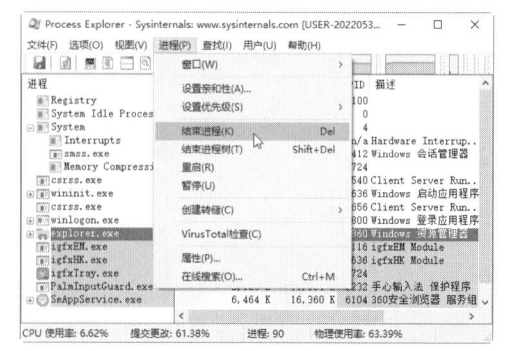

图 9-34 结束进程

步骤 03 弹出信息提示框，提示用户是否确定要终止选中的进程，单击"确定"按钮，即可结束选中的进程，如图 9-35 所示。

步骤 04 在 Process Explorer 进程管理器工作界面中，选择"进程"→"设置优先级"菜单命令，在弹出的子菜单中选择为选中的进程设置优先级，如图 9-36 所示。

图 9-35 信息提示框

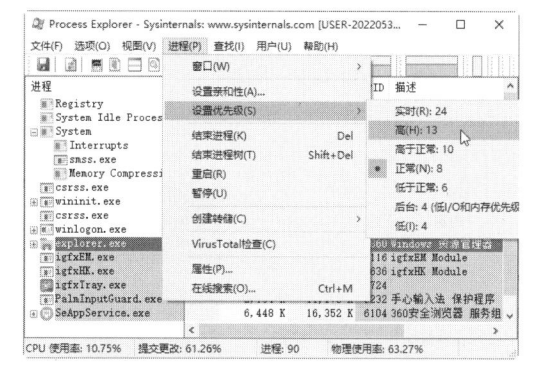

图 9-36 "设置优先级"菜单命令

步骤 05 利用进程查看器 Process Explorer 还可以结束进程树，在结束进程树之前，需要先在"进程"列表中选择要结束的进程树，右击，在弹出的快捷菜单中选择"结束进程树"选项，如图 9-37 所示。

步骤 06 打开如图 9-38 所示的信息提示框，单击"确定"按钮结束选定的进程树。

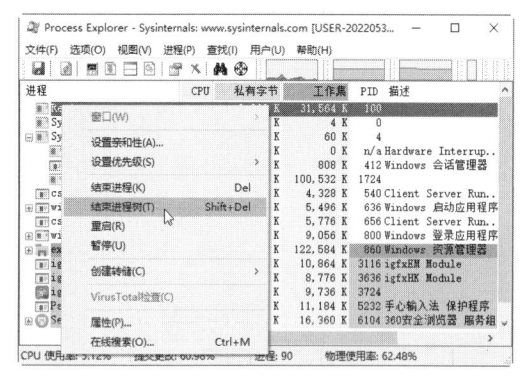

图 9-37 "结束进程树"选项

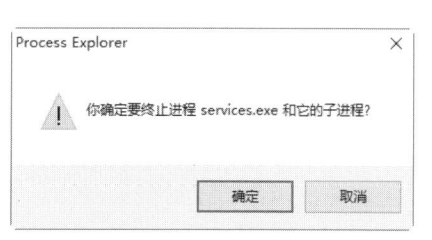

图 9-38 信息提示框

步骤07 在进程查看器 Process Explorer 中还可以设置进程的处理器关系，右击需要设置的进程，在弹出的快捷菜单中选择"设置亲和性"选项，打开"处理器亲和性"对话框。在其中选中相应的复选框后，单击"确定"按钮即可设置哪个 CPU 执行该进程，如图 9-39 所示。

步骤08 在进程查看器 Process Explorer 中还可以查看进程的相应属性，右击需要查看属性的进程，在弹出的快捷菜单中选择"属性"选项，打开"smss.exe:412 属性"对话框，如图 9-40 所示。

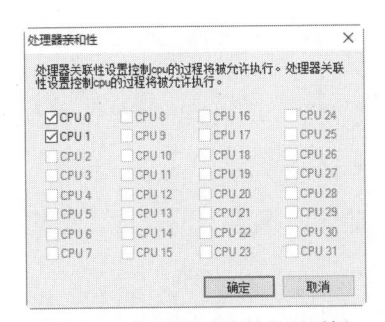

图 9-39　"处理器亲和性"对话框

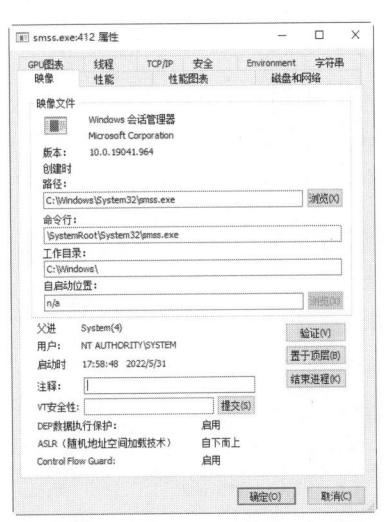

图 9-40　"smss.exe:412 属性"对话框

步骤09 在进程查看器 Process Explorer 中还可以找到相应的进程。在 Process Explorer 主窗口中选择"查找"→"查找进程或句柄"菜单项，打开"Process Explorer 搜索"对话框，在其中文本框中输入 dll，如图 9-41 所示。

步骤10 单击"搜索"按钮，即可列出本地计算机中所有"dll"类型的进程，如图 9-42 所示。

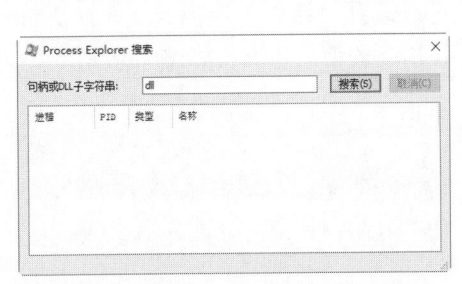

图 9-41　"Process Explorer 搜索"对话框

图 9-42　显示"dll"类型的进程

步骤11 在进程查看器 Process Explorer 中可以查看句柄属性。在 Process Explorer 主窗口的工具栏中单击"显示下排窗口"按钮，然后在"进程"列表中单击某个进程，即可在下面的窗格中显示该进程包含的句柄，如图 9-43 所示。

步骤12 在 Process Explorer 进程管理器工作界面中，单击工具栏中的 CPU 方块，打开"系统信息"对话框，在 CPU 选项卡下可以查看当前 CPU 的使用情况，如图 9-44 所示。

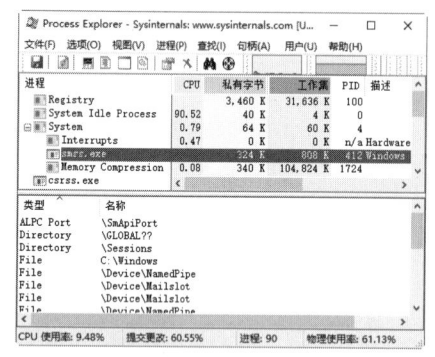

图 9-43 显示进程包含的句柄信息

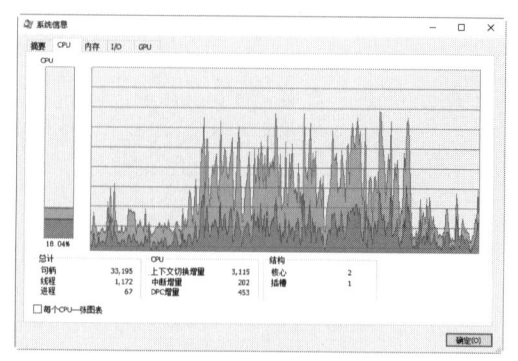

图 9-44 "系统信息"对话框

步骤13 选择"内存"选项卡，在其中可以查看当前系统的系统提交比例、物理内存以及提交更改等信息，如图 9-45 所示。

步骤14 选择"I/O"选项卡，在其中可以查看当前系统的 I/O 信息，包括读取增量、写入增量、其他增量等，如图 9-46 所示。

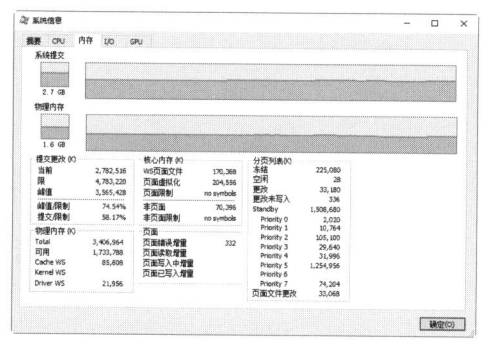

图 9-45 "内存"选项卡

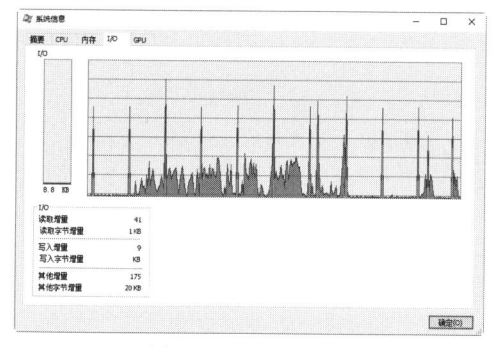

图 9-46 "I/O"选项卡

步骤15 选择 GPU 选项卡，在其中可以查看当前系统的 GPU、专用显存和系统显存的使用情况，如图 9-47 所示。

步骤16 如果想要一次性查看当前系统信息，可以选择"摘要"选项卡，在打开的界面中可以查看当前系统的 CPU、系统提交、物理内存、I/O 的使用情况，如图 9-48 所示。

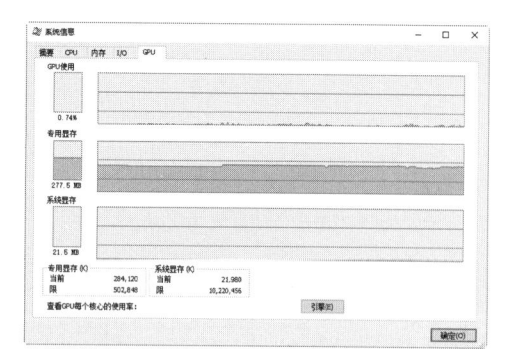

图 9-47 GPU 选项卡

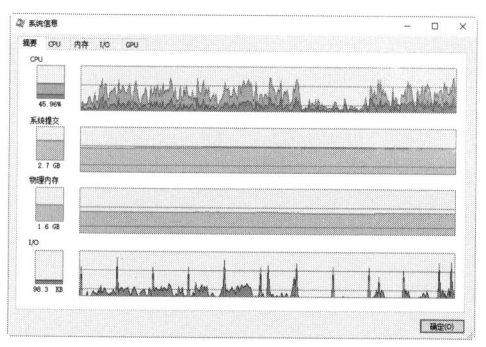

图 9-48 "摘要"选项卡

9.3 Windows 11 自带的优化设置

Windows 11 系统自带有多个优化设置选项，通过这些优化选项可以提升系统的运行速度、视觉显示效果等。

9.3.1 优化开机速度

使用系统中的"启用快速启动"功能，可以加快系统的开机启动速度，启用和关闭快速启动功能的具体操作步骤如下。

步骤01 单击"开始"按钮，在打开的"开始屏幕"中选择"控制面板"选项，打开"控制面板"窗口，如图 9-49 所示。

步骤02 单击"电源选项"图标，打开"电源选项"设置界面，如图 9-50 所示。

图 9-49 "控制面板"窗口

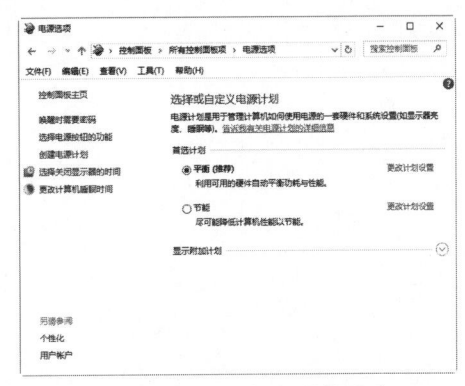

图 9-50 "电源选项"设置界面

步骤03 单击"选择电源按钮的功能"超链接，打开"系统设置"窗口，在"关机设置"区域中选中"启用快速启动（推荐）"复选框，单击"保存修改"按钮，即可启用快速启动功能，如图 9-51 所示。

步骤04 如果想要关闭快速启动功能，则可以取消对"启用快速启动（推荐）"复选框的选择，然后单击"保存修改"按钮即可，如图 9-52 所示。

图 9-51 "系统设置"窗口

图 9-52 关闭快速启动功能

9.3.2 优化视觉效果

Windows 11 系统中加入了很多个性化、贴心的功能。如果用户觉得 Windows11 界面不是很舒服，可以为其设置最佳视觉效果。具体操作步骤如下。

步骤01 在 Windows11 系统桌面，单击"开始"按钮，在弹出的开始面板中单击"设置"按钮，如图 9-53 所示。

步骤02 进入"设置"界面，在左侧列表中选择"辅助功能"选项，进入"辅助功能"界面，如图 9-54 所示。

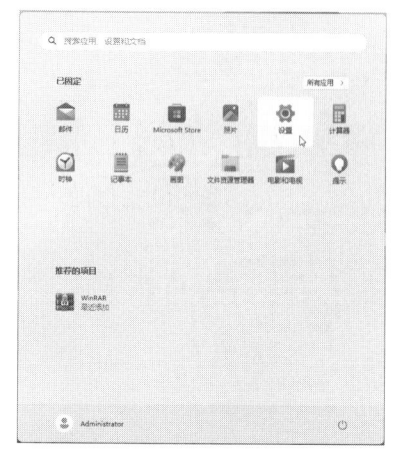

图 9-53 "设置"按钮

图 9-54 "设置"界面

步骤03 单击"视觉效果"选项，进入"视觉效果"界面，在其中可以开启透明效果、动画效果等选项，如图 9-55 所示。

步骤04 在"设置"窗口中选择"系统"选项，进入"系统"窗口，如图 9-56 所示。

图 9-55 "视觉效果"界面

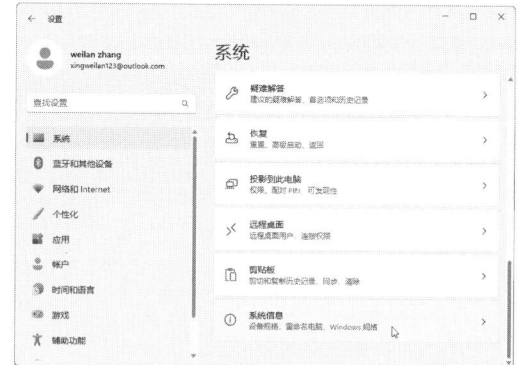

图 9-56 "系统"窗口

步骤05 在"系统"窗口中单击"系统信息"选项，进入"系统信息"窗口，如图 9-57 所示。

步骤06 单击"高级系统设置"超链接，打开"系统属性"对话框，如图 9-58 所示。

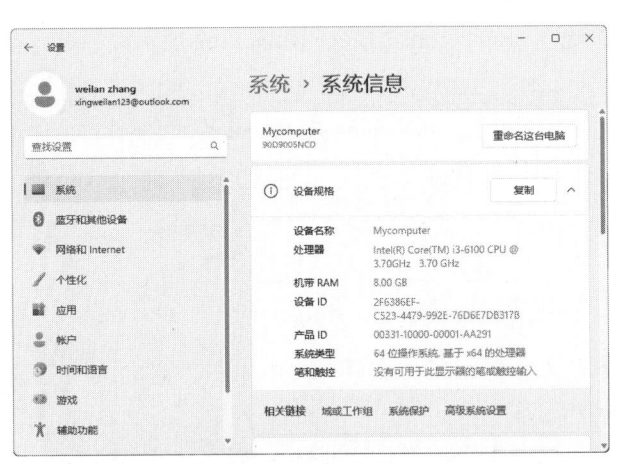

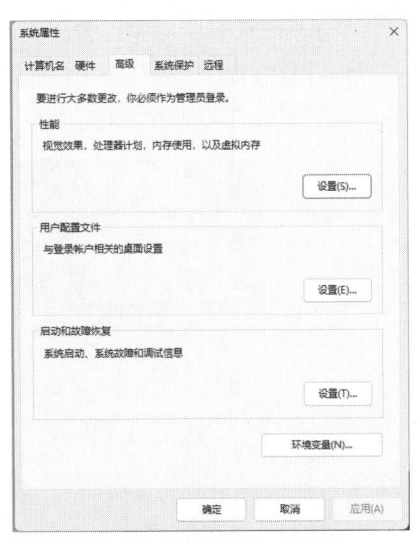

图 9-57 "系统信息"窗口　　　　　　图 9-58 "系统属性"对话框

步骤 07 单击"性能"区域中的"设置"按钮，打开"性能选项"对话框，选择"视觉效果"选项卡，在其中选中"让 Windows 选择计算机的最佳设置"复选框，最后单击"确定"按钮，即可将视觉效果设置为最佳状态，如图 9-59 所示。

步骤 08 选择"高级"选项卡，在打开的界面中点选"程序"单选按钮，将程序调整为最佳性能，如图 9-60 所示。

图 9-59 "性能选项"对话框　　　　　　图 9-60 "高级"选项卡

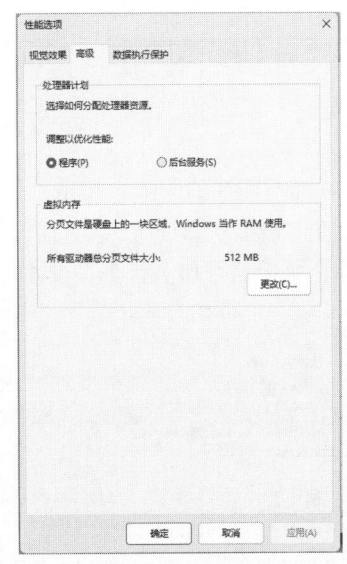

9.3.3 优化系统服务

Windows11 系统默认开启了大量用户可能不会用到的服务，这可能会导致系统运行不稳定或出现卡顿现象。为了优化系统，需要关闭这些不必要的服务。

优化系统服务的操作步骤如下。

步骤01 右击"开始"按钮，在弹出的快捷菜单中选择"运行"命令，如图9-61所示。

步骤02 打开"运行"对话框，在其中输入 services.msc 命令，如图9-62所示。

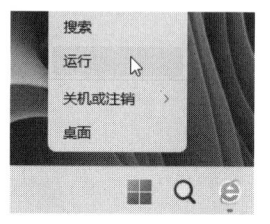

图9-61 "运行"命令　　　　　图9-62 "运行"对话框

步骤03 单击"确定"按钮，打开"服务"窗口，在服务列表中单击"启动类型"选项，将优先级显示改为"自动"，如图9-63所示。

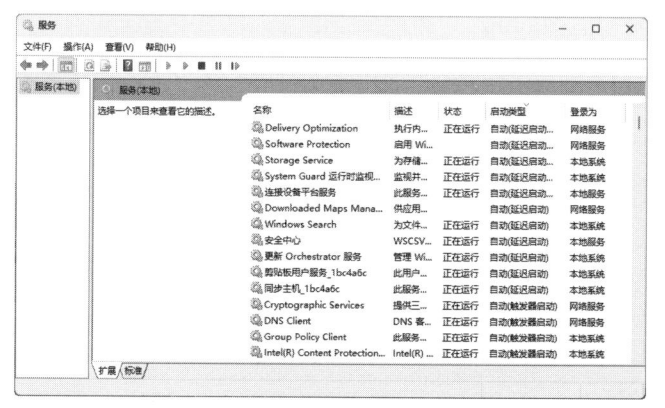

图9-63 "服务"窗口

步骤04 选择不需要的服务，单击"停止"超链接，即可将其关闭，如图9-64所示。

步骤05 双击需要关闭的服务，打开这个服务的属性对话框，在其中将其更改为"禁用"，即可完全关闭这个服务，如图9-65所示。

图9-64 "停止"超链接　　　　　图9-65 "禁用"选项

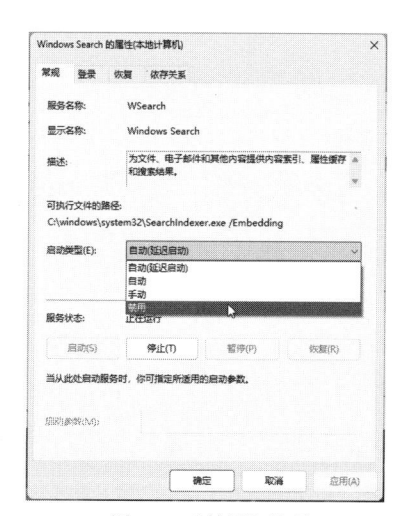

提示：如果不确定哪些服务是不需要的，可以先选择一个服务，然后查看左侧的"描述"，了解这个服务的作用，再决定是否关闭。一般来说，与功能或软件相关的服务，如果不使用，是可以关闭的，比如 Edge、Xbox、打印机等。

9.4 使用注册表优化系统

注册表是 Microsoft Windows 中的一个重要的数据库，用于存储系统和应用程序的设置信息，在系统中起着非常重要的作用。

9.4.1 禁止访问注册表

电脑中几乎所有针对硬件、软件、网络的操作都是源于注册表的，如果注册表被损坏，则整个电脑将会一片混乱，因此，防止注册表被修改是保护注册表的首要方法。

用户可以在组策略中禁止访问注册表编辑器。具体的操作步骤如下。

步骤01 选择"开始"→"运行"菜单项，在打开的"运行"对话框中输入 gpedit.msc 命令，如图 9-66 所示。

步骤02 单击"确定"按钮，在"本地组策略编辑器"窗口，依次展开"用户配置"→"管理模板"→"系统"项，即可进入"系统"界面，如图 9-67 所示。

图 9-66 "运行"对话框　　　　　图 9-67 "系统"界面

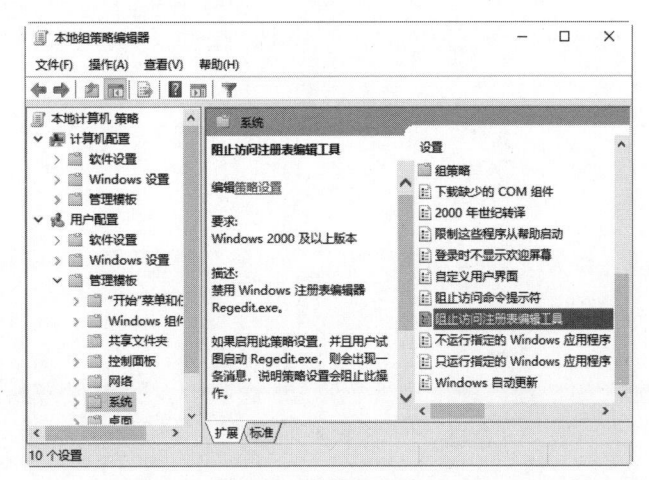

步骤03 双击"阻止访问注册表编辑工具"选项，打开"阻止访问注册表编辑工具"对话框。从中选中"已启用"单选按钮，然后单击"确定"按钮，即可完成设置操作，如图 9-68 所示。

步骤04 选择"开始"→"运行"菜单项，在弹出的"运行"对话框中输入 regedit.exe 命令，然后单击"确定"按钮，即可看到"注册表编辑已被管理员禁用"提示信息。此时表明注册表编辑器已经被管理员禁用，如图 9-69 所示。

图 9-68 "阻止访问注册表编辑工具"对话框　　　　图 9-69 信息提示框

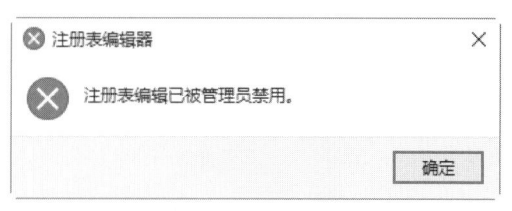

9.4.2 清理注册表

Wise Registry Cleaner 是一款安全的注册表清理工具，可以安全快速地扫描注册表中的垃圾文件，并给予清理。使用 Wise Registry Cleaner 清理注册表的具体操作步骤如下。

步骤01 下载并安装 Wise Registry Cleaner 安装程序，在"Wise Registry Cleaner 安装向导完成"对话框中单击"完成"按钮，即可打开 Choose Language（选择语言）对话框，如图 9-70 所示。

步骤02 在 Choose Language（选择语言）对话框中的语言列表中选择 Chinese（Simptified）（简体中文），如图 9-71 所示。

图 9-70 Choose Language 对话框　　　　图 9-71 选择简体中文

步骤03 单击 OK 按钮，即可打开"确认"对话框，如图 9-72 所示。

步骤04 单击"是"按钮，启动 Wise Registry Cleaner，程序会自动弹出如图 9-73 所示的一个创建系统还原点的提示。

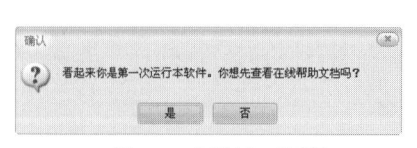

图 9-72 "确认"对话框　　　　图 9-73 "提示"对话框

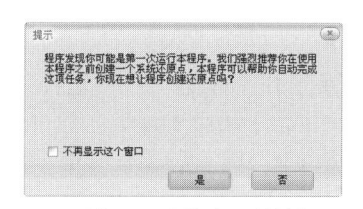

第 9 章　锦上添花，让 Windows 11 "飞" 起来

步骤 05 单击 "是" 按钮，即可打开 "备份" 对话框，根据提示备份注册表，如图 9-74 所示。

步骤 06 在注册表备份完成后，即可打开 Wise Registry Cleaner 窗口，如图 9-75 所示。

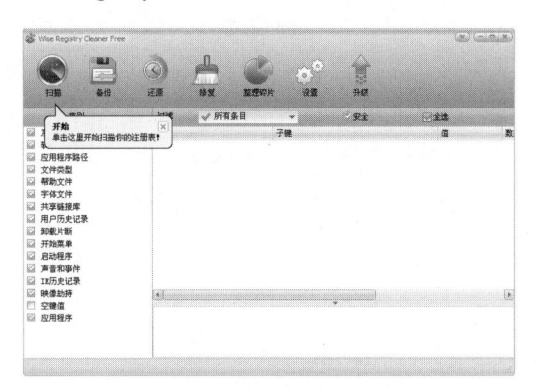

图 9-74 "备份" 对话框　　　　　　　图 9-75 Wise Registry Cleaner 窗口

步骤 07 在 Wise Registry Cleaner 窗口中单击 "扫描" 按钮，即可开始扫描注册表中的垃圾文件，如图 9-76 所示。

步骤 08 扫描完成后，在右侧的窗格中将显示出所有有问题的注册表文件，如图 9-77 所示。

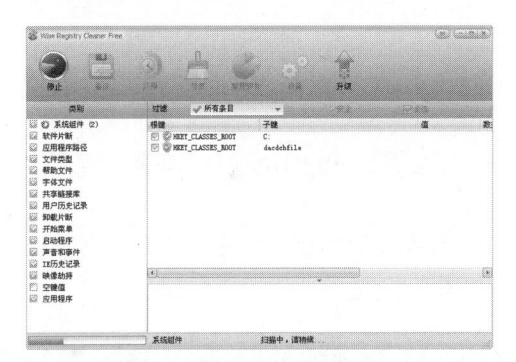

图 9-76 扫描注册表中的垃圾文件　　　　　　图 9-77 显示扫描结果

步骤 09 单击工具栏中的 "整理碎片" 按钮，即可打开 Wise Registry Defragment 对话框，如图 9-78 所示。

步骤 10 单击 "分析注册表" 按钮，即可开始分析注册表中的无用碎片文件，如图 9-79 所示。

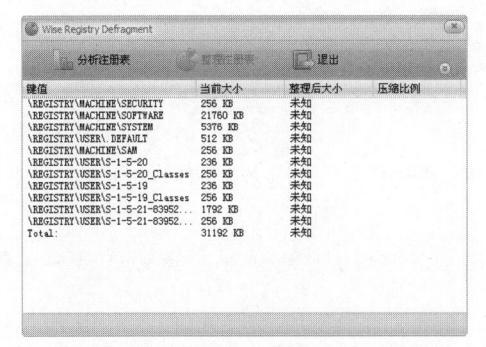

图 9-78 Wise Registry Defragment 对话框　　　　　图 9-79 显示无用碎片文件

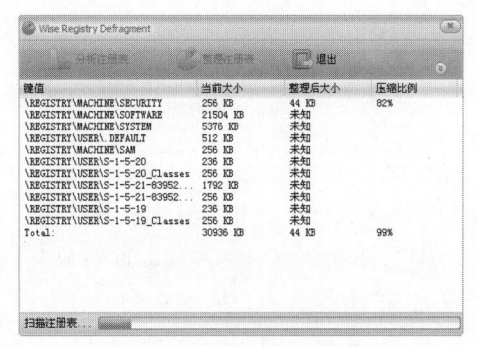

步骤11 扫描注册表完成后,即可显示出注册表中当前键值的大小和整理后的大小,如图 9-80 所示。

步骤12 单击"整理注册表"按钮,即可弹出确定现在压缩注册表信息提示框。单击"确定"按钮,压缩注册表文件,即整理注册表文件中的碎片,如图 9-81 所示。

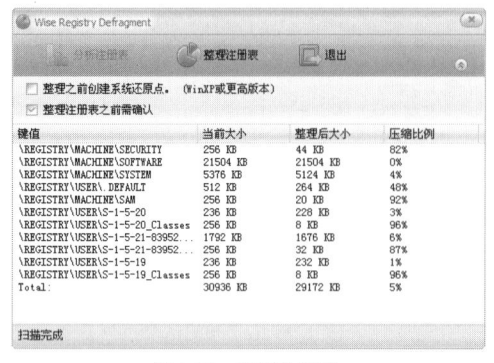

图 9-80 扫描注册表

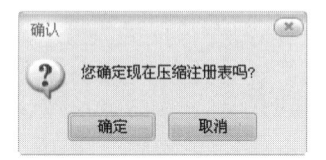

图 9-81 "确认"对话框

9.4.3 优化注册表

Registry Mechanic 是一款"傻瓜型"注册表检测修复工具。即使您一点都不懂注册表,也可以在几分钟之内修复注册表中的错误。使用 Registry Mechanic 修复注册表的具体操作步骤如下。

步骤01 下载并安装 Registry Mechanic 程序,即可打开 Registry Mechanic 程序工作界面,如图 9-82 所示。

步骤02 单击"开始扫描"按钮,即可打开"扫描结果"对话框,在其中显示了 Registry Mechanic 扫描注册表的进度和发现问题的个数,如图 9-83 所示。

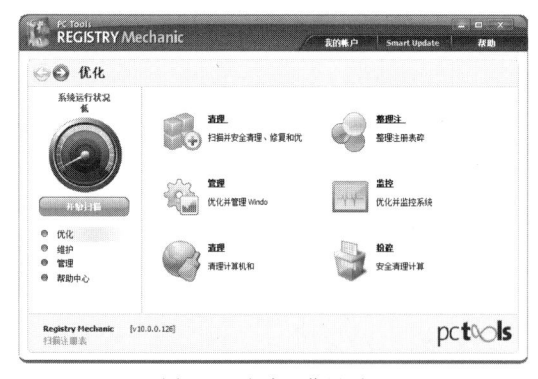

图 9-82 程序工作界面

图 9-83 "扫描结果"对话框

步骤03 扫描完成后,即可在"扫描结果"对话框中显示扫描出来的问题列表,并在右上角显示相关的注意信息,如图 9-84 所示。

步骤04 单击"修复"按钮,即可修复扫描出来的注册表错误信息,修复完毕后,将弹出修复完成的信息提示,如图 9-85 所示。

图 9-84　显示扫描出来的问题列表

图 9-85　修复完成的信息提示

步骤 05 在"修复完成"对话框中单击"继续"按钮，即可打开 Registry Mechanic 操作界面，如图 9-86 所示。

步骤 06 在左侧的设置区域中选择"管理"选项，即可打开"管理"设置界面，如图 9-87 所示。

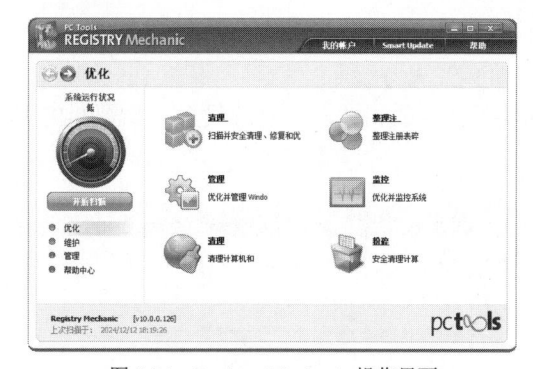

图 9-86　Registry Mechanic 操作界面

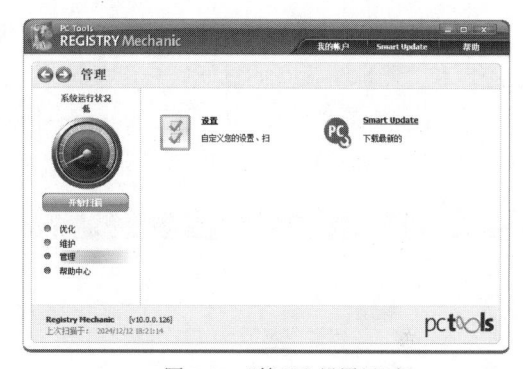

图 9-87　"管理"设置界面

步骤 07 单击"设置"按钮，即可打开"设置"界面，在"选项"设置区域中选择"常规"选项，在右侧可以根据需要设置扫描并修复选项、是否打开日志文件以及语言等信息，如图 9-88 所示。

步骤 08 选择"自定义扫描"选项，在右侧的"您希望自定义扫描期间扫描哪些分区"列表中选择需要扫描的分区，如图 9-89 所示。

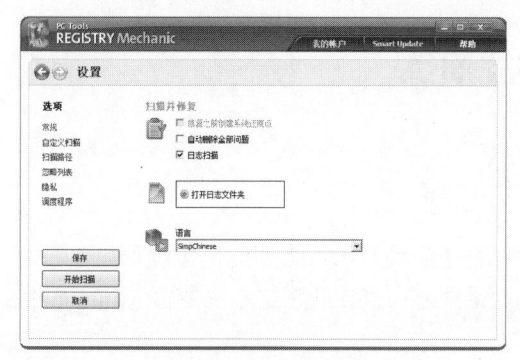

图 9-88　"常规"选项

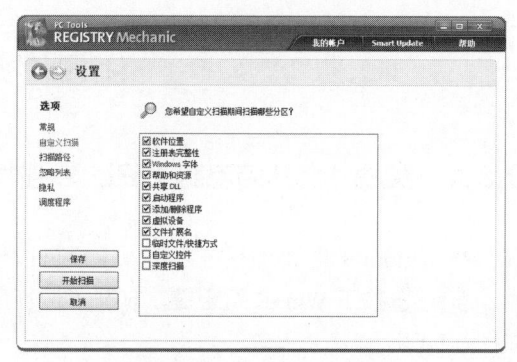

图 9-89　"自定义扫描"选项

步骤09 选择"扫描路径"选项,在右侧的"您希望扫描涵盖哪些位置"列表中选择扫描的路径,如图9-90所示。

步骤10 选择"忽略列表"选项,在右侧可以通过"添加"按钮设置忽略的值和键,如图9-91所示。

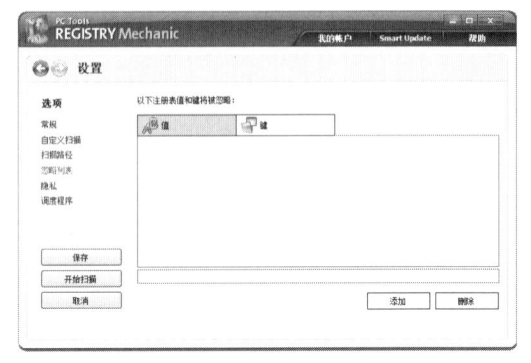

图9-90 "扫描路径"选项　　　　　图9-91 "忽略列表"选项

步骤11 选择"隐私"选项,在右侧可以根据需要选中"全面清除Internet Explcrer使用痕迹"和"隐藏磁盘空间过低警告"复选框,如图9-92所示。

步骤12 选择"调度程序"选项,在右侧可以对任务的相关选项进行设置,如图9-93所示,单击"保存"按钮,即可保存设置。

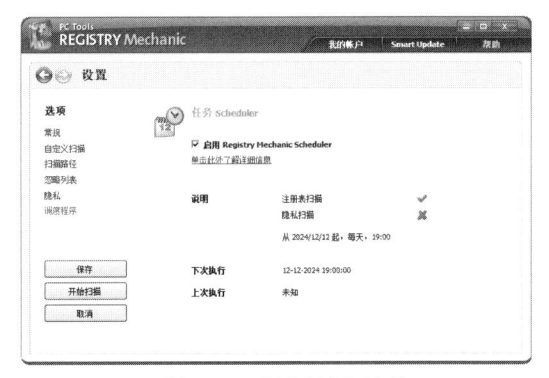

图9-92 "隐私"选项　　　　　图9-93 "调度程序"选项

9.5 实战演练

9.5.1 实战1:开启电脑CPU最强性能

在Windows 11操作系统之中,用户可以设置系统启动密码,具体的操作步骤如下。

步骤01 按下Win+R组合键,打开"运行"对话框,在"打开"文本框中输入msconfig,如图9-94所示。

步骤02 单击"确定"按钮,在弹出的对话框中选择"引导"选项卡,如图9-95所示。

第 9 章　锦上添花，让 Windows 11 "飞"起来

图 9-94　"运行"对话框

图 9-95　"引导"界面

步骤 03 单击"高级选项"按钮，弹出"引导高级选项"对话框，选中"处理器个数"复选框，将处理器个数设置为最大值，本机最大值为 4，如图 9-96 所示。

步骤 04 单击"确定"按钮，弹出"系统配置"对话框，单击"重新启动"按钮，重启电脑系统，CPU 就能达到最大性能了，这样电脑运行速度就会明显提高，如图 9-97 所示。

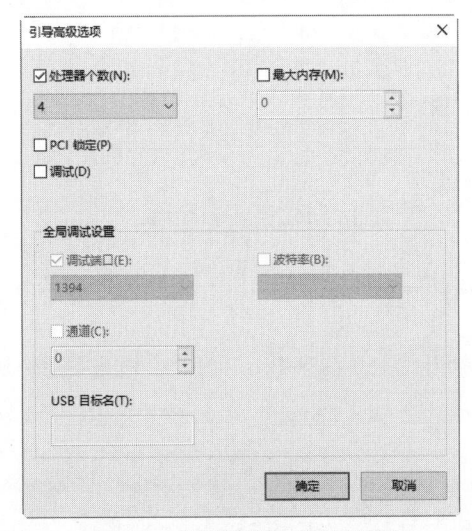

图 9-96　"引导高级选项"对话框

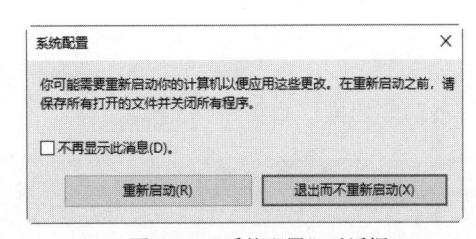

图 9-97　"系统配置"对话框

9.5.2　实战 2：全面清理电脑垃圾文件

《360 安全卫士》是一款完全免费的安全类上网辅助工具软件，拥有木马查杀、恶意插件清理、漏洞补丁修复、电脑全面体检、垃圾和痕迹清理、系统优化等多种功能。

使用《360 安全卫士》清理系统垃圾的操作步骤如下。

步骤 01 双击桌面上的《360 安全卫士》快捷图标，打开 360 安全卫士窗口，如图 9-98 所示。

步骤 02 单击"电脑清理"按钮，进入电脑清理工作界面，如图 9-99 所示。

171

图 9-98　360 安全卫士

图 9-99　电脑清理工作界面

步骤03 在电脑清理工作界面中包括多个清理类型，这里单击"一键清理"按钮选择所有的清理类型，开始扫描电脑系统中的垃圾文件，如图 9-100 所示。

步骤04 扫描完成后，在电脑清理工作界面中显示扫描的结果，如图 9-101 所示。

图 9-100　正在扫描垃圾

图 9-101　显示扫描结果

步骤05 单击"一键清理"按钮，开始清理系统垃圾，清理完成后，在电脑清理工作界面中给出清理完成的信息提示，如图 9-102 所示。

步骤06 单击"全面深度清理"超链接，即可打开"360 清理 Pro"窗口，对电脑系统进行深度清理扫描，如图 9-103 所示。

图 9-102　清理系统垃圾

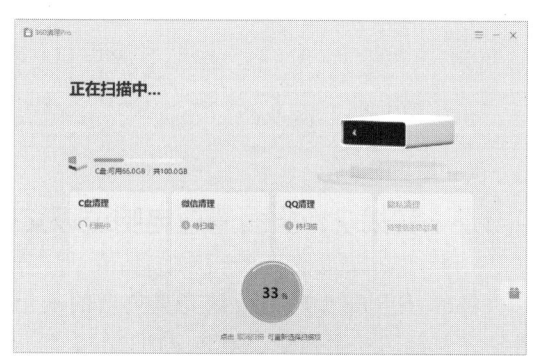

图 9-103　深度扫描

步骤07 扫描完成后，在"360 清理 Pro"窗口中显示扫描结果，单击"一键清理"按钮，即可对电脑系统进行深度清理，如图 9-104 所示。

图 9-104 深度清理

第 10 章

无线网络,来一场完美的网上冲浪

无线网络是利用电磁波作为数据传输的媒介,就应用层面而言,与有线网络的用途完全相似,最大的不同是传输信息的媒介不同。本章就来介绍无线网络的安全防护,主要内容包括组建无线局域网、共享无线上网、无线网络的安全防护等。

10.1 电脑连接上网的方式

电脑连接网络的方式主要有两种,包括有线连接和无线连接。这里的线,指的是网线,所以有线连接就是通过网线接入网络,无线连接就是不用借助网线也能上网。

10.1.1 有线上网

有线连接方式上网,是台式机的主要上网方式,也是最开始的上网方式。有线连接是从光猫或者路由器处接一条网线,并将网线的另一端插入电脑的网口,从而实现上网。电脑要直接连接光猫实现上网,一个必要的前提就是该光猫具有路由功能,否则就必须使用额外的路由器才能上网,如图 10-1 所示。

图 10-1 网线

有线连接方式上网的优点在于信号稳定,不易受干扰,最直接的体验就是有线上网的平均网速快于无线上网。有线上网的缺点是移动性差,不考虑台式机,只考虑笔记本电脑,使用有线连接方式后,笔记本电脑就必须固定放在一个地方,而不能像使用无线上网一样可以在信号覆盖区域内自由移动。

10.1.2 无线上网

无线连接上网的方式包括 WiFi 上网、手机热点上网、蓝牙共享上网等。其中，使用最为普遍的就是 WiFi 上网，如图 10-2 所示。

图 10-2　WiFi 标志

WiFi 功能已经是路由器的标配，几乎市面上任何一款路由器都具有 WiFi 功能。路由器接通网络并开启 WiFi 功能后，就会像一个广播电台一样向周围散播频率一定的电磁波信号，而在信号覆盖区域内的具有无线网卡的终端设备，都可以通过设备上的 WiFi 组件接入网络。接入过程中，如果目标 WiFi 设置了密码，则必须输入正确的密码才能接入网络，否则会被拒绝接入，如图 10-3 所示。

WiFi 上网的优点就是方便移动，在信号覆盖区域内怎么移动都可以保持网络连接。而其缺点就是信号不稳定，易受干扰，信号发射功率较低的 WiFi 覆盖范围很小，同时极易受墙壁阻挡。由于 WiFi 信号容易受墙壁影响造成强度衰减，因此一套 100 平方米的房子，想要各个房间都具有较强的 WiFi 信号，就需要使用好几个路由器进行网络桥接。

一般情况下，有线上网是台式机的默认方式，无线上网是笔记本电脑的默认方式。如果台式机想要通过无线网络上网，就需要确定是否具有无线网卡这个组件，否则就需要通过外接的无线网卡实现无线上网，如图 10-4 所示。

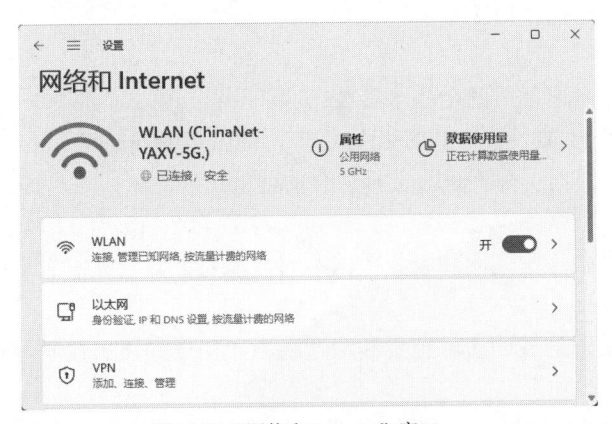

图 10-3　"网络和 Internet"窗口

图 10-4　外接无线网卡

10.2　搭建无线局域网

建立无线局域网的操作比较简单，在有线网络到户后，用户只需连接一个具有无线 WiFi 功能的路由器，然后各房间里的台式机、笔记本电脑、手机和 iPad 等设备利用无线网卡与路由器之间建立无线连接，即可构建整个办公室的内部无线局域网。

10.2.1　选择适合的无线路由器

现在是手机互联网时代，家庭或办公环境中的网络已经成为人们工作、学习、娱乐的重要组成部分。为了能够实现高速稳定的网络连接，选择一款合适的无线路由器就显得尤为重要。然而，市面上的无线路由器品牌和型号繁多，如何选择一款性价比高的家用无线路由器呢？

1. 网络需求分析

在选择路由器之前，首先需要对所需网络进行分析，主要包括以下几个方面：

（1）网络规模：确定路由器需要覆盖的范围，是家庭使用还是办公环境，还是更大规模的企业或商务场所，大概的使用人数，连接设备台数等。

（2）用户数量：确定网络连接的用户数量，包括同时使用网络的设备数量。

（3）网络需求：确定对网络速度、稳定性和安全性等方面的具体需求，如高速文件下载、在线编辑、在线视频流畅播放、网络游戏等。

2. 无线路由器类型选择

通过对网络需求的分析，可以确定需要选择的路由器类型。市面上常见的路由器有以下几种：

（1）家用路由器：适用于家庭环境，覆盖范围较小，用户数量有限，主要需求为日常上网、视频观看和文件下载等。

（2）商用路由器：适用于办公环境或中小型企业，覆盖范围较大，用户数量较多，需要满足更高的网络速度和稳定性要求。

（3）企业级路由器：适用于大型企业或商务场所，覆盖范围广泛，用户数量众多，需要具备高性能的网络处理能力和多种网络连接接口。

3. 技术参数重点考虑

在选择合适的路由器时，需要重点考虑以下几个技术参数：

（1）传输速度：传输速度是衡量路由器性能的重要指标之一，通常以 Mbps 或 Gbps 为单位，表示单位时间内传输的数据量，根据实际需求，选择适合的传输速度。

（2）无线标准：无线标准指的是无线网络的通信标准，如 802.11b、802.11g、802.11n、802.11ac 等。不同的无线标准对应的数据传输速度和覆盖范围不同，需要根据实际需求选择合适的无线标准。

（3）天线功率：天线功率决定了无线信号的传输范围和穿透能力。在选择路由器时，需要考虑到所需覆盖的范围以及相应的天线功率。

（4）安全性：选择具备一定安全性保护功能的无线路由器，如支持 WPA/WPA2 加密、防火墙和 MAC 地址过滤等功能，确保网络安全。

4. 品牌和口碑评价

在选择合适的路由器时，值得考虑的还包括品牌和口碑评价。

（1）品牌选择：选择知名度较高、有一定市场份额的品牌，通常更有保障。这些品牌通常有更完善的售后服务和技术支持。

（2）口碑评价：通过查阅用户评价、专业评测或咨询他人的使用经验，了解不同品牌型号的优缺点，对于选择合适的路由器非常有帮助，如图 10-5 所示。

总之，选择一款合适的无线路由器需要对网络需求进行准确分析，并根据需求选择适合的路由器类型。

图 10-5　路由器

10.2.2 组建与配置无线局域网

建立无线局域网的第一步就是配置无线路由器，默认情况下，具有无线功能的路由器是不开启无线功能的，需要用户手动配置，在开启了路由器的无线功能后，下面就可以配置无线网了。

使用电脑配置无线网的具体操作步骤如下。

步骤01 打开 Iternet Exptorer 浏览器，在地址栏中输入路由器的网址，一般情况下路由器的默认网址为 192.168.0.1，输入完毕后单击"转至"按钮，即可打开路由器的登录窗口，如图 10-6 所示。

步骤02 在"密码"文本框中输入管理员的密码，默认情况下管理员的密码为 123456，如图 10-7 所示。

图 10-6　路由器登录窗口

图 10-7　输入管理员的密码

步骤03 单击"登录"按钮，即可进入路由器的"运行状态"工作界面，在其中可以查看路由器的基本信息，如图 10-8 所示。

步骤04 选择窗口上侧的"WiFi 设置"选项，在打开的子选项中选择"基本信息"选项，即可在右侧的窗格中显示无线设置的基本功能，如图 10-9 所示。

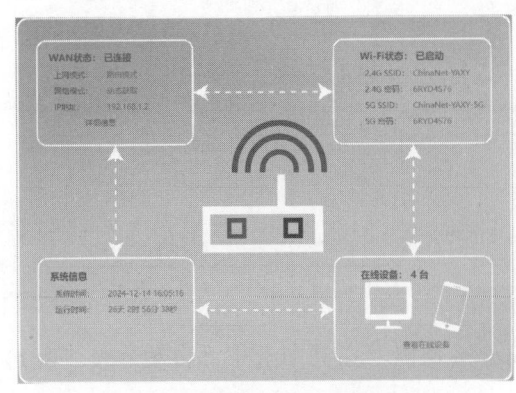

图 10-8　"运行状态"工作界面

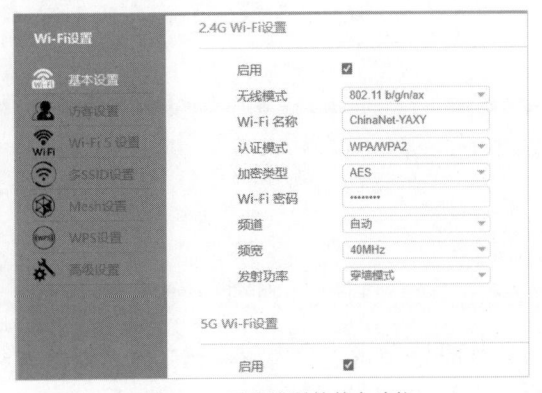

图 10-9　无线设置的基本功能

步骤05 当启用了路由器的无线功能后，单击"保存设置"按钮进行保存，然后重新启动路由器，即可完成无线网的设置，这样具有 WiFi 功能的手机、电脑、iPad 等电子设备就可以与路由器进行无线连接，从而实现共享上网，如图 10-10 所示。

图 10-10　完成无线网设置

10.2.3　电脑接入无线网

笔记本电脑具有无线接入功能，台式电脑要想接入无线网，需要购买相应的无线接收器，这里以笔记本电脑为例，介绍如何将电脑接入无线网，具体的操作步骤如下。

步骤01 双击笔记本电脑桌面右下角的无线连接图标，打开"网络和 Internet"窗口，在其中可看到本台电脑的网络连接状态，当前未连接网络，如图 10-11 所示。

步骤02 单击笔记本电脑桌面右下角的无线连接图标，在打开的界面中显示了电脑自动搜索的无线设备和信号，如图 10-12 所示。

图 10-11　"网络和 Internet"窗口

图 10-12　无线设备信息

步骤03 单击一个无线连接设备，展开无线连接功能，在其中选中"自动连接"复选框，如图 10-13 所示。

步骤04 单击"连接"按钮，在打开的界面中输入无线连接设备的连接密码，如图 10-14 所示。

步骤05 单击"下一步"按钮，开始连接网络，如图 10-15 所示。

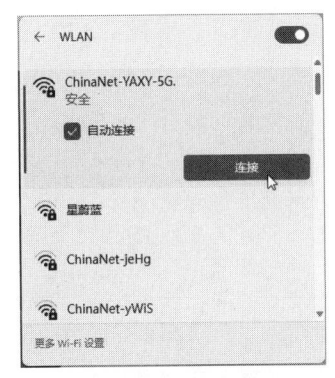

图 10-13 无线连接功能　　　图 10-14 输入密码　　　图 10-15 开始连接网络

步骤06 连接到网络之后，桌面右下角的无线连接设备显示正常，并以弧线的方法给出信号的强弱，如图 10-16 所示。

步骤07 再次打开"网络和 Internet"窗口，在其中可以看到这台电脑当前的连接状态，如图 10-17 所示。

图 10-16 连接设备显示正常　　　图 10-17 当前的连接状态

10.3 无线局域网的安全管理

无线网络不需要物理线缆，非常方便，但正因为无线网络需要靠无线信号进行信息传输，而无线信号又管理不便，因此，数据的安全性更是遭到了前所未有的挑战，于是，各种各样的无线加密算法应运而生。

10.3.1 测试无线网络的速度

当遇到网络不稳定或速度不足时，进行网速测试是第一步。通过测试网速，用户可以清晰地掌握下载速度和上传速度，定期测试网速有助于监控网络性能。

在 Windows 11 中可以通过任务管理器查看网络的速度，具体操作步骤如下。

步骤01 在任务栏空白区域右击，在弹出的快捷菜单中选择"任务管理器"命令，打开"任务管理器"窗口，如图 10-18 所示。

步骤02 选择"性能"选项卡，然后单击要查看网速的以太网或 WiFi，在右侧的显示区域会显示该网卡的实时速度，如图 10-19 所示。

图 10-18 "任务管理器"窗口

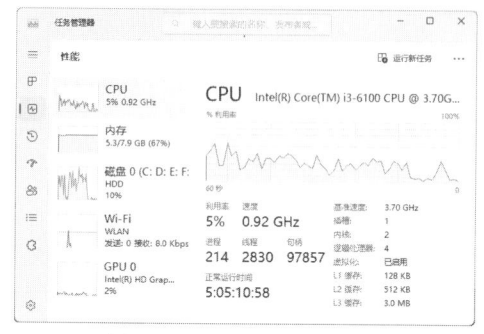

图 10-19 "性能"选项卡

另外，也可以使用浏览器在线测速工具进行网速测试，具体操作步骤如下。

步骤01 在浏览器中输入"测速网"或"speedtest.net"等关键词，进入在线测速网站的官网，如图 10-20 所示。

步骤02 单击"测速"按钮，弹出一个信息提示框，显示用户为检测真实网络状况所给出的建议，如图 10-21 所示。

图 10-20 在线测速网站

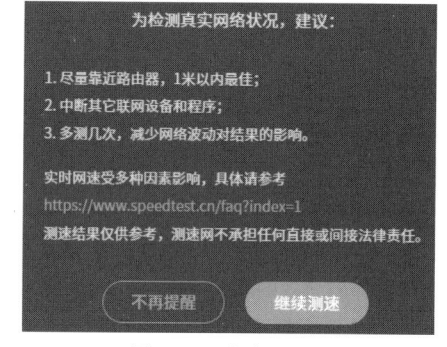

图 10-21 信息提示框

步骤03 单击"继续测速"按钮，即可开始测速，包括下载速度、上传速度等信息，如图 10-22 所示。

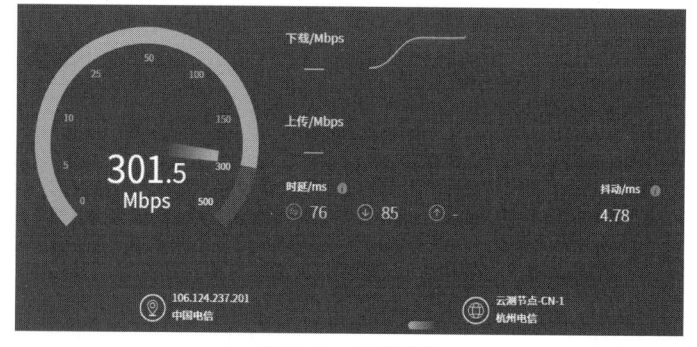

图 10-22 开始测速

步骤04 等待测试完成后，测试结果会显示网络速度，通常以 Mbps（兆比特每秒）为单位，如图 10-23 所示。

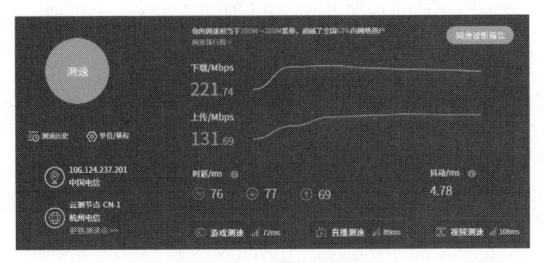

图 10-23　测试结果

步骤05 单击测试结果右上角的"网速诊断报告"按钮，即可打开诊断报告，如图 10-24 所示。

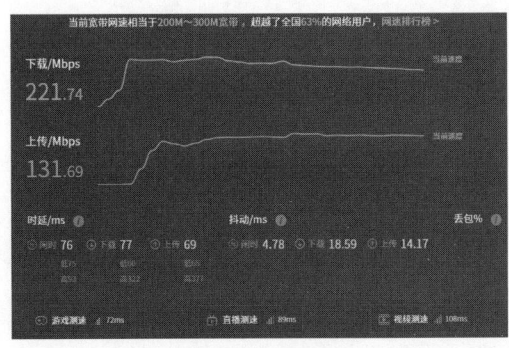

图 10-24　诊断报告

10.3.2　修改无线网络的名称和密码

无线网络的名称和密码通常是指 WiFi 的名称和密码，该名称和密码可以根据自己的需要进行修改，具体操作步骤如下。

步骤01 打开路由器的 Web 后台设置界面，选择"WiFi 设置"选项下的"WiFi 5 设置"选项，打开"WiFi 5 设置"工作界面，这里显示了 WiFi 名称和密码，如图 10-25 所示。

步骤02 在 WiFi 名称和 WiFi 密码文本框中输入新的名称和密码，最后单击"保存设置"按钮，即可修改无线网络的名称和密码，如图 10-26 所示。

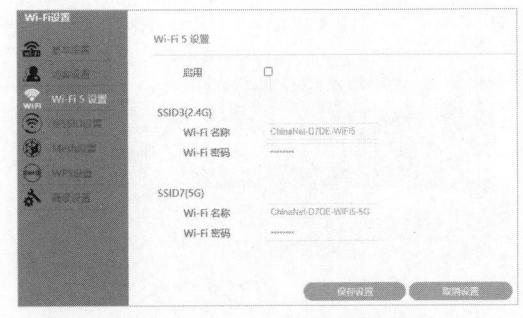

图 10-25　"WiFi 5 设置"工作界面

图 10-26　输入新的名称和密码

10.3.3 设置无线网络的管理员密码

路由器的初始密码比较简单，为了保证局域网的安全，一般需要修改或设置管理员密码，具体的操作步骤如下。

步骤01 打开路由器的 Web 后台设置界面，选择"高级设置"选项下的"管理密码"选项，打开"管理密码"工作界面，如图 10-27 所示。

步骤02 在"新密码"和"确认密码"文本框中输入新设置的密码，最后单击"保存设置"按钮即可，如图 10-28 所示。

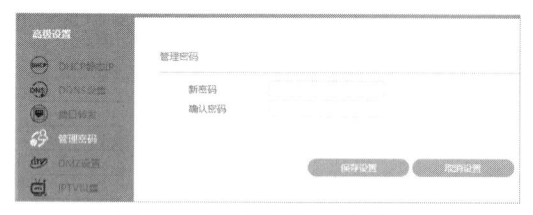

图 10-27 "管理密码"工作界面

图 10-28 输入密码

10.3.4 将路由器恢复为出厂设置

当忘记了路由器登录密码或者感觉路由器上网不稳定且有故障时，一般通过恢复出厂设置可以解决。下面介绍几个将路由器恢复出厂设置的办法。

方法1：通过路由器管理界面恢复出厂设置

首先在浏览器中输入路由器登录地址，一般为 192.168.1.1 或者 192.168.0.1。打开路由器的 Web 后台设置界面，然后输入路由器登录的用户名与密码（这个路由器外壳上都有标注）。然后在"高级设置"界面的左侧列表中选择"升级固件"选项，再在右侧单击恢复出厂配置中的"恢复"按钮，即可恢复出厂设置，如图 10-29 所示。

方法2：通过路由器复位按钮

通过路由器复位按钮可以实现路由器恢复出厂设置，这也是通用的路由器恢复出厂设置的方法。每个路由器后面都有一个路由器复位（RESET）按钮，其作用就是可以通过这个按钮实现路由器恢复出厂设置，比如很多用户忘记了路由器设置管理用户名与密码，无法进入路由器设置，那么只能通过路由器复位按钮，将路由器恢复到出厂设置，然后再重新设置路由器上网了，如图 10-30 所示。

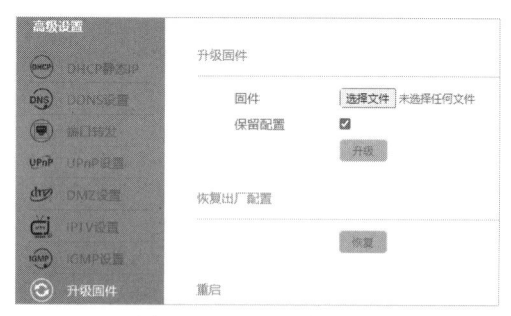

图 10-29 "升级固件"选项

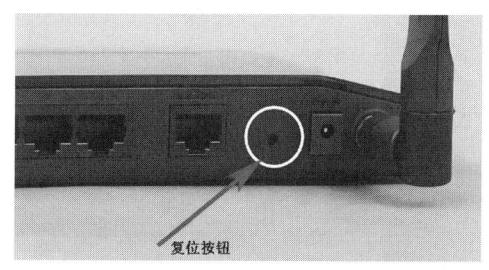

图 10-30 复位（RESET）按钮

通过路由器复位按钮恢复出厂设置的正确方法为:首先把路由器的电源拔掉,然后用牙签或者圆珠笔尖,通过 RESET 小孔按住里面的开关不放。然后再把电源插上等待几秒,此时观察路由器指示灯会发现有几个指示灯快速闪烁,然后大约 5 秒后恢复平静,此时就可以放开牙签或者圆珠笔尖,这样就实现恢复出厂设置了。

10.3.5 诊断和修复网络不通的问题

当自己的电脑不能上网时,说明电脑与网络连接不通,这时就需要诊断和修复网络了,具体的操作步骤如下。

步骤01 打开"网络连接"窗口,右击需要诊断的网络图标,在弹出的快捷菜单中选择"诊断"选项,弹出"Windows 网络诊断"窗口,并显示网络诊断的进度,如图 10-31 所示。

步骤02 诊断完成后,将会在下方的窗格中显示诊断的结果,如图 10-32 所示。

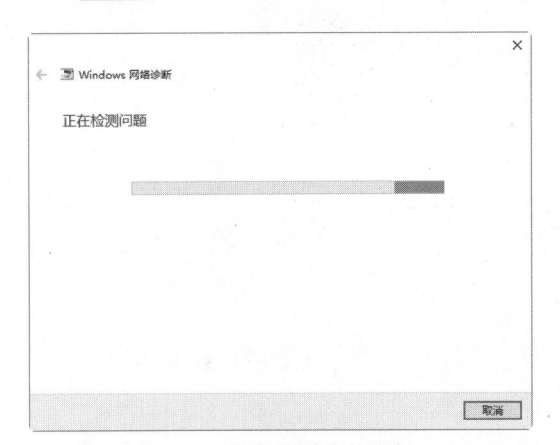

图 10-31　显示网络诊断的进度

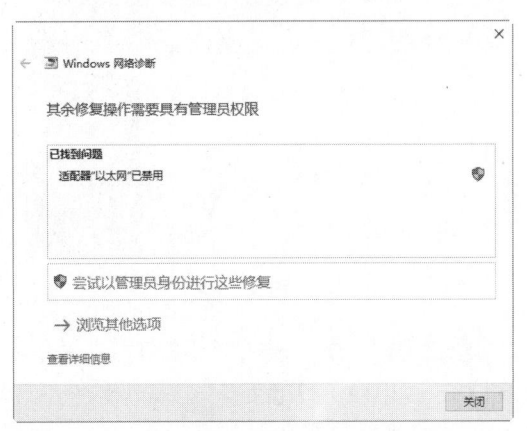

图 10-32　显示诊断的结果

步骤03 单击"尝试以管理员身份进行这些修复"链接,即可开始对诊断出来的问题进行修复,如图 10-33 所示。

步骤04 修复完毕后,会给出修复的结果,提示用户疑难解答已经完成,并在下方显示已修复信息提示,如图 10-34 所示。

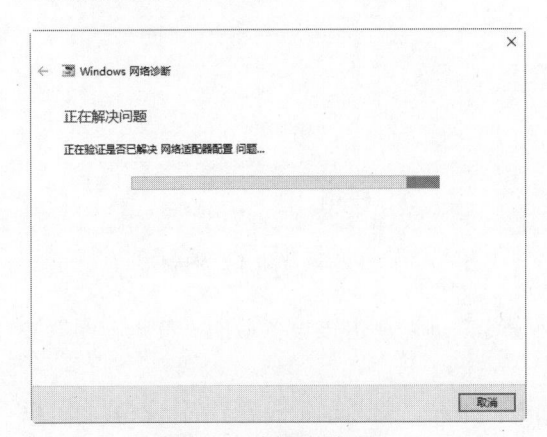

图 10-33　修复网络问题

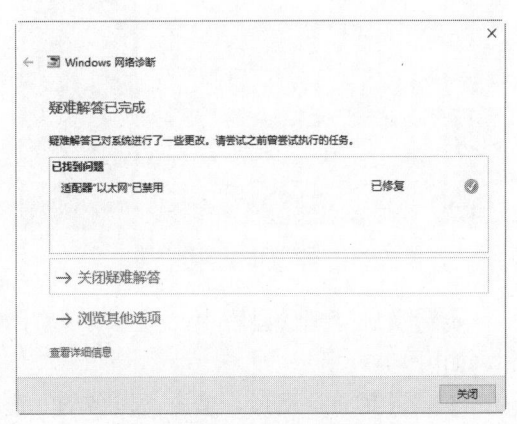

图 10-34　显示已修复信息

10.3.6 无线路由器的安全管理

使用无线路由器管理工具可以方便管理无线网络中的上网设备。"360 路由器卫士"是一款由 360 官方推出的绿色免费的家庭必备无线网络管理工具。"360 路由器卫士"软件功能强大，支持几乎所有的路由器。在管理的过程中，一旦发现蹭网设备想踢就踢。下面介绍使用 360 路由器卫士管理网络的操作方法。

步骤01 下载并安装"360 路由器卫士"，双击桌面上的快捷图标，打开"路由器卫士"工作界面，提示用户正在连接路由器，如图 10-35 所示。

步骤02 连接成功后，弹出"路由器卫士提醒您"对话框，在其中输入路由器账号与密码，如图 10-36 所示。

图 10-35 "路由器卫士"工作界面

图 10-36 输入路由器账号与密码

步骤03 单击"下一步"按钮，进入"我的路由"工作界面，在其中可以看到当前的在线设备，如图 10-37 所示。

步骤04 如果想要对某个设备限速，则可以单击设备后的"限速"按钮，打开"限速"对话框，在其中设置设备的上传速度与下载速度，设置完毕后单击"确认"按钮即可保存设置，如图 10-38 所示。

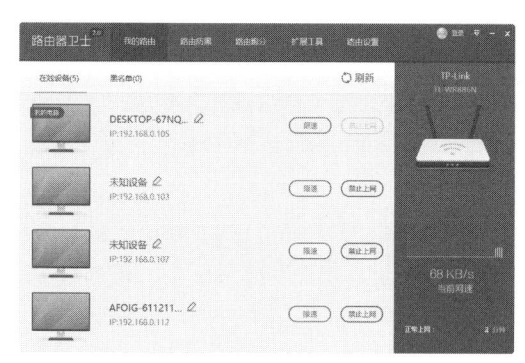

图 10-37 "我的路由"工作界面

图 10-38 "限速"对话框

步骤05 在管理的过程中，一旦发现有蹭网设备，可以单击该设备后的"禁止上网"按钮，如图 10-39 所示。

步骤06 禁止上网后，单击"黑名单"选项卡，进入"黑名单"设置界面，在其中可以看到被禁止的上网设备，如图 10-40 所示。

第 10 章　无线网络，来一场完美的网上冲浪

步骤07 选择"路由防黑"选项卡，进入"路由防黑"设置界面，在其中可以对路由器进行防黑检测，如图 10-41 所示。

图 10-39　禁止不明设置上网　　　　　　　　　图 10-40　"黑名单"设置界面

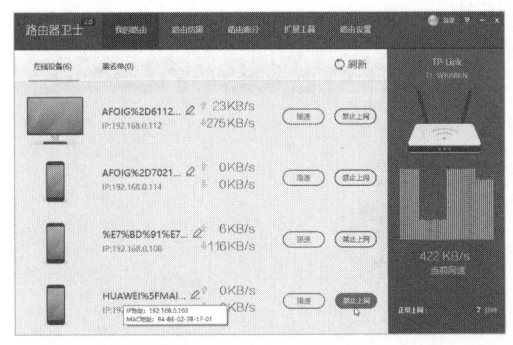

步骤08 单击"立即检测"按钮，即可开始对路由器进行检测，并给出检测结果，如图 10-42 所示。

图 10-41　"路由防黑"设置界面　　　　　　　　图 10-42　检测结果

步骤09 选择"路由设置"选项卡，进入"路由设置"设置界面，在其中可以对宽带上网、WiFi 密码、路由器密码等选项进行设置，如图 10-43 所示。

步骤10 选择"路由时光机"选项，在打开的界面中单击"立即开启"按钮，即可打开"时光机开启"设置界面，在其中输入 360 账号与密码，然后单击"立即登录并开启"按钮，即可开启时光机，如图 10-44 所示。

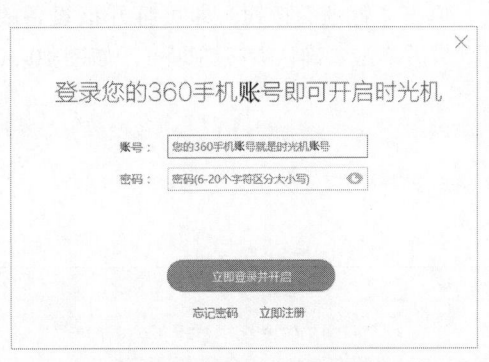

图 10-43　路由设置界面　　　　　　　　　　　图 10-44　"时光机开启"设置界面

185

步骤11 选择"宽带上网"选项,进入"宽带上网"界面,在其中输入网络运营商给出的上网账号与密码,单击"保存设置"按钮,即可保存设置,如图 10-45 所示。

步骤12 选择"WiFi 密码"选项,进入"WiFi 密码"界面,在其中输入 WiFi 密码,单击"保存设置"按钮,即可保存设置,如图 10-46 所示。

图 10-45 "宽带上网"界面　　　　　　图 10-46 "WiFi 密码"界面

步骤13 选择"路由器密码"选项,进入"路由器密码"界面,在其中输入路由器密码,单击"保存设置"按钮,即可保存设置,如图 10-47 所示。

步骤14 选择"重启路由器"选项,进入"重启路由器"界面,单击"重启"按钮,即可对当前路由器进行重启操作,如图 10-48 所示。

图 10-47 "路由器密码"界面　　　　　图 10-48 "重启路由器"界面

另外,使用"360 路由器卫士"在管理无线网络安全的过程中,一旦检测到有设备通过路由器上网,就会在电脑桌面的右上角弹出信息提示框,如图 10-49 所示。

单击"管理"按钮,即可打开该设备的详细信息界面,在其中可以对网速进行限制管理,最后单击"确认"按钮即可,如图 10-50 所示。

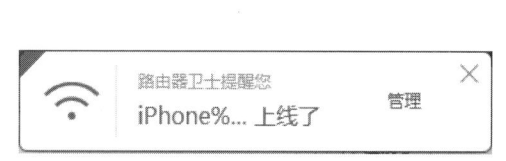

图 10-49 信息提示框　　　　　　　　图 10-50 详细信息界面

10.4 实战演练

10.4.1 实战1：将电脑转变为无线热点

Windows 11 允许将电脑变为无线热点，以便其他设备可以通过你的电脑连接到互联网。将电脑转变为无线热点的操作步骤如下。

步骤01 在 Windows 11 桌面上右击"开始"按钮，在弹出的快捷菜单中选择"设置"选项，如图 10-51 所示。

步骤02 打开"设置"窗口，选择"网络和 Internet"选项，进入"网络和 Internet"窗口，将"移动热点"设置为开启状态，如图 10-52 所示。

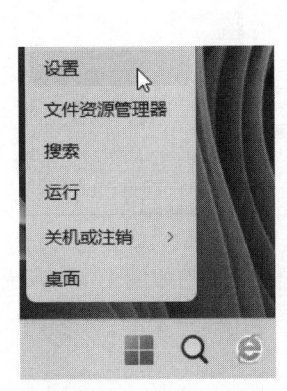

图 10-51 "设置"选项

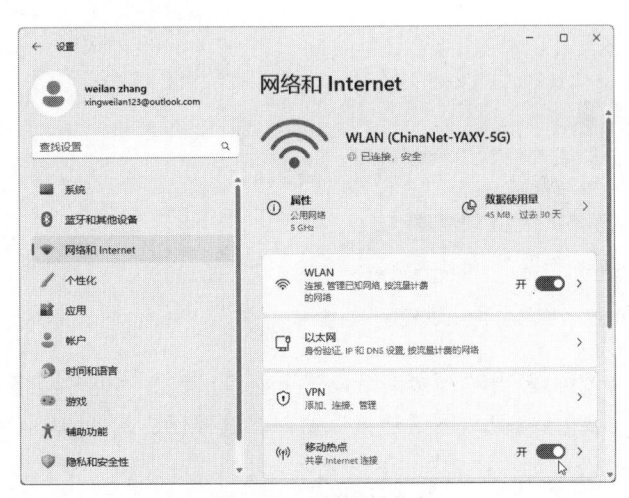

图 10-52 开启移动热点

步骤03 单击"开"按钮右侧的" > "按钮，进入"移动热点"窗口，在其中可以看到移动热点的网络属性，如图 10-53 所示。

步骤04 使用手机搜索电脑的热点，这里电脑热点的名称为"MYCOMPUTER 1873"，然后在手机中输入这个热点的密码，这时就可以在"属性"信息中看到已经连接的设备信息，如图 10-54 所示。

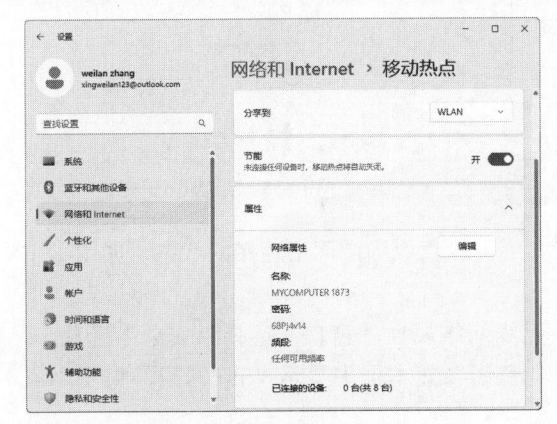

图 10-53 "移动热点"窗口

图 10-54 连接电脑热点

10.4.2 实战 2：查看电脑已连接的 WiFi 密码

通过网络和 Internet 可以查看电脑已连接的 WiFi 密码，具体操作步骤如下。

步骤01 在 Windows 11 桌面上右击任务栏上的网络图标，在弹出的快捷菜单中选择"网络和 Internet 设置"选项，如图 10-55 所示。

步骤02 打开"网络和 Internet"窗口，单击"高级网络设置"选项，如图 10-56 所示。

图 10-55　"网络和 Internet 设置"选项　　　　图 10-56　"网络和 Internet"窗口

步骤03 打开"高级网络设置"窗口，单击"更多网络适配器选项"，如图 10-57 所示。

步骤04 打开"网络连接"窗口，选择已连接的 WLAN 并右击，在弹出的快捷菜单中选择"状态"选项，如图 10-58 所示。

图 10-57　"高级网络设置"窗口　　　　图 10-58　"状态"选项

步骤05 打开"WLAN 状态"对话框，在其中可以查看当前网络连接的状态，如图 10-59 所示。

步骤06 单击"无线属性"按钮，打开"无线网络属性"窗口，选择"安全"选项卡，选中"显示字符"复选框，即可在"网络安全密钥"文本框中显示 WiFi 密码，如图 10-60 所示。

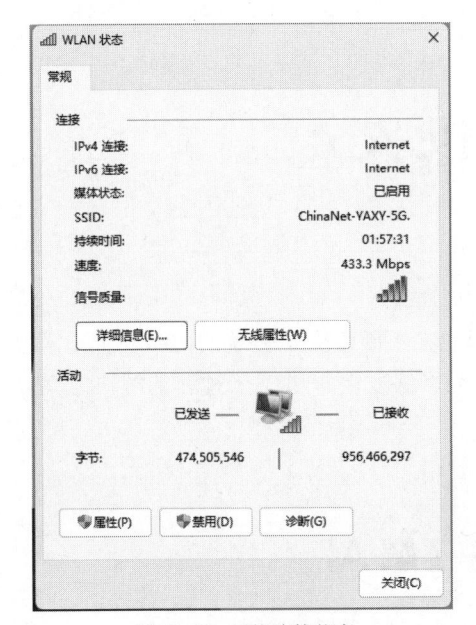

图 10-59　网络连接状态　　　　　　　图 10-60　"安全"选项卡

第 11 章

智能革命，AI可以让电脑更安全

随着信息技术的飞速发展，网络攻击的手段也在不断演变，传统的网络安全技术已经难以应对日益复杂的网络安全威胁。而 AI 技术，为网络安全提供了一种新的解决方案。本章就来介绍 AI 技术在电脑安全中的应用。

11.1 快速了解 AI

随着科技的发展，AI 已经"学会"了思考，它可以利用大数据进行智能分析，完成一些创新性的操作。因此，越来越多的行业开始尝试用 AI 进行文案创作、绘图、编码等。在电脑安全领域，AI 的应用也越来越广泛。

11.1.1 AI 改变了我们的工作方式

AI，即人工智能（Artificial Intelligence），是新一轮科技革命和产业变革的重要驱动力量。人工智能是智能学科重要的组成部分，还是十分广泛的科学，包括机器人、语言识别、图像识别、自然语言处理、电脑系统处理、机器学习、计算机视觉等。

人工智能（AI）技术的诞生改变了人们的工作方式。从工作方式到生活方式，再到认知方式，AI 技术都在深刻地影响着人们的生活。

1. 改变工作方式

首先，AI 技术改变了人类的工作方式。传统的生产方式需要大量的人工操作，而现在越来越多的工作被自动化和智能化取代。例如，在制造业中，机器人已经取代了大量的人力，实现了生产过程的自动化和智能化。在金融领域，智能投顾、智能客服等应用也取代了部分人类工作。这些自动化和智能化的应用不仅提高了工作效率，也减少了人为错误和失误。

2. 改变生活方式

AI 技术可以实现各种智能化应用，如智能家居、智能出行等，让人们的生活更加便利、舒适和安全。例如，智能家居可以实现智能化控制，让人们的家居环境更加舒适和节能。智能出行可以通过智能导航和智能交通控制系统，提高出行效率和安全性。

3. 改变认知方式

AI 技术可以帮助我们更好地认识和理解世界。例如，AI 技术可以通过自然语言处理和机器学习等技术，帮助人们更好地理解和处理大量的数据和信息。AI 技术还可以通过模拟实验和虚拟现实等技术，帮助人们更好地了解和探索未知领域。

11.1.2 好用的 AI 助手——ChatGPT

ChatGPT 是一个强大的人工智能工具，可以帮助人们更快速、更准确地获取信息、知识和灵感，提高工作效率。ChatGPT 是由 OpenAI 开发的一个基于人工智能技术的语言模型，它于 2022 年 11 月 30 日发布，能够通过学习和理解人类语言来进行对话。如图 11-1 所示为 ChatGPT 生成的一张图片。

ChatGPT 可以帮助我们解决各种问题，提供有用的信息和建议。那么，如何使用 ChatGPT 呢？首先，用户需要访问 ChatGPT 的官方网站或者通过其他途径下载并安装它的应用程序，一旦成功登录，就可以开始与 ChatGPT 进行交互了。如图 11-2 所示为 ChatGPT 的官方网站，单击"Download ChatGPT desktop"超链接下载即可。

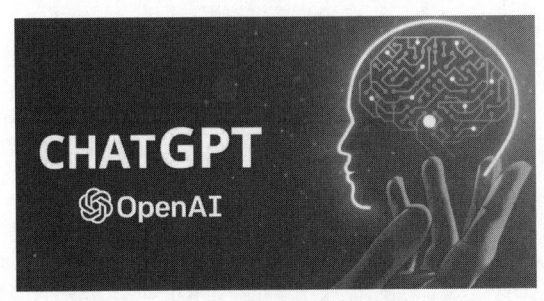

图 11-1 素材图片

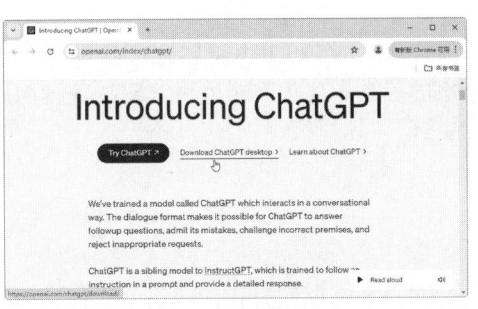

图 11-2 ChatGPT 的官方网站

与 ChatGPT 交流非常简单，用户只需要在聊天窗口中输入问题或者想要讨论的话题，然后等待 ChatGPT 的回复。ChatGPT 会根据用户的输入，自动分析并生成相应的回答，这些回答通常都是非常准确和有用的。如图 11-3 所示为使用 ChatGPT 生成的一篇工作日报。

图 11-3 工作日报

除了简单的问答，ChatGPT 还可以帮助用户完成更复杂的任务。例如，可以向它请教编程问题，或者请它帮助制订旅行计划。ChatGPT 会根据用户的需求，提供详细的步骤和建议，让用户能够轻松地完成这些任务。如图 11-4 所示为使用 ChatGPT 生成的如何到那拉提大草原的乘车方式。

此外，ChatGPT 还可以帮助用户提高语言能力。通过与它进行对话，可以练习口语和写作能力，提高语言水平。ChatGPT 会根据用户的输入，给出相应的语法和词汇建议，帮助用户更好地表达自己的意思。如图 11-5 所示为使用 ChatGPT 生成的一份英文自我介绍。

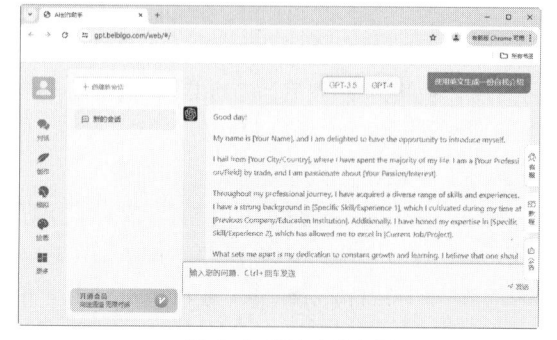

图 11-4 乘车方式

图 11-5 英文自我介绍

总之，使用 ChatGPT 非常简单，只需要与它进行对话即可，它能够为用户提供准确、有用的信息和建议，帮助用户解决各种问题，提高用户的语言能力。

11.2 常见的 AI 大模型

在当今互联网时代，网络安全问题越来越引人关注，随着人工智能技术的不断成熟，AI 技术在网络安全中的应用也越来越重要。本节就来介绍几种常见的 AI 大模型。

11.2.1 文心一言

文心一言（英文名：ERNIE Bot）是百度全新一代知识增强大语言模型，能够与人对话互动、回答问题、协助创作，进而高效便捷地帮助人们获取信息、知识和灵感。如图 11-6 所示为文心一言 AI 大模型的应用界面。

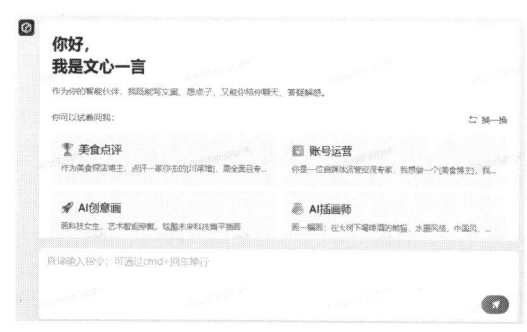

图 11-6 文心一言模型

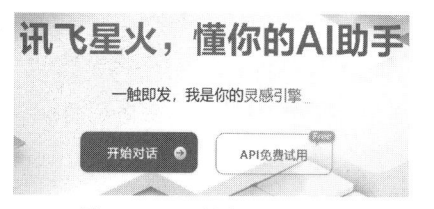

11.2.2 讯飞星火认知大模型

讯飞星火认知大模型是科大讯飞发布的大模型，该模型具有 7 大核心能力，即文本生成、语言理解、知识问答、逻辑推理、数学能力、代码能力、多模交互，该模型几乎可以与 ChatGPT 相媲美。如图 11-7 所示为讯飞星火认知大模型的应用界面，单击"开始对话"按钮，即可与讯飞星火认知大模型进行对话。

图 11-7 讯飞星火认知大模型

11.2.3 腾讯混元助手

腾讯混元助手是一款基于腾讯混元大模型的多模态对话产品，具有回答各类问题的能力，同时能够处理多种任务，例如获取知识、解决数学问题、翻译、提供旅游攻略和工作建议等。如图 11-8 所示为腾讯混元大模型设置界面，可以一键开启腾讯混元大模型服务。

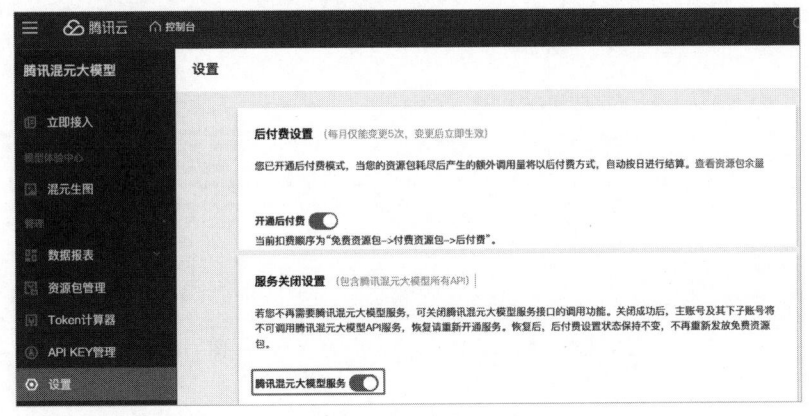

图 11-8　腾讯混元大模型

腾讯混元助手的主要优势如下：

（1）AI 问答：可以回答用户提出的各种问题，覆盖各种领域和主题。无论是生活常识、学术问题还是科技动态，它都能提供准确、有用的答案。

（2）AI 绘画：这一功能可以根据用户的描述或指令生成绘画作品，为用户提供了一个全新的创作和表达平台。

（3）任务处理：除了问答和绘画，腾讯混元助手还能处理多种任务，如数学知识解答、文本翻译、旅游攻略提供以及工作建议等。

11.2.4 DeepSeek

DeepSeek 是一个基于人工智能技术的平台，它通过提供先进的算法和模型，在多个领域内实现智能化解决方案。DeepSeek 可以直接面向用户或者支持开发者，提供智能对话、文本生成、语义理解、计算推理、代码生成补全等应用场景，支持联网搜索与深度思考模式，同时支持文件上传，能够扫描读取各类文件及图片中的文字内容。

在浏览器的地址栏中输入 https://chat.deepseek.com/，即可进入 DeepSeek 工作网页，用户就可以给 DeepSeek 发送消息，让 DeepSeek 帮助我们编写代码、读文件、写各种创意内容，如图 11-9 所示。

图 11-9　DeepSeek 工作网页

例如，让 DeepSeek 写一篇关于春天的文章，字数为 400 字，就可以把要求输入到文本框中发送给 DeepSeek，如图 11-10 所示。

这样，DeepSeek 就可以自动识别用户的要求，并提取关键字，自动进行写作了，如图 11-11 所示就是 DeepSeek 创作的一篇关于春天的文章。

图 11-10　输入写作要求　　　　　　　　图 11-11　写作完成

11.3　AI 在电脑安全中的应用

随着人工智能技术的不断成熟，AI 技术在网络安全中的应用也日益重要，通过应用 AI 技术，可以有效提高网络安全防护水平。

11.3.1　恶意代码检测

恶意代码是网络攻击中最常见的手段之一，传统的恶意代码检测技术通常依赖于特征匹配或签名去识别。不过，这种方法已经不能满足实际需求了，因为恶意代码变化速度较快，很难及时更新特征库。而 AI 学习可以通过学习恶意代码的行为模式，发现新的恶意代码，并及时更新检测模型。

AI 系统通过分析 DNS 流量可以自动对域名进行分类。以恶意代码、垃圾邮件、钓鱼和克隆域名等为例，在 AI 应用以前，主要依赖黑名单来管理，但大量更新的工作非常繁重，尤其是在使用域名自动生成技术后，当需要创建大量域名时还要不断切换域名。这时就需要使用 AI 智能算法来学习、检测并阻止这些来历不明的域名。

11.3.2　系统入侵检测

入侵检测是指监测网络中的异常行为。传统的入侵检测技术通常依赖于规则或特征匹配，这种方法已经不能满足实际需要，因为网络攻击的手段日益复杂，而 AI 系统可以通过学习网络正常行为模式，发现异常行为，并及时报告。

另外，AI 技术可以通过分析网络流量数据来识别异常流量和恶意行为，及时发现并阻止潜在的安全威胁。利用 AI 系统和深度学习算法，可以实现实时监测和分析网络流量，准确识别各种类型的网络攻击，有效保护网络安全。

11.3.3 用户行为分析

用户行为分析是指监测用户在网络上的行为，以便及时发现异常行为。传统的用户行为分析技术依赖于规则或特征匹配，这种方法已经不能满足实际需要，因为用户行为具有很大的变化性。通过 AI 技术对用户和设备的行为进行分析，及时发现异常行为并进行风险评估和预警。通过学习用户正常行为模式，可以识别出异常行为，并采取相应的安全措施，保护系统免受攻击。

另外，AI 系统可以基于机器学习和自然语言处理技术，自动分析和识别网络攻击，发现攻击者的攻击模式、技术手段和攻击目标，并采取相应措施进行防御和反击，从而提高网络安全性。

11.3.4 检测伪造图片

检测伪造图片技术是一种利用递归神经网络和编码过滤器的 AI 算法，可以识别"深度伪造"，发现照片中的人脸是否已被替换。此功能对于金融服务中的远程生物识别特别有用，可防止骗子通过伪造照片或视频来进行诈骗。

11.3.5 检测未知威胁

通过深度学习和自然语言处理技术，AI 系统可以大规模分析网络中不同类型的威胁情报，包括已知威胁和未知威胁，从而预测未来可能出现的网络攻击，并采取相应措施进行防御。

基于统计数据，AI 可推荐使用哪些保护工具或是需要更改哪些设置，以自动化地提高网络的安全性。而且，由于反馈机制，AI 处理的数据越多，给出的推荐就会越准确。例如，麻省理工学院的 AI2，对未知威胁的检测，准确率高达 85%。此外，智能算法的规模和速度是人类无以比拟的。

11.4 实战演练

11.4.1 实战 1：使用 AI 进行数据分析

做好数据分析，往往离不开工作表中的数据，但如果我们只会一点一点地输入表格数据，是要花很多时间的，这不利于提高工作效率。不过，现在有了 AI，很多数据的输入工作可以交给 AI。

AEE 工具是一款在线 AI 全自动 Excel 编辑器（网址：https://www.yishijuan.com/），使用 AEE 可以告别传统的烦琐做表流程。用户只需输入简单的提示语，即可对 Excel 表格实现全自动化操作，包括智能录入、自动插入公式、样式修改、生成数据、生成模板、增删改查等。

例如，在"汽车配件月销售额分析"工作簿中记录了当月销售的各种汽车配件的销售额，现在需要分析各种销售配件对总销售额的贡献，方便抓住重点产品。下面以使用 AEE 工具进行数据分析为例，来介绍相关操作。具体操作步骤如下。

步骤01 在浏览器的地址栏中输入"https://www.yishijuan.com/"，打开 AEE 工具网站首页，如图 11-12 所示。

步骤02 单击"开始使用"按钮，进入如图 11-13 所示的页面，页面右侧为 Excel 表格，页面左侧为 AI 工作界面。

图 11-12　AEE 工具网站首页

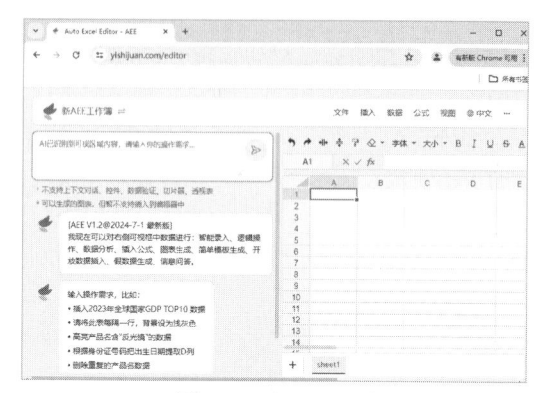

图 11-13　新 AEE 工作簿页面

步骤03 单击"文件"菜单项，在弹出的下拉菜单中选择"导入 XLSX"选项，如图 11-14 所示。

步骤04 打开"打开"对话框，在其中选择需要的 Excel 工作簿，如图 11-15 所示。

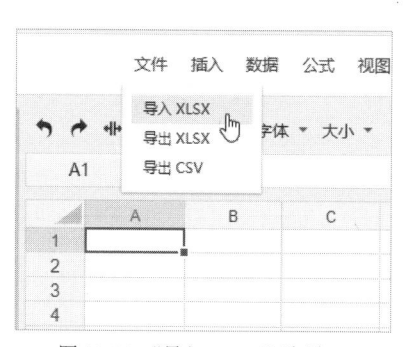

图 11-14　"导入 XLSX"选项

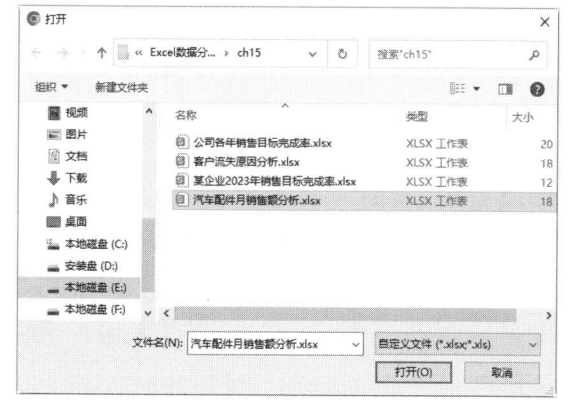

图 11-15　"打开"对话框

步骤05 单击"打开"按钮，即可将 Excel 工作簿中的数据导入 AEE 中的表格中，如图 11-16 所示。

步骤06 在 AI 提问框中输入提出的问题，这里输入"请将此表每隔一行，背景设为浅灰色"，如图 11-17 所示。

步骤07 单击"发送"按钮，即可将问题描述发送给 AI，AI 就会将表格中的显示效果设置为每隔一行，背景为浅灰色，如图 11-18 所示。

步骤08 如果想要根据表格数据生成图表，可以向 AI 发送问题描述，这里输入"根据选中区域中的数据，生成柱形图与折线图组合图表"，如图 11-19 所示。

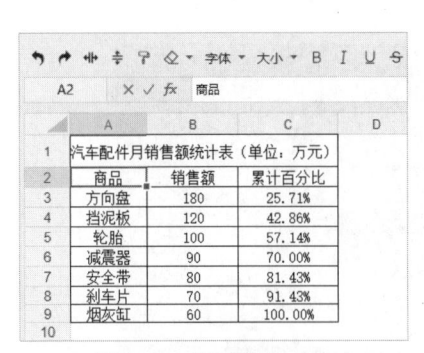

图 11-16 导入数据

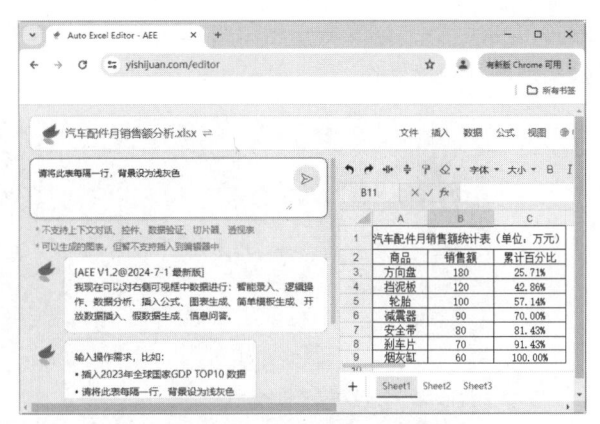

图 11-17 输入提出的问题

图 11-18 表格显示效果

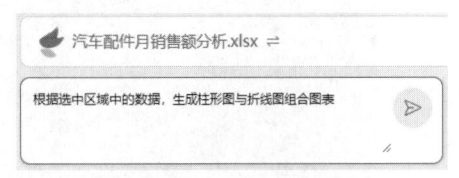

图 11-19 输入描述信息

步骤09 发送给 AI 之后，AI 就会根据描述信息，生成柱形图与折线图组合图表，然后根据需要在图表中添加数据描述信息，最终的图表效果如图 11-20 所示。

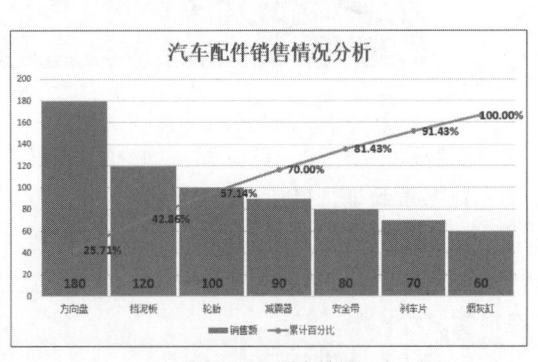

图 11-20 图表效果

11.4.2 实战 2：谨防 AI 音频视频欺诈

在 AI 时代，眼见不一定为实！一些别有用心的不法分子，利用 AI "换脸" "拟声" 技术实施诈骗，已经成为一种新型骗局。"AI 诈骗"是指不法分子利用人工智能（AI）技术，模仿、伪造他人的声音、面容等信息，制作虚假图像、音频、视频，仿冒他人身份进行欺骗、敲诈、勒索等犯罪活动。如图 11-21 所示为使用 AI 模型，通过给出的提示词所生成的图片。具体的提示词为"人形机器人在写字，机器人手持毛笔，现代科技与传统书法结合，室内书房，柔和光线，长焦镜头，逆光，金属质感，沉思"。

AI "拟声"是指利用 AI 技术将文本或其他形式的信息转换为语音输出。不法分子通过骚扰电话录音等来提取某人声音，获取素材后再进行声音合成，从而可以用伪造的声音骗取目标人群。

AI "换脸"是指利用 AI 技术将一张人脸图像替换到另一张人脸图像上，并保持原图像中其他部分不变。不法分子通过网络搜集获取人脸生物信息，通过 AI 技术筛选人群，在视频通话中利用 AI 技术换脸，骗取目标人群财物。如图 11-22 所示为泡咖 AI 创作平台，可以轻松实现图片换脸操作。

图 11-21　使用 AI 模型生成的图片

图 11-22　泡咖 AI 创作平台

面对这种新型"AI 诈骗"，如何才能防范？

1. 多重验证，确认身份

在涉及金钱、财产等重要事项时，可要求对方提供更多证据，进行更多交流，尤其涉及"朋友""领导"等熟人要求转账、汇款的，务必通过电话、见面等途径核实确认，不要未经核实随意转账、汇款。

2. 保护个人信息，谨慎分享

AI 诈骗是隐私信息泄露与诈骗陷阱的结合，因此，要加强对个人隐私的保护，不轻易提供人脸、指纹等个人生物信息给他人，不过度公开或分享动图、视频等。不管是在互联网还是社交软件上，尽量避免过多地泄露自己的信息，以免被骗子"精准围猎"。

3. 提高安全意识，确保各类账号安全

避免在不可信的网络平台上下载未知来源的应用程序，不打开来路不明的邮件附件，不点陌生链接，不随便添加陌生好友，防止手机、电脑中病毒，以及微信、QQ 等被盗号。

总之，一个"声音很熟的电话"、一段"貌似熟人的视频"都有可能是不法分子的诈骗套路，这时一定要谨慎，提高警惕！